GOUVERNEMENT GÉNÉRAL DE L'INDO-CHINE

PATHOLOGIE EXOTIQUE

INDO-CHINE

ÉTUDES STATISTIQUES ET CLINIQUES

PAR

Le Docteur GRALL

MÉDECIN-INSPECTEUR DU CORPS DE SANTÉ DES COLONIES

PREMIÈRE PARTIE

SAIGON
IMPRIMERIE COLONIALE
1900

PATHOLOGIE EXOTIQUE

A MONSIEUR LE GOUVERNEUR GÉNÉRAL

DOUMER

L'ORGANISATEUR DE NOTRE COLONIE

D'INDO-CHINE

A MONSIEUR LE GÉNÉRAL

GALLIÉNI

LE PACIFICATEUR DES TERRITOIRES MILITAIRES

HOMMAGE

d'un médecin qui a longtemps pratiqué
dans cette possession.

PATHOLOGIE EXOTIQUE

INDO-CHINE

ÉTUDES STATISTIQUES ET CLINIQUES

PAR

Le Docteur GRALL

MÉDECIN-INSPECTEUR DU CORPS DE SANTÉ DES COLONIES

PREMIÈRE PARTIE

SAIGON

IMPRIMERIE COLONIALE

1900

AVANT-PROPOS

Cette **Statistique** est, à beaucoup d'égards, différente des monographies similaires. L'auteur s'est attaché à poursuivre un premier résultat qui n'est pas fréquemment recherché dans les ouvrages de ce genre : celui d'incorporer dans le texte les tableaux numériques et les graphiques, de telle sorte qu'ils se complètent les uns les autres et qu'on ne puisse les séparer.

Pour rendre, sans longues réflexions, ces données numériques et graphiques compréhensibles à la lecture, elles ont été réduites à un nombre très restreint d'éléments. Les tableaux les plus compliqués comportent moins de trente lignes à sept colonnes, qui se répètent toujours semblables. Dans chaque tableau la distinction a été établie, en toute occasion, entre les mois qui appartiennent à l'une ou l'autre saison et entre les années qui se rattachent à des périodes successives.

Cette conception de la division de cette étude en périodes séparables dans l'année et dans le décours des années doit constamment être remise sous les yeux du lecteur : c'est à ce but que tendent les blancs laissés, soit après le quatrième mois, soit après le huitième, entre les tableaux saisonniers, annuels, périodiques et les chiffres dont ils sont la sommation. Ce résultat nous semble devoir être obtenu par cette disposition graphique, sans qu'il soit nécessaire de recourir à des redites incessantes.

Le mot de pourcentage revient fréquemment dans le texte. Ce terme est impropre puisqu'en toutes circonstances il s'agit de cas pour 1000. Cette numération est celle qui est adoptée dans les statistiques réglementaires de l'Armée, en France et dans les autres pays d'Europe : nous avons tenu à ne pas rompre avec cette habitude.

Il est un autre détail, dans cette question des pourcentages, qui demande quelques explications. L'auteur s'est préoccupé de trouver au pourcentage *par saison* une notation qui permît d'établir directement la comparaison avec l'année. Cette notation n'a, par suite, qu'une signification conventionnelle. Le pourcentage réel n'est que le tiers de celui qui figure aux graphiques. Pour éviter toute méprise, la notation est inscrite en double dans tous les paragraphes où il en est traité : elle se compose du chiffre vrai (c'est le premier du tableau) et d'un second qui est le multiple du premier par trois, celui-ci servant aux comparaisons à établir entre les différentes divisions de l'année et l'année elle-même. Ce double fait est indiqué dans les tableaux par la présence du signe de multiplication.

La division par *saisons*, telle qu'elle a été introduite dans ce travail, n'a pas la prétention de tenir compte des données atmosphériques et thermométriques; elle ne se place qu'au point de vue de la pratique médicale. Elle a été adoptée pour mettre en vedette ce fait prédominant de la pathologie de l'Indo-Chine: la nocuité de la période qui commence aux premiers jours de mai pour se continuer jusqu'aux derniers jours d'août. La mauvaise saison, en ce qui concerne l'état sanitaire, est terminée à cette date bien que les chaleurs se prolongent jusqu'à la fin de septembre. Ce point de vue est étroit et exclusif de toute autre considération.

Le fractionnement de cette grande colonie en zones territoriales distinctes, tout en correspondant à des données politiques et géographiques, s'inspire avant tout de la même conception: la salubrité relative des différents territoires.

L'Annam n'a été réellement occupé par des garnisons importantes que dans sa partie maritime, d'où la médiocre mortalité que l'on constate dans les statistiques. Dans toute l'Indo-Chine, en effet, les régions placées en bordure directe de la mer peuvent être regardées comme constituant, dans leur ensemble, des sanatoria; l'Européen y est moins exposé aux causes morbides que dans le reste du pays et il peut y vivre d'une façon normale.

Le terrain lui est moins favorable à mesure qu'on s'enfonce dans l'intérieur. Il devient malsain dès que l'habitation est reportée au delà de la plaine que fertilise et assainit notablement le travail intensif de l'indigène, sur le versant des montagnes qu'arrosent les rivières torrentueuses qui en découlent.

Dans l'Annam central, dans la plus grande partie de l'Annam-Sud, la zone maritime confine à la montagne qui en certains points (comme au fond de la baie de Tourane) vient jusqu'à la mer.

Tous ces territoires, boisés à l'extrême et inhabités, sont très malsains et ne constituent pour les indigènes qu'une *marche* où ils séjournent le moins longtemps possible.

La situation se modifie quand on a franchi la ligne de partage des eaux et souvent avant qu'on y parvienne, dès qu'on a atteint les plateaux étendus et ventilés qui dominent de loin la plaine annamitique.

Plus on avance du côté de la Chine, plus l'état sanitaire s'améliore. Le versant opposé de ces chaînes de montagnes qui, du côté de l'Annam, sont meurtrières à l'extrême, est par places agréable à habiter et n'est nulle part, en dehors du bassin du Bas-Mékong, le terroir des formes graves du paludisme. On est sorti des pays de la fièvre et de la mort.

Le lecteur se rappellera que, dans un acte diplomatique signé par M. Bourée et qui ne fut pas ratifié par notre Gouvernement, la Chine avait formulé la proposition de constituer entre l'Indo-Chine française et les provinces qui continueraient à relever de son autorité immédiate une zone-tampon où, seule, l'endémie aurait été maîtresse. Cette formule s'inspirait par dessus tout du désir qu'avait le Gouvernement chinois de s'isoler du contact direct de l'Européen; mais elle se basait également sur les considérations sanitaires dont nous parlons et qui n'avaient pas échappé à la longue expérience des Célestes.

Dans la statistique des armées, en Europe, on tient un compte égal de toutes les entités morbides et les tableaux passent en revue les différentes cases de la pathologie. On peut dire qu'elles présentent toutes un intérêt comparable; mais il arrive forcément que l'attention s'émiette en se dispersant.

Nous nous sommes placé à un point de vue opposé. Ce que nous demandons à cette statistique, c'est moins la curiosité du renseignement documentaire que la déduction pratique qui en ressort et qui doit s'imposer dès la lecture. C'est pour ce motif que, rompant avec les traditions sur ce point comme sur quelques autres, nous n'avons établi de distinction dans nos tableaux qu'entre les espèces morbides qui sont la caractéristique de ce milieu indo-chinois. Nous avons rejeté dans une seule colonne tous les chiffres qui relèvent des maladies ordinaires, de ce qu'on pourrait appeler, au point de vue européen, la morbidité et la mortalité normales : c'est tout le groupe des affections dont on meurt partout et qui voyagent avec nous, quelle que soit la latitude sous laquelle nous nous transportions.

Aux colonies, il faut compter avec d'autres facteurs plus importants. Le passif morbide est fait en quelque sorte de la mortalité ordinaire additionnée de la mortalité endémique et de la mortalité accidentelle : épidémies, blessures et sinistres qui viennent se superposer aux autres causes de mort. La mortalité ordinaire ne vient qu'en second rang. Les endémies dominent de très haut la scène morbide, ce sont elles qui sont la caractéristique de ces pays neufs.

Cette assertion se vérifie également pour la grande endémo-épidémie des pays d'Extrême-Orient : le choléra.

Ce sont les maladies dont il faut suivre les progrès et les reculs avec la plus scrupuleuse observation et une attention qui ne se démente jamais ; ce sont celles dont il faut analyser les conditions pathogéniques à la lumière d'une enquête longtemps poursuivie.

Conscient de l'importance de ce problème, nous lui avons donné une part prépondérante et presque exclusive.

STATISTIQUES MÉDICALES DES TROUPES D'OCCUPATION [1]

EUROPÉENNES ET INDIGÈNES

(1884-1890)

HYGIÈNE GÉNÉRALE DES GROUPES MILITAIRES AUX COLONIES

CONSIDÉRATIONS PRÉLIMINAIRES

Notre établissement au Tonkin date de 1883.

La France n'occupait dans l'empire d'Annam, avant cette époque, que des concessions très étroites où nos nationaux étaient parqués. Le personnel y était peu nombreux, fréquemment renouvelé, détaché de la Cochinchine dont les résidences de Hanoï, de Haïphong, de Tourane n'étaient que des dépendances administratives.

L'histoire médicale de cette période a été écrite par nos collègues de la marine, MM. le médecin principal Foirel et le médecin de première classe Maget. Il n'y a pas lieu d'y revenir.

La vie propre et indépendante de cette nouvelle possession commence avec l'expédition du commandant Rivière.

La conquête du pays s'est poursuivie de 1883 à juin 1885, date à laquelle fut conclue la paix avec la Chine.

---

(1) La seconde partie, *Études cliniques*, a été éditée à part chez Octave Doin, 8, place de l'Odéon, à Paris.

La statistique médicale des troupes qui prirent part à cette campagne (1883-1884, janvier, février et mars 1885) a été donnée par M. le médecin en chef Rey, dans l'article *Tonkin* du dictionnaire de Dechambre. Elle est partiellement résumée dans les mémoires de MM. les médecins-majors Czernicki et Nimier *(Archives de médecine militaire)* et dans les thèses inaugurales de MM. Chasseriaud, Dufourcq, Mondon.

Les renseignements fournis par ces différents observateurs ne sont pas absolument concordants, mais ils se complètent les uns les autres. Il nous a paru intéressant de les condenser dans les premières pages de ce travail et d'en rapprocher les chiffres que nous avons recueillis en puisant à des sources diverses. On y trouvera un élément de comparaison pour les années suivantes, celles sur lesquelles porte principalement et on peut dire presque uniquement cette monographie.

La statistique de 1883-1884 sert en quelque sorte d'introduction à celle de la période d'occupation : 1885-1896.

Ces derniers documents font l'objet de la présente étude. Elle est limitée à la morbidité hospitalière et à la mortalité dans les hôpitaux et en dehors des établissements hospitaliers. Elle n'a pu être étendue à la morbidité dans les corps de troupe, les renseignements que nous avons pu réunir sur cette partie du service offrant trop de lacunes pour que nous songions à en faire état.

Un travail de cette nature ne peut valoir que par les comparaisons qu'il éveille et les déductions pratiques qui ressortent de l'étude aride des chiffres. Le présent mémoire nous paraît réunir ces conditions. Il touche à des questions de la plus grande actualité : celle de la constitution de l'armée aux colonies, celle de l'hygiène des troupes coloniales en campagne, dans leurs cantonnements, dans leurs garnisons, celle de la colonisation de l'Indo-Chine par la race européenne.

En effet, cette statistique du corps d'occupation du Tonkin, poursuivie pendant cette longue période de douze années, et au cours de laquelle se sont succédé sur cette terre les fractions les plus diverses de notre armée continentale, de nos troupes d'Afrique et de nos troupes de marine, permet d'établir entre ces différents corps des parallèles du plus haut intérêt pratique.

Les circonstances désastreuses de guerre et d'épidémie dans lesquelles ces corps se sont trouvés, fournissent matière à un utile examen et à de sages réflexions pour l'avenir. Elles nous permettent d'étudier, placées face à face avec la maladie et la mort dans des conditions fort voisines, la race conquérante et la race conquise. En dressant le bilan de la défaite ou de la victoire, en faisant porter l'analyse sur les conditions de réceptivité morbide et de résistance vitale de l'un et l'autre contingent, on est conduit à déduire les chances de survie, de peuplement et de productivité des individus et de la race. Les réflexions qui en découlent ne s'arrêtent pas aux seuls groupes militaires; elles s'appliquent pour une grande part à tous les nationaux, quelles que soient leur profession et leur utilisation sociales.

L'auteur a été amené, dans le cours de ce mémoire et dans les conclusions qui le terminent, à envisager successivement ces différents problèmes; mais il était tenu, par la nature du travail et par son attache, d'y apporter une grande discrétion. C'est dire qu'il restera au lecteur beaucoup à faire pour mettre au point les différentes questions que soulève cette revue rétrospective du passif subi par nos troupes en vue de réaliser l'œuvre de conquête et de pacification de cette grande colonie, pour préciser les solutions et les étayer.

OBJET ET DIVISIONS DU TRAVAIL

I

Une statistique médicale qui ne se préoccuperait que du *Tonkin* dans son entier représenterait une addition faite de quantités très distinctes et très disparates.

En effet, le pays tonkinois, en y comprenant l'Annam qui fait partie de la même subdivision militaire, n'offre pas dans son ensemble les mêmes caractéristiques morbides.

On peut et on doit, en se plaçant à ce point de vue, y distinguer trois régions bien différentes : l'Annam, le Delta du Tonkin, le Haut-Tonkin.

L'*Annam*, longue zone de médiocre largeur étendue entre la Cochinchine au sud et le Delta au nord, présente une pathologie intermédiaire à celle des deux provinces entre lesquelles il est interposé : l'endémicité dysentérique, fait prédominant à Saigon, y subit une atténuation notable; l'endémicité palustre, malgré la latitude, y est moins redoutable que dans les provinces du nord.

Le *Delta tonkinois,* quoiqu'aient pu écrire les premiers observateurs, est un pays foncièrement palustre. Il est moins malsain que d'autres régions similaires des contrées tropicales, mais cet état n'est obtenu et n'est maintenu que par l'effort constant, persévérant, du travail indigène. Pour peu que, dans une agglomération ou à son voisinage, le drainage du sol superficiel cesse d'être rigoureusement assuré, qu'un trouble durable soit apporté dans le régime des eaux — pour peu que, dans une circonscription étendue, la culture disparaisse ou devienne moins intensive, il se crée un foyer palustre.

Des bornes du Delta aux frontières chinoise et birmane s'étend une région montagneuse fort accidentée qu'on a pris l'habitude de désigner sous la dénomination de *Haut-Tonkin.* Les fleuves y roulent leurs eaux torrentueuses dans des vallées encaissées, couvertes de forêts vierges; la population y est très clairsemée, les agglomérations très rares et fort distantes les unes des autres, les cultures peu étendues.

Dans le Delta, le labeur de l'Annamite atténue l'influence nocive du sol; mais dès qu'on en est sorti, la malaria reste maîtresse de la place : c'est le pays de la fièvre en dépit de l'altitude qui peut être assez élevée, malgré la hauteur en latitude qui est, pour certaines régions, celle des pays tempérés d'Europe.

Il n'entre pas dans le plan de cette étude de refaire la description détaillée du sol et du terrain. Il nous suffit d'en rappeler les traits les plus saillants et de poser la conclusion qu'au point de vue *nosographique* cette possession coloniale est loin d'être semblable à elle-même dans ses différentes parties. Par suite, il paraîtra rationnel de voir établir une statistique particulière pour chacune de ces contrées.

II

Une autre division s'impose. Elle est commandée par la diversité d'origine des différentes fractions du groupe militaire.

Depuis les premiers mois de l'année 1885 jusqu'à la date actuelle, le corps d'occupation a été formé de deux éléments qui sont restés juxtaposés sans avoir jamais été fusionnés : l'élément européen et l'élément indigène.

Il n'y a pas lieu d'établir de subdivision dans les troupes indigènes. Les unités qui existent en dehors des régiments tonkinois sont proportionnellement trop peu nombreuses pour qu'il soit nécessaire d'en étudier séparément la morbidité; mais la situation n'est pas la même pour les groupes européens.

Les corps de troupe empruntés à ce recrutement diffèrent entre eux et ont beaucoup différé au point de vue de l'origine et de l'adaptation à la vie coloniale. Nous devons ajouter que l'utilisation qui en a été faite est loin d'avoir toujours été identique. C'est bien ici l'occasion de dire que, dans ce total, il faut faire la distinction des diverses unités et qu'il est nécessaire d'accompagner la synthèse des faits statistiques d'une étude analytique.

Troupes de la marine d'une part, troupes du département de la guerre de l'autre : tels sont les deux facteurs principaux à passer en revue.

Les troupes de marine peuvent être considérées comme formant un tout homogène qu'il est sans intérêt de dissocier. On peut en dire autant des troupes de la guerre à l'époque actuelle : elles ne sont plus représentées, à quelques hommes près, que par les seuls bataillons étrangers.

Mais de 1886 à 1889 les unités provenant de ce département étaient nombreuses et importantes; elles appartenaient à des corps et à des recrutements différents. Ces unités sont moins variées de 1889 à 1892, sans qu'on puisse toutefois les confondre en un seul bloc.

Des considérations exposées au début de ce chapitre résultait l'indication de subdiviser le Travail d'après les régions. De celles qui viennent d'être émises ressort l'utilité de tenir compte de la composition du corps d'armée et, dirons-nous, de l'attache du commandement.

Dans une première période, les effectifs appartenant au département de la guerre sont prédominants : le commandement relève de lui. Dans une seconde période, il y a parallélisme et égalisation des deux provenances : guerre et marine. Toutefois le commandement est exercé par des généraux de cette dernière arme. Dans la troisième période il y a, dans une certaine mesure, juxtaposition et fusion par place des deux éléments ; il n'existe plus au Tonkin que des troupes préparées par leur recrutement, l'éducation des cadres et des individus à l'existence et à la lutte dans les colonies.

La période militaire comprend, outre l'année 1885, les années 1886, 1887 et 1888. A la période mixte appartiennent les quatre années suivantes. En 1893 commence la période coloniale.

III

Nous devons fournir quelques explications sur les notations particulières qui ont été adoptées et qui diffèrent de celles qui figurent dans les travaux similaires.

Dans tous les pays coloniaux, la période estivale, l'*hivernage*, comme disaient les observateurs des Antilles, entraîne une aggravation notable de l'état sanitaire. Ce fait est surtout marqué dans les régions où, comme au Tonkin, les chaleurs sont précédées et suivies de saisons qui offrent les attributs des climats tempérés.

Voilà pourquoi nous avons cru qu'il n'était pas suffisant de grouper les résultats statistiques par année et par mois, pourquoi tout en tenant compte de la division annuelle qui s'impose nous avons été conduit à envisager dans chaque annuité trois saisons : 1° celle qui précède l'été, première saison allant de janvier à la fin d'avril; 2° l'été ou saison chaude, allant du premier mai à la fin d'août; 3° l'arrière-saison, qui correspond aux quatre derniers mois.

Nous demandons à ceux de nos lecteurs qui seraient tentés de ne voir dans cette classification qu'une fiction pure de nous faire provisoirement crédit sur ce point.

IV

La statistique des troupes aux colonies comporte d'autres bases de discussion que celle de France ou des pays d'Europe. Aux causes habituelles de morbidité et de mortalité existant dans la métropole et qu'on retrouve sous toutes les latitudes, viennent se joindre, comme facteurs constants, non seulement les maladies contingentes qui proviennent du génie épidémique, des accidents et des faits de guerre — et qui au Tonkin ont présenté une fréquence et une gravité notables, — mais surtout celles qui, à titre d'élément fondamental, proviennent de l'*endémicité*.

Ces dernières sont les plus importantes à connaître dans leurs causes et dans leurs effets : elles sont la *dominante* de cette pathologie.

Si, en Europe, la prophylaxie sanitaire se propose le but de combattre les maladies contagieuses, hors d'Europe et notamment sous les latitudes tropicales, l'effort doit surtout tendre à préserver les groupes des atteintes des maladies endémiques : malaria, dysentéries. Ce sont les plus redoutables ennemis du soldat et du colon.

Par opposition, on peut dire que les maladies sporadiques, représentant pour les médecins d'Europe la morbidité normale, sont de moindre intérêt. Guidé par cette considération, nous avons groupé dans une seule colonne toutes les maladies ou lésions qui ne relèvent ni des épidémies, ni des blessures de guerre, ni du paludisme, ni des affections dysentériques.

Nous avons rattaché au paludisme les accidents aigus et chroniques de cette intoxication ; nous y avons également fait rentrer les fièvres continues et l'insolation. Ces distinctions ne nous semblent présenter, au point de vue de la pratique, qu'un intérêt relatif et nous savons, pour avoir vécu et longuement exercé dans ce pays, combien dans des cas identiques l'appréciation diagnostique est différente suivant les idées directrices, suivant les appréciations personnelles. Pour notre part, nous avons acquis la conviction que la malaria intervient, comme facteur associé, dans toutes ces affections, du moins en ce qui concerne le Tonkin.

V

Une dernière remarque : quand, dans les chapitres qui suivent, il est parlé de *pourcentage*, qu'il s'agisse du mois, de l'année ou de la saison, le chiffre inscrit est rapporté souvent à l'année entière et toujours à 1,000 hommes d'effectif. Le dividende, s'il est question du mois, a été multiplié par 12. Les saisons étant au nombre de 3, le dividende, s'il est question d'une saison, a été multiplié par ce dernier chiffre.

Quelques exemples permettront de mieux saisir notre pensée et fixeront les idées sur ce point :

L'effectif moyen d'un bataillon est de 1,000 hommes. Pour l'année, le chiffre total de décès est de 361 : la mortalité annuelle est donc de 361 pour 1000.

Pendant les quatre premiers mois (saison froide), l'effectif moyen étant de 750 hommes et le chiffre des décès observés étant de 37, il est habituel d'écrire : la mortalité est de 49. Nous préférons la notation ci-après :

	EFFECTIFS.	DÉCÈS.	MORTALITÉ.
Saison froide...............	750	37	49×3=147
Saison chaude.............	1,250	194	155×3=465
Arrière-saison..............	1,000	130	130×3=390
ANNÉE...............	**1,000**	**361**	**361**

Ainsi, la valeur relative et absolue des différentes périodes entre elles et par rapport à l'année entière ressort de la simple lecture, sans qu'il soit besoin de procéder à un calcul complémentaire. Il suffit d'être prévenu que le premier chiffre est celui de la saison considérée comme un tiers de l'année et que son multiple par 3 donne l'indice de la saison considérée comme une annuité de douze mois.

LIVRE Ier

ANNÉE 1884

ANNÉE 1884

Les effectifs ont beaucoup varié dans le courant de ces douze mois. Ils sont assez faibles relativement à ceux que nous enregistrerons en 1885. Ils n'ont jamais dépassé le chiffre de 10,500 Européens et lui sont restés souvent inférieurs par suite des rapatriements anticipés.

Constitués, pour les troupes de marine, par 1 régiment de marche à 3 bataillons, 5 batteries d'artillerie et 1 compagnie d'ouvriers (soit une moyenne de 3,500 hommes), ils sont représentés, pour les troupes de la guerre, par un personnel plus divers et plus nombreux : 1 régiment d'infanterie à 3 bataillons, 3 bataillons de tirailleurs algériens, 2 bataillons de Légion étrangère, 1 bataillon d'Afrique, 2 batteries d'artillerie et des corps auxiliaires. Le total de ces derniers groupes peut approximativement être évalué à 7,000 présents.

Il n'est pas sans intérêt de reproduire ici les dates des principaux faits militaires qui se sont succédé au cours de cette année et dont la répercussion se retrouve dans les statistiques :

En mars, colonne du général Millot sur Bac-Ninh et Hong-Hoa : prise de ces deux citadelles et occupation de ces deux provinces;
En juin, occupation de Tuyen-Quan — le 22 et le 24, guet-apens de Bac-Lé;
En septembre, occupation de Phu-Nho;
En octobre, combats préparatoires de la colonne de Lang-Son;
En novembre, opérations de la colonne Duchesne sur la rivière Claire.

§ 1er. — MORBIDITÉ.

Nous n'avons pu réunir que des renseignements très incomplets, tirés des documents épars dans les archives des divers hôpitaux et ambulances. Le service était imparfaitement organisé; les registres des entrées n'ont pas été conservés dans les nombreux déplacements auxquels ont été soumises les formations hospitalières.

Nous ne pouvons donner pour les trois premiers mois que la statistique particulière de l'hôpital de Haïphong; nous la résumons à titre de simple indication, en faisant remarquer que les renforts amenés par le général Millot venaient de débarquer.

	Entrées.	Décès.
Paludisme	91	1
Dysentérie	49	0
Blessures de guerre	73	0
Autres maladies	297	0

Soit un total de 510 malades et 1 décès en ces trois mois. C'est un résultat particulièrement favorable et que nous n'aurons pas occasion de revoir dans le cours de nos recherches.

Les chiffres, pour le mois d'avril, portent sur les deux hôpitaux de Hanoï et de Haïphong.

	Entrées.	Décès.
Paludisme	183	9
Dysentérie	130	11
Blessures de guerre	36	1
Autres maladies	252	3
Total	601 malades	et 24 morts.

Les tableaux que l'on peut dresser pour la seconde saison (mai à septembre) et la dernière (septembre à décembre) sont moins imparfaits. Toutefois, les chiffres ne sont que partiels; ils ne permettent d'établir ni la morbidité, ni la mortalité des groupes et ne doivent être consultés que pour se rendre compte de la fréquence et de la gravité des diverses catégories de maladies.

Les statistiques résumées dans les tableaux ci-dessous sont celles des hôpitaux. En ce qui concerne les ambulances, nous ne pouvons que renvoyer au travail de M. le médecin en chef Rey dont on trouvera plus loin l'analyse succincte. Leur fonctionnement ne remonte pas au delà des mois d'avril et de mai.

ENTRÉES.

	PALUDISME.	DYSENTÉRIE.	CHOLÉRA.	BLESSURES.	MALADIES diverses.	TOTAL.
			Deuxième saison.			
Mai	210	264	»	5	140	619
Juin	196	187	»	1	107	491
Juillet	526	267	»	40	249	1,082
Août	244	111	»	»	181	536
TOTAUX	**1,176**	**829**	»	**46**	**677**	**2,728**
			Troisième saison.			
Septembre	219	127	»	4	231	581
Octobre	247	114	»	198	217	776
Novembre	276	117	»	21	143	557
Décembre	277	143	»	8	179	607
TOTAUX	**1,019**	**501**	»	**231**	**770**	**2,521**

Relevé des trois saisons (année).

Paludisme, 2,469. — Dysentérie, 1,509. — Blessures de guerre, 386. — Toutes autres affections, 1,996. — Soit un total de 6,360 admissions aux hôpitaux.

DÉCÈS.

	PALUDISME.	DYSENTÉRIE.	CHOLÉRA.	BLESSURES.	MALADIES diverses.	TOTAL.
			Été.			
Mai	17	32	»	2	5	56
Juin	5	9	»	1	5	20
Juillet	23	18	»	3	3	47
Août	5	9	»	»	2	16
DEUXIÈME SAISON	**50**	**68**	»	**6**	**15**	**139**
			Arrière-saison.			
Septembre	9	7	»	2	3	21
Octobre	14	14	»	16	5	49
Novembre	8	11	»	1	2	22
Décembre	1	11	»	»	2	14
TROISIÈME SAISON	**32**	**43**	»	**19**	**12**	**106**

Les totaux pour l'année sont les suivants, déduction faite des morts aux ambulances et sur les champs de bataille :

Paludisme	102
Dysentérie	132
Blessures	26
Maladies diverses	32
Soit pour l'année	292 morts

Chiffre trompeur si on ne prend soin d'y ajouter celles qui se sont produites en dehors des hôpitaux.

Le nombre des pertes dans les formations sanitaires de première ligne s'élève, d'après le docteur Rey, à 375 dont voici la répartition par groupes morbides, telle qu'elle est donnée par cet observateur : Fièvre typhoïde (?), 77. — Fièvres palustres, 73. — Coup de chaleur et accidents pernicieux, 40. — Affections dysentériques, diarrhée et hépatites, 63. — Blessures de guerre en y comprenant les morts sur le champ de bataille, 82. — Accidents et autres causes, suicides, 40.

La statistique de M. le médecin en chef Rey empiète, il est vrai, sur les premiers mois de l'année 1885. Nous nous croyons cependant autorisé à imputer ces chiffres (du moins en ce qui a trait aux ambulances) à l'année 1884. Nous sommes d'ailleurs assuré que les résultats ne seront pas faussés par cette adjonction, ces formations ayant été appelées à fonctionner presque exclusivement pendant les mois chauds, c'est-à-dire à une période où les hôpitaux étaient insuffisants pour recevoir la totalité des malades.

En additionnant ces deux ordres de renseignements, les pertes se traduiraient par les totaux ci-après :

Paludisme	250
Dysentérie	141
Blessures de guerre	88
Autres maladies	55
Total	534

En acceptant comme moyenne des présents le nombre de 10,000 hommes, le taux de la mortalité s'inscrit comme suit : Paludisme, 25 pour 1000. — Dysentérie, 14 pour 1000. — Blessures, 8,8 pour 1000. — Maladies diverses, 5,5 pour 1,000.

Ces moyennes sont relativement peu élevées; elles ne donnent pour la mortalité endémique que 39 pour 1000, proportion qui actuellement est encore dépassée.

MORBIDITÉ. — CAS POUR 1000 ENTRANTS.

ENTRÉES.

Paludisme	2,469
Dysentérie	1,509
Blessures de guerre	386
Toutes autres maladies	1,996
TOTAL GÉNÉRAL	6,360

Sur 1,000 admissions, 388 ont lieu pour affections fébriles et palustres, 237 pour dysentéries, 61 pour blessures de guerre et 314 pour maladies sporadiques et chirurgicales.

Pour la saison d'été la proportion se modifie : Paludisme, 431 pour 1000. — Dysentérie, 304 pour 1000. — Blessures, 17 pour 1000. — Divers, 248 pour 1000. — La proportion des maladies endémiques progresse de 625, constatée pour l'année entière, à 735.

La différence entre les moyennes annuelles et celles de la saison est encore plus notable quand on considère la saison d'hiver. On a dit de cette période de l'année tonkinoise que le climat est celui d'Europe; on est en droit d'ajouter que la pathologie se rapproche de celle des pays tempérés, au moins de ceux où s'observe la malaria : Paludisme, 247 pour 1000. — Dysentérie, 161 pour 1000. — Blessures, 98 pour 1000. — Autres maladies, 494 pour 1000. Ce dernier chiffre représente près de la moitié de la morbidité, proportion inverse de celle observée pendant les chaleurs.

L'arrière-saison tient à la fois des deux périodes auxquelles elle est intermédiaire, attendu que septembre et octobre confinent à la saison chaude et s'en rapprochent, tandis que novembre et décembre sont des mois froids. Néanmoins les fatigues de la saison d'été se font sentir jusqu'à cette fin d'année et ont leur répercussion sur le nombre et la gravité des maladies. Sur 1,000 entrées : Paludisme, 405. — Dysentérie, 199. — Blessures, 91. — Autres maladies 305.

Nous ne croyons pouvoir mieux faire que de rapprocher de cette ébauche de statistique, afin de la compléter, les éléments d'appréciation empruntés au mémoire de M. le docteur Czernicki :

Troupes de la guerre (mai à octobre). — Effectif moyen : 7.600 hommes.

Mars	33	p. 1000
Avril	40	—
Mai	80	—
Juin	100	—
Juillet	122	—
Août	96	—
Septembre	74	—
Octobre	75	—

En résumé, la morbidité a varié par mois de 33 à 122 pour 1000, la moyenne étant de 78 pour 1000.

D'après ces données, la morbidité par saisons peut se traduire comme suit :

Première saison (hiver)	73 × 2 = 146
Deuxième saison (été)	342
Arrière-saison	149 × 2 = 298
Année	78 × 12 = 936

En adoptant la notation fictive que nous acceptons pour les saisons considérées comme des annuités distinctes (1), le pourcentage devient le suivant :

Première saison	146 × 3 = 438
Deuxième saison	342 × 3 = 1026
Troisième saison	298 × 3 = 894
Année	936

§ 2. — MORTALITÉ.

(Cas pour 1000.)

Nous ne possédons pour l'établir que des documents partiels, de valeur différente, mais qui se complètent les uns les autres.

A. — *Statistiques hospitalières.* — Nous avons dit pour quelles raisons la mortalité totale paraissait pouvoir être déduite de l'addition :

(1) Voir *Considérations préliminaires.*

1° des décès enregistrés aux hôpitaux; 2° de ceux qui se sont produits aux ambulances et tels qu'ils résultent de l'article de M. le médecin en chef Rey.

L'effectif était, avant l'arrivée du général Millot, constitué par une seule brigade. Nous n'avons pu retrouver aucun document qui puisse exactement renseigner sur le nombre des morts pendant cette période. Nous prions le lecteur de se reporter au tableau total des décès, tel qu'il a été donné par M. Rey et qu'il est résumé plus loin.

Après le débarquement du général Millot et de la brigade qui l'accompagnait, les troupes d'occupation furent organisées en une division à deux brigades, au chiffre moyen de 10,500 hommes, non compris le personnel embarqué. Ce n'est qu'à partir de ce moment qu'il est possible d'établir quelques approximations.

En tenant compte des décès relevés aux hôpitaux et des chiffres indiqués pour les ambulances, la mortalité serait pour ces neuf mois exprimée par les résultats ci-dessous :

	HÔPITAUX.	AMBULANCES.	TOTAL.
(A) *Décès.*			
Paludisme	101	190	291
Dysentérie	132	63	195
Blessures	26	82	108
Autres maladies	32	40	72
TOTAUX	**291**	**375**	**666**
(B) *Cas pour 1000 d'effectif.*			
Paludisme	10	18	28
Dysentérie	12	6	18
Blessures	2	8	10
Autres maladies	3	4	7
ENSEMBLE	**27**	**36**	**63**

Les ambulances situées en majeure partie à la limite nord du Delta, vers la frontière chinoise, présentent une mortalité palustre plus forte et un abaissement relatif de la mortalité dysentérique, affection prédominante dans le Bas-Delta.

B. — Voici, pour le groupe isolé des troupes de la guerre, les indications qui se déduisent de la note de M. le médecin-major Czernicki :

DÉCÈS PAR CORPS.	PALUDISME et affections fébriles.	DYSENTÉRIE et hépatites.	BLESSURES de guerre.	AUTRES affections.	TOTAL.	EFFECTIFS.
Infanterie de ligne....	47	12	43	11	113	2,200
Légion étrangère......	41	12	15	12	80	1,600
Bataillon d'Afrique....	46	12	11	4	73	800
Tirailleurs algériens...	41	13	4	7	65	2,300
Divers..............	15	14	9	6	44	700
ENSEMBLE.........	**190**	**63**	**82**	**40**	**375**	**7,600**
	Cas pour 1000.					
Infanterie de ligne....	21.5	5.5	19.5	5	51.5	»
Légion étrangère.....	25.5	7.5	9.5	7.5	50	»
Bataillon d'Afrique....	57	15.0	14.0	5	91	»
Tirailleurs algériens...	18	5.5	1.5	3	28	»
Divers..............	21	19.5	12.5	8	61	»
GROUPE ENTIER....	**25**	**8.3**	**10.7**	**5**	**49**	»

En résumé, mortalité endémique, 33.3; mortalité accidentelle, 10.7; mortalité normale, 5, sur une mortalité totale de 49 pour 1,000 et pour huit mois de l'année.

La mortalité par maladies (Czernicki), défalcation faite des blessures de guerre, a donc été de 30 pour 1,000 pour l'infanterie de France, de 25 pour les tirailleurs algériens, de 35 pour le régiment étranger, de 74 pour les bataillons d'Afrique, de 40 pour les autres armes et de 35 pour l'ensemble de ces troupes.

Deux faits, au premier examen, appellent l'attention : la proportion élevée des décès de nature endémique, la différence notable du taux de la mortalité d'un groupe à l'autre. Nous retrouverons, toutes les années, ces caractéristiques de la pathologie tonkinoise.

Nous croyons, à titre de renseignement complémentaire, devoir reproduire ici la statistique complète de M. le médecin en chef Rey. Elle part du 1er août 1883 pour s'arrêter en mars 1885.

	HÔPITAUX.	AMBULANCES.	TOTAL.
Dysentérie	132	60	192
Fièvre typho-malarienne	74	77	151
Fièvre intermittente, accès pernicieux.	33	46	79
Insolation	17	40	57
Diarrhée chronique	26	»	26
Fièvre rémittente, bilieuse ou non	15	27	42
Hépatites	17	3	20
Maladies organiques	5	15	20
Fièvres continues	19	»	19
Pleuro-pneumonie	12	»	12
Anémie, cachexie palustre	8	»	8
Fièvre pétéchiale (?)	3	»	3
Variole	4	»	4
Cholérine	1	»	1
TOTAL DES MALADIES	**366**	**268**	**634**
Morts accidentelles	6	25	31
Blessures de guerre	93	82	175
TOTAL GÉNÉRAL	**465**	**375**	**840**

Mortalité relative par catégories de maladies, d'après ces données.

	PALUDISME.	DYSENTÉRIE	BLESSURES.	AUTRES maladies.	TOTAL.
Hôpitaux	357	376	200	67	1,000
Ambulances	514	160	219	107	1,000
ENSEMBLE	**427**	**280**	**208**	**85**	**1,000**

Les effectifs ont trop varié pour qu'il puisse être question d'évaluer pour cette longue période la mortalité pour 1,000 hommes.

§ 3. — RAPATRIEMENTS.

Sur 1,759 rapatriements relevés sur les registres des hôpitaux de Hanoï et de Haïphong, 613 sont occasionnés par des accidents palustres, 463 par des affections dysentériques, 130 par les suites de blessures de guerre, 553 pour affections organiques et lésions chirurgicales.

Les tableaux suivants en donnent la répartition par trimestre et par corps.

1° RÉCAPITULATION PAR TRIMESTRE ET PAR MALADIES.

	1er TRIMESTRE.		2e TRIMESTRE.		3e TRIMESTRE.		4e TRIMESTRE.		ANNÉE.		TOTAL général.
	(A)	(B)	(A)	(B)	(A)	(B)	(A)	(B)	(A)	(B)	
Paludisme...........	16	»	117	86	37	138	69	150	239	374	613
Dysentérie...........	2	»	111	41	44	93	67	105	224	239	463
Blessures............	34	»	12	12	11	5	22	34	79	51	130
Autres maladies......	23	»	129	50	89	29	176	57	417	136	553
ENSEMBLE.......	75	»	369	189	181	265	334	346	959	800	1,759

(A) Hôpital de Hanoï. — (B) Hôpital de Haïphong.

2° RÉCAPITULATION PAR CORPS.

Nous n'avons pu retrouver que les chiffres collectifs pour la brigade de Haïphong. La répartition par groupes de maladies ne peut donc être établie que pour la 1re brigade.

	PALUDISME.		DYSENTÉRIE.		BLESSURES.		AUTRES maladies.		TOTAUX.		TOTAL général.
	(A)	(B)	(A)	(B)	(A)	(B)	(A)	(B)	(A)	(B)	
Troupes de marine...	108	?	149	?	42	?	169	?	468	297	765
Légion étrangère.....	11	?	30	?	3	?	45	?	89	55	144
Bataillon d'Afrique ...	28	?	11	?	5	?	20	?	64	146	210
Autres armes........	92	?	34	?	29	?	180	?	335	302	637
ENSEMBLE.......	239	374	224	239	79	51	414	136	956	800	1,756
	613		463		130		550		1,756		+ 3 civils.

(A) Hôpital de Hanoï. — (B) Hôpital de Haïphong.

3° RÉCAPITULATION TRIMESTRIELLE PAR CORPS.

	1er TRIMESTRE.	2e TRIMESTRE.	3e TRIMESTRE.	4e TRIMESTRE.	ANNÉE.
Troupes de marine....	56	316	192	201	765
Légion étrangère.....	2	27	49	66	144
Bataillon d'Afrique....	»	55	66	89	210
Autres armes.........	14	160	139	324	637

L'effectif des troupes de marine a oscillé autour de 3,000 hommes pendant les trois derniers trimestres; celui de la Légion étrangère peut être évalué en moyenne à 1,500. Le bataillon d'Afrique étant de 500, les autres armes ont dû atteindre au maximum et vers le milieu de l'année le total de 5,000 hommes.

Ces moyennes sont trop flottantes pour permettre de donner une approximation même approchée du passif au titre des rapatriements.

LIVRE II

PREMIÈRE PÉRIODE
(1885-1888)

OU

PÉRIODE MILITAIRE

ANNÉE 1885

ANNÉE 1885

Les effectifs du corps d'occupation avaient été très réduits pendant les trois derniers mois de l'année 1884 par suite de la mortalité sur le champ de bataille et des rapatriements imposés par les blessures de guerre et les maladies endémiques.

De janvier à mars, la totalité des groupes européens ne dépasse pas 8,000 hommes.

En avril, les renforts commencent à arriver. Toutefois ce n'est qu'un premier apport et le chiffre moyen est représenté tout au plus par 10,000 unités.

Avant la fin de mai, le total de 15,500 hommes est atteint.

En juin, l'évaluation est de 17,500. Ce nombre est dépassé en juillet et on peut fixer à 18,500 hommes l'effectif des derniers mois, non compris le contingent indigène et la flotte.

A partir d'avril et sans être complètes, les statistiques sont pourtant suffisantes pour pouvoir être considérées comme la traduction exacte de la situation sanitaire. De même que pour l'année 1884, nous ne pouvons, en ce qui concerne les premiers mois de 1885, faire état que de documents incomplets.

§ 1er. — STATISTIQUES HOSPITALIÈRES.

ENTRÉES.

	PALUDISME.	DYSENTÉRIE.	CHOLÉRA.	BLESSURES.	MALADIES diverses.	TOTAL.
Janvier	274	137	»	50	236	697
Février	179	81	»	160	164	584
Mars	181	91	»	551	263	1,086
Avril	173	111	»	187	123	594
Mai	776	457	»	83	154	1,470
Juin	864	341	»	10	180	1,395
Juillet	1,631	750	»	27	257	2,665
Août	896	472	397	3	168	1,936
Septembre	863	706	564	5	305	2,443
Octobre	719	370	361	20	503	1,973
Novembre	931	808	387	4	589	2,719
Décembre	409	289	97	3	274	1,072
Récapitulation par saisons.						
1re Saison	807	420	»	948	786	2,961
2e Saison	4,167	2,020	397	123	759	7,466
3e Saison	2,922	2,173	1,409	32	1,671	8,207
ANNÉE	**7,896**	**4,613**	**1,806**	**1,103**	**3,216**	**18,634**

Une notable proportion des malades traités pour choléra ne figurent pas dans ce tableau. La morbidité, telle qu'elle est établie dans cette statistique, néglige les cas survenus dans l'intérieur des établissements hospitaliers pour ne faire état que des malades provenant de l'extérieur.

L'étude de la poussée épidémique sera faite à part.

CAS POUR 1,000 HOMMES D'EFFECTIF.

	PALUDISME.	DYSENTÉRIE.	CHOLÉRA.	BLESSURES.	MALADIES diverses.	ENSEMBLE.	EFFECTIFS.
1re Saison	285	148	»	333	278	1,044	8,500
2e Saison	714	346	67	21	130	1,278	17,500
3e Saison	474	352	228	5	271	1,330	18,500
ANNÉE	**526**	**308**	**120**	**74**	**214**	**1,242**	**15,000**

Ce pourcentage est établi en conformité d'une notation particulière à ce mémoire : chaque saison est considérée comme une annuité de douze mois. Il se traduit par les proportions suivantes pour chacune de ces périodes saisonnières considérée comme un tiers de l'année :

	PALUDISME.	DYSENTÉRIE.	CHOLÉRA (1).	BLESSURES.	MALADIES diverses.	TOTAL.
	Pour 1,000.	Pour 1,000.	Pour 1,000.	Pour 1,000.	Pour 1,000.	Pour 1,000.
1re Saison...........	95	49	»	111	93	348
2e Saison...........	238	115	22	7	43	425
3e Saison...........	158	117	76	2	90	443
Morbidité par catégories de maladies.						
1re Saison...........	272	143	»	320	265	1,000
2e Saison...........	558	271	53	17	101	1,000
3e Saison...........	356	265	172	4	203	1,000
ANNÉE..........	**424**	**247**	**97**	**59**	**173**	**1,000**

(1) (Choléra, cas extérieurs seulement.)

Nous pourrions dès maintenant, en nous appuyant sur ces données, indiquer les traits principaux de la pathologie de ce pays : prédominance des affections endémiques à la saison d'été (829 pour 1000), atténuation des influences endémiques pendant la saison d'hiver, l'arrière-saison pouvant être considérée comme un terme moyen. De même, les maladies qui représentent en quelque sorte la morbidité normale dans les pays d'Europe s'effacent proportionnellement l'été pour prendre en hiver une plus grande importance.

Nous aurons trop fréquemment à revenir et à insister sur tous ces points. Contentons-nous de faire remarquer en ce moment que les maladies accidentelles, faits de guerre et choléra, qui grèvent le bilan de cette année, ne se trouveront que très amoindries au cours des années suivantes. On doit ajouter qu'en mars 1885 a pris fin la période réellement militaire. La paix est signée, l'effort va dorénavant changer d'objet ; à la lutte contre les Célestes succède la répression de la piraterie armée, dans le Delta et le Haut-Tonkin.

2.

RAPPORTS ET DOCUMENTS DIVERS

(EN DEHORS DES STATISTIQUES).

Il serait du plus haut intérêt de pouvoir établir, comme nous le ferons dès l'année 1886, le nombre des entrées par corps et par régions. Mais les éléments nous font défaut, sauf en ce qui concerne la deuxième division (pour la seconde moitié de l'année) et quelques groupes et postes disséminés. Les extraits cités permettent de se rendre compte des traits essentiels de la situation sanitaire.

JANVIER. — FÉVRIER. — MARS.

Ces trois mois furent signalés par des combats sanglants, aux approches de Lang-Son et au voisinage immédiat de Tuyen-Quan.

Il y a lieu de noter en outre la poussée de fièvres typho-malariennes qui se produisit à la suite de la retraite de Lang-Son. Ces manifestations affectèrent des formes graves rappelant à tous égards le tableau donné par le médecin de la marine Chasseriaud des malades de la colonne de Bac-Lé : dans les deux circonstances, mêmes conditions de surménement et de dépression morale, mêmes accidents pathologiques.

STATISTIQUE DES BLESSURES DE GUERRE.

(NIMIER, *Archives de médecine militaire*, 1886-1889.)

Combats.	Blessés.	Décès.
Muy-Bop	76	9
Tai-Hoa	64	?
Dong-Son	15	?
Deo-Quao	48	20
Pho-Vi, Bac-Vi	224	17
Siège de Tuyen-Quan	184	49
Porte de Chine	61	17
Bang-Bo	300	?
Ky-Lua	44	11
Hoa-Moc	465	106
Tan-Mai	35	6
TOTAL	1,516	235 (?)

Ces chiffres ne sont qu'approximatifs ; ils comprennent les blessés européens et indigènes.

AVRIL. — MAI.

On compte en avril 49 décès dont 15 par blessures de guerre chez des malades en traitement dans les hôpitaux.

Le relevé des admissions dans les hôpitaux centraux donne les proportions suivantes : Paludisme, 315 pour 1,000. — Dysentérie, 208 pour 1,000. — Blessures, 249 pour 1,000. — Affections diverses, 228 pour 1,000. Les endémies n'ont entraîné qu'une moitié des entrées dont le total représente à peine un dixième des présents.

En mai, la statistique enregistre 3,273 hospitalisés, entrants et existants, et 141 morts aux ambulances dont 7 à la suite de blessures de guerre. Le commandement est passé aux mains du général de Courcy. Les troupes sont constituées en un corps d'armée à deux divisions complètes. Les renforts débarquent en avril, mai, juin. La proportion des hospitalisés atteint le quart de l'effectif; les groupes nouveaux fournissent la plus grande partie des malades.

JUIN.

Le chiffre des indisponibles étant de 1,400, celui des hospitalisés monte de 3,273 à 4,663 dont 4,173 fiévreux. Le nombre des décès passe de 141 à 339. Les maladies fébriles dominent : elles causent 335 morts.

A la date du 9 juin, on compte 1,479 existants aux hôpitaux et le même nombre à la visite régimentaire. L'effectif moyen étant de 17,500 hommes, le quart de ces derniers est entré dans les ambulances.

La morbidité, du 1er juin au 21 juillet, se traduit ainsi :

Restants au 31 mai		982
Entrants		3,397
Total		4,379
Sorties : Par guérison	2,407	
Sorties : Par rapatriement	409	
Sorties : Décédés	486	
Hospitalisés au 21 juillet	1,077	

JUILLET.

	Existants.	Entrants.
1re Division	784	1,068
2e Division	842	1,711
Annam	68	164
TOTAUX	1,694	2,943
TOTAL GÉNÉRAL des hospitalisés dans le mois	4,637	

Ces nombres ne concordent pas exactement avec ceux qui ont été inscrits plus haut. Il y a lieu de faire remarquer (et nous avons pris soin de le préciser) que les statistiques données précédemment sont incomplètes et que d'autre part, dans le total ci-dessus, il n'a pas été établi de distinction entre les entrées par *billets* et celles qui se produisaient par *évacuations*.

Ces entrées se répartissent comme suit par groupes de maladies :

Fièvres palustres et typhoïdes palustres	1,392, soit	472	sur 1,000 entrées.
Dysentéries	617 —	210	—
Blessures de guerre, événements de Hué	53 —	18	—
Maladies diverses	881 —	300	—

La proportion pour les existants est fort voisine.

L'extrait suivant d'une correspondance de la direction (médecin-inspecteur Dujardin-Baumetz) traduit les mêmes faits sous une forme quelque peu différente, et complète ces renseignements :

« 1,789 indisponibles dans le service régimentaire dont 1,327 à l'infirmerie et 462 à la chambre. Les infirmeries régimentaires remplissent le rôle de formations hospitalières, les ambulances étant insuffisantes pour recevoir les malades..... Aux ambulances, 922 existants dans la première Division, 867 dans la seconde.

« Dans la deuxième Division, sur un effectif de 8,112 hommes, 2,756 entrées dans le mois, soit 1 sur 2,9. Dans la première Division, pour 10,290 hommes, 1,990 admissions aux hôpitaux et ambulances, soit 1 malade sur 5 présents.

« Pendant cette période des grandes chaleurs, le nombre moyen des indisponibles a été d'environ 6,000 hommes, en comptant les exempts de service et les convalescents. »

Il faut noter que, dans ces statistiques, la morbidité par maladies ordinaires ne figure que pour des quantités relativement minimes (333 pour 1000). La majeure part des admissions est redevable aux endémies tonkinoises. On voit combien, par suite, s'est modifiée la situation depuis le mois de mars. A cette dernière date, une moitié des entrées était imputable aux blessures de guerre et la proportion des hospitalisations pour affections endémiques n'atteignait pas 415 pour 1000.

Après la retraite de Lang-Son, la deuxième Division installe des ambulances à Tan-Mai, à Chu, à Dong-Son, à Phu-lang-Thuong. Ces régions, exception faite de la place de Phu-lang-Thuong qui est moins malsaine, peuvent être considérées au point de vue pathologique comme présentant toutes les caractéristiques du Haut-Tonkin et des pays de la fièvre.

Chu. — Sur une compagnie du train d'un effectif moyen de 200 hommes, 4 entrées par jour à l'hôpital. Dans le mois, 46 entrées à l'infirmerie, 80 à l'ambulance.

Sur 750 hommes du bataillon d'Afrique, 201 hospitalisations et 35 morts.

Kep. — *Phu-lung-Thuong.* — Sur 4,300 hommes, 439 entrées aux hôpitaux et 74 décès en dehors de toute maladie épidémique.

Lam. — Le bataillon d'Afrique stationné à Lam, à l'effectif de 658 hommes, fournit 245 admissions aux ambulances et 27 décès. Voici quelle est, dans cette garnison, la répartition des hospitalisations par corps et par catégories de maladies :

	EFFECTIFS.	PALUDISME.	DYSENTÉRIE.	MALADIES diverses.	DÉCÈS.
Bataillon d'Afrique....	658	171	64	10	27
Légion et divers......	396	18 59	21 44	1 8	4 15

La morbidité et la mortalité, pour les trois postes de Chu, Lam, Dong-Son, sont représentées par les chiffres suivants :

Sur un effectif total de 1,930 hommes, 695 hospitalisations en un mois, c'est-à-dire plus du tiers des présents, défalcation faite des admissions par évacuation, de façon à éviter les doubles emplois; 153 décès, soit 1 mort sur 13 *en un seul mois.*

L'état sanitaire des troupes de la première Division, sans être satisfaisant, est moins mauvais. La morbidité est d'un tiers moins élevée et la mortalité quatre fois moindre.

En juillet se produit l'échauffourée de Hué, qui se traduit par 53 blessés de guerre dont 13 succombent sur le champ de bataille. En mai et juin les malades étaient peu nombreux à Thuan-An et à Hué; le 8 juillet on compte 60 fiévreux et dysentériques dans ces hôpitaux.

Dans ses principaux traits, la situation sanitaire du corps expéditionnaire est résumée par l'extrait ci-dessous :

	Entrées.	Restants au 31.	Décès.
Maladies telluriques...........	1,107	518	131
Dysentérie....................	586	358	116
Fièvres palustres graves.......	233	97	112

Ce dénombrement ne comprend pas l'Annam où la répartition des malades est quelque peu différente :

Paludisme....................................	31
Dysentérie....................................	31
Fièvres à allure typhique..........................	21
Blessures de guerre..............................	53
Maladies diverses................................	27

AOUT.

Le choléra débute à Haïphong pour s'étendre rapidement à la colonie entière et dominer la scène morbide. On peut dire qu'à certains jours et dans certains postes il la résume à lui seul.

Nous ne pouvons donner le mouvement total des hospitalisations que pour la deuxième Division, les documents n'ayant pas été retrouvés en ce qui concerne les autres fractions du corps expéditionnaire.

L'effectif moyen de cette deuxième Division peut être évalué à 8,000 hommes. Il ne saurait être ici question que d'approximation, car tous les corps ont subi à cette époque des variations extrêmes par suite des mutations incessantes de garnison, des rapatriements et de l'arrivée des remplaçants.

MOUVEMENT DES MALADES DE LA 2e DIVISION.

	PALUDISME.	DYSENTÉRIE.	MALADIES chirurgicales.	AUTRES MALADIES et choléra.	DÉCÈS.	
					cholėra.	autres.
Du 1er au 10.........	5,252	3,481	962	2,506	52	97
Du 10 au 20.........	4,102	2,686	683	3,912	245	76
Du 20 au 31.........	3,458	2,272	593	2,941	202	53
TOTAUX........	**12,812**	**8,439**	**2,238**	**9,359**	**499**	**226**

Dans la quatrième colonne (autres maladies), on a compris les entrées *extérieures* par choléra. Nous aurons occasion de revenir sur ce point.

On enregistre en moyenne 1,059 hospitalisations par jour sur un effectif de 8,000 hommes.

Le chiffre des décès pour ce seul mois et pour cette seule division s'élève à 725 : près de 1 mort sur 10 présents.

Avant la période épidémique, la moyenne des existants est la suivante par catégories de maladies :

Fièvres..	525
Dysentéries..	355
Maladies sporadiques..	205
Affections chirurgicales....................................	135

pour un total de 1,220 malades.

A la fin du mois, par suite de l'intervention du choléra, les chiffres se sont modifiés :

Fièvres..	246
Dysentéries..	170
Maladies diverses, en y comprenant les contagieux...........	350
Lésions chirugicales..	55
Le total des hospitalisations s'abaisse à...........	**821**

Rappelons que la moyenne mensuelle, telle qu'elle résulte du tableau ci-dessus, est de 413 pour le paludisme, de 272 pour la dysentérie, de 72 pour les maladies chirurgicales, de 226 pour le groupe où cette statistique a placé le choléra et qu'il occupe à lui seul. Il suffit pour s'en convaincre de se reporter aux chiffres cités plus loin : *Épidémie cholérique.*

A défaut de renseignements plus satisfaisants, nous reproduisons quelques statistiques qui, pour n'être que partielles, ajoutent quelques traits de plus à cet exposé.

PREMIÈRE DIVISION.

	AMBULANCES.	HÔPITAL de Hanoï.	TOTAL des entrées.	DÉCÈS.
Paludisme	157	293	450	21
Dysentérie	73	101	174	39
Blessures de guerre et autres maladies	28	51	79	»
Choléra (cas extérieurs)	3	52	55	33

Lam. — Chu. — Dong-Son. — La situation est restée ce qu'elle était en juillet au point de vue des maladies endémiques ; elle se grève de l'apparition du choléra et des désastres qu'il entraîne.

A Chu et Dong-Son, le troisième bataillon d'Afrique qui est à un effectif de 750 hommes fournit en août 56 entrées pour accidents de malaria, 40 pour affections dysentériques, 7 pour choléra (cas extérieurs) et une seule pour lésions sporadiques et chirurgicales.

Aux ambulances de Lam et de Chu, le mouvement des malades se traduit, pour un effectif de 1,929 présents, par les chiffres suivants :

	Entrées.	Décès.
Paludisme	201	29
Dysentérie	144	25
Choléra (cas extérieurs)	52	227
Choléra (cas intérieurs)	215	
Autres maladies	11	4

Morbidité pour 1,000 présents dans la garnison : Paludisme, 104. — Dysentérie, 75. — Choléra, 139. — Autres maladies, 5, soit une morbidité totale de 322 en un seul mois.

A l'ambulance, sur 3 malades présents, 2 cas de contagion intérieure.

Phu-lang-Thuong. — Sur les 167 spahis casernés dans cette place, 10 exempts par jour pour maladies endémiques.

Sur les 890 soldats de la légion, il y a une soixantaine de malades par jour, sans tenir compte des existants aux hôpitaux dont le nombre, à la date du 24, est de 41. Mais ce chiffre de 100 malades par jour est loin de donner une idée réelle de la santé du bataillon; on peut même affirmer qu'un tiers est hors d'état de faire campagne, un autre tiers ayant besoin de se refaire par un repos de deux mois au moins.

Le 2e bataillon du 2e étranger est dans un bien plus fâcheux état. A ses 93 malades à la chambre, dont 68 fiévreux, il faut ajouter 192 aux hôpitaux dont 185 fiévreux, ce qui, pour un effectif de 940 hommes, donne 285 indisponibles.

SEPTEMBRE.

1,719 malades restaient en traitement dans les formations hospitalières au dernier jour du mois précédent.

En septembre, on signale 2,267 entrées dont 875 cholériques, ce qui montre combien la situation était précaire, même en dehors du choléra.

Ces entrées se répartissent comme suit :

	Entrées.	Décès.
1re Division	1,058	83
2e Division	828	117
Annam	381	23

Les cas intérieurs de choléra ne figurent pas dans ces totaux, non plus que les décès de cette origine.

Le relevé des carnets médicaux a pu être établi à une ou deux ambulances près. Il présente cet intérêt particulier que la distinction a pu être faite entre Européens et Indigènes :

	Européens.	Indigènes.
Paludisme	863	34
Dysentérie	706	9
Choléra	507	4
Blessures	5	6
Maladies diverses	305	39
TOTAL	2,386	92

D'après ce relevé, le total des entrées est de 2,478. Sur ce total, 511 sont imputables à des cas extérieurs de choléra ; la morbidité, en dehors de l'épidémie, est donc de 1,967.

Les rapports de la direction portent le chiffre de 2,267 admissions. La différence entre ces deux relevés doit tenir à ce que, dans les statistiques des ambulances, les entrées par évacuation font double emploi.

OCTOBRE.

Malades en traitement au 1er du mois : 1,413.

	Entrées.
Paludisme	527
Dysentérie	533
Choléra	375
Blessures	»
Maladies diverses	614
TOTAL	**2,049**

1,674 admissions en dehors des cas contagieux.

Une statistique partielle, utile à rapprocher de cette première, quoiqu'elle ne porte ni sur les ambulances mobiles ni sur les malades du *Comorin,* donne les indications ci-après :

	PALUDISME.	DYSENTÉRIE.	CHOLÉRA.	TOTAL.
1re Division	175	123	37	335
2e Division	218	312	162	692
Annam	22	72	21	115
TOTAUX	**415**	**507**	**220**	**1,142**

NOVEMBRE.

A la date du 1er, 1,594 malades restaient en traitement.

	Entrées.
Paludisme	451
Dysentérie	507
Choléra	220
Blessures	?
Maladies diverses	297
TOTAL	**1,475**

Un rapport du directeur établi postérieurement, à une époque où tous les résultats étaient connus, indique un chiffre quelque peu différent :

	Entrées.
1re Division	644
2e Division	930
Annam	166
Total	1,740

Dans le premier tableau ne doivent pas figurer les admissions aux ambulances mobiles de la colonne du Bay-Say. Nous aurons à y revenir en parlant du choléra. Dans l'une et l'autre de ces statistiques on n'a pas compris les indigènes.

DÉCEMBRE.

Entrées.

	PALUDISME.	DYSENTÉRIE.	CHOLÉRA.	BLESSURES.	MALADIES diverses.	TOTAL.
1re Division	189	224	25	?	?	438
2e Division	177	159	52	?	?	388
Annam	26	87	3	?	?	116
Total des entrées.	**392**	**470**	**80**	?	?	**942**

(Statistique partielle fournie au dernier jour du mois, d'après le relevé des situations journalières.)

§ 2. — MORTALITÉ.

Nous donnons à titre de comparaison les renseignements puisés à des sources différentes : 1° Statistique de l'état-major; 2° Chiffres des carnets médicaux; 3° Rapports et documents divers.

1° Chiffres de l'état-major.

Ils ne remontent pas au delà du mois d'avril et doivent comprendre la totalité des décès, tant européens qu'indigènes. Beaucoup de Tonkinois malades étaient autorisés à se soigner chez eux et plusieurs mouraient en dehors des formations hospitalières, d'où l'explication des 83 décès indigènes seulement, signalés dans les statistiques de la direction.

MOIS.	BLESSURES.	MALADIES.	CHOLÉRA.	TOTAL.	EFFECTIFS.
Avril	15	34	»	49	8,500
Mai	?	161	»	161	12,000
Juin	2	341	»	343	17,500
Juillet	24	440	»	464	18,500
Août	3	359	581	943	»
Septembre	6	217	585	808	»
Octobre	13	117	324	454	»
Novembre	3	145	238	386	»
Décembre	6	113	89	208	»
TOTAUX	**72**	**1,927**	**1,817**	**3,816**	»

2° Chiffres des carnets médicaux. — Décès aux hôpitaux.

Ces tableaux ne peuvent avoir qu'une signification relative au point de vue de la mortalité totale; mais ils ont le grand avantage de faire ressortir la proportion de la mortalité suivant les différentes espèces morbides.

Les résultats, incomplets pour les neuf derniers mois, ne sont que très partiels en ce qui concerne le premier semestre.

La mortalité due au choléra étant établie dans un paragraphe à part, il n'est pas fait état des pertes ayant pour cause cette origine dans les tableaux qui suivent.

DÉCÈS.

	PALUDISME.	DYSENTÉRIE.	BLESSURES.	MALADIES diverses.	TOTAL.
Janvier	9	5	9	2	25
Février	6	6	117	1	130
Mars	6	9	204	6	225
Avril	7	5	15	2	29
Mai	36	42	7	4	89
Juin	143	56	»	10	209
Juillet	221	129	1	21	372
Août	114	124	1	23	262
Septembre	113	162	2	22	299
Octobre	22	26	2	4	54
Novembre	50	71	»	26	147
Décembre	32	55	2	55	144

	PALUDISME.	DYSENTÉRIE.	BLESSURES.	MALADIES diverses.	TOTAL.
	Récapitulation par saisons.				
1re Saison	28	25	345	11	409
2e Saison	514	351	9	58	932
3e Saison	217	314	6	107	644
ANNÉE	**759**	**690**	**360**	**176**	**1,985**
	Cas pour 1000. — Mortalité relative par espèces morbides.				
1re Saison	55	62	856	27	1,000
2e Saison	559	371	9	61	1,000
3e Saison	337	487	10	166	1,000
ANNÉE	**386**	**346**	**180**	**88**	**1,000**

3° *Rapports mensuels.*

La mortalité, d'après les rapports de la direction, serait représentée par les totaux ci-après :

Mai	141
Juin	339
Juillet	433
Août	985
Septembre	808
Octobre	330
Novembre	311
Décembre	190
	3,537

Soit 3,537 décès européens pour ces huit mois. Il faut y ajouter 83 décès indigènes, ce qui fait un total général de 3,620 morts.

Dans ces rapports, on a tenu compte des décès cholériques ; il faudrait les défalquer pour établir la comparaison avec les chiffres donnés plus haut et extraits des carnets.

Or, voici quelles sont à cet égard les indications complémentaires des archives de la direction :

Sur les 3,537 décès européens, 1,693 sont imputables au choléra; en dehors de cette affection contagieuse, la mortalité est donc de 1,844. Ces résultats, qui sont d'une exactitude à peu près absolue, ne concordent pas avec les tableaux précédents qui ne portent que sur des données incomplètes.

Il a paru intéressant, pour les raisons déjà indiquées, de faire état de ces données diverses afin de demander à chacune d'elles le renseignement qu'on peut en retirer, c'est-à-dire : d'une part, la mortalité totale par rapport à l'effectif ; de l'autre, la mortalité par groupes morbides et parfois par corps, en compulsant les statistiques partielles dont on trouvera les éléments résumés plus loin. De la sorte, nous sommes conduit à des redites obligées, mais seules susceptibles de fournir la solution plus ou moins complète du problème posé.

MORTALITÉ PAR RAPPORT A L'EFFECTIF TOTAL.

D'après ces documents, voici quel serait le pourcentage par mois :

MOIS.	EFFECTIFS.	DÉCÈS.	POURCENTAGE.
	Hommes.		Pour 1,000.
Mai	12,000	141	12
Juin	17,500	339	19
Juillet	18,500	433	23
Août	»	985	53
2e SAISON	»	**1,898**	**107**
Septembre	»	808	43
Octobre	»	330	17
Novembre	»	311	16
Décembre	»	190	10
3e SAISON	»	**1,639**	**86**

Ce qui donne pour les huit mois 3,537 morts, soit 202 pour 1000.

Le total des décès, défalcation faite de la mortalité par choléra, est de 1,318, soit 77 pour 1000 pour les quatre mois d'été. Le pourcentage est de 31 pour 1000 pendant l'arrière-saison et correspond à un chiffre de 567 morts.

Cette proportion n'a rien de très exagéré : 108 pour 1000 pour les deux dernières saisons. On la retrouve au cours des années suivantes chez les groupes qui sont soumis aux fatigues du service en campagne. Tout ce que l'on peut faire remarquer c'est qu'au cours de l'année 1885 elle s'observe même dans les corps les mieux partagés.

D'autre part, il est nécessaire d'apporter encore une restriction. Nombre de malades qui ont succombé au choléra seraient certainement morts de maladies antécédentes. On peut dire, par suite, que cette façon d'envisager la mortalité est anormale; elle permet toutefois de rapprocher des quantités plus comparables et fournissant des éléments d'appréciation plus sérieux que ceux obtenus en majorant les chiffres ou en les établissant d'après l'obituaire seul des cas intérieurs de choléra. Nous étudierons d'ailleurs dans un chapitre isolé la marche et l'évolution de l'épidémie.

Mais avant d'aborder cette partie de notre étude, il semble utile de passer en revue l'ensemble des renseignements qui, en dehors de ce fait contingent et surajouté, permettent de déduire quelques-unes des caractéristiques du climat et du sol tonkinois.

Première saison : Hiver.

Les trois premiers mois correspondent à la phase particulièrement guerrière de notre action au Tonkin : c'est l'époque héroïque. Notre occupation est marquée par des combats nombreux et sanglants; le chiffre des morts sur le champ de bataille est considérable tandis que les endémies sont peu meurtrières. La petite phalange que, sous la haute direction du général Brière de l'Isle, commandent les généraux de Négrier et Giovaninelli, est acclimatée et très entraînée. Malgré des fatigues excessives, elle ne fournit jusqu'à la dislocation des colonnes que fort peu de malades et de décès.

En avril, la situation se modifie; les chaleurs surviennent, précoces et extrêmes dès le début de la saison. Elles coïncident avec l'arrivée de troupes neuves, jetées en bloc sur cette terre du Tonkin, sans préparation ni éducation antérieures des cadres et des individus, conditions pourtant si nécessaires pour résister aux influences nocives de cette vie nouvelle. Les effectifs passent en quelques semaines de 8,000 à 12,000 hommes pour atteindre, en juin, le chiffre de 18,500 Européens.

Deuxième saison : Été.

Mauvaise en mai, la situation s'aggrave en juin. Les maladies fébriles dominent et causent à elles seules 335 décès, soit 1 sur 13 malades de cette catégorie. La mortalité est de 20 pour 1,000 de l'effectif au seul titre des affections endémiques.

MORTALITÉ PAR CORPS DU 1er JUIN AU 20 JUILLET.

Les cahiers de décès enregistrent 579 morts se répartissant comme suit par maladies et par corps :

Fièvres continues 117 — Fièvres telluriques 125 — Dysentéries 128 — Coups de chaleur 52 — Autres causes 157. Soit un total de 579 décès dont 422 occasionnés par les maladies endémiques.

La répartition par corps et les moyennes de mortalité sont indiquées par le tableau ci-dessous :

	HOMMES.	DÉCÈS.	POUR 1000.
1° Troupes de la guerre.			
Régiment de ligne	1,800	85	47
Zouaves (3 bataillons)	2,000	59	29
Tirailleurs algériens (3 bataillons)	2,000	28	14
Régiment étranger (4 bataillons)	2,400	119	49
Chasseurs (11e bataillon)	800	8	10
Infanterie légère d'Afrique (1 bataillon)	1,200	126	105
Autres armes	5,000	70	14
GROUPE TOTAL	**15,200**	**495**	**32** pour 1000 dans l'espace de 50 jours.
2° Troupes de marine.			
Infanterie de marine (3 bataillons)	1,800	36	20
Artillerie de marine	1,000	15	15
3° Troupes indigènes (5 bataillons).			
Cadres européens	300	6	20
Tirailleurs	5,000	22	4.5
4° Équipages de la flotte.			
Officiers et marins	2,000	5	2.5

Par catégories de maladies, les moyennes se traduisent ainsi :

	Morts.	Pour 1000.
Paludisme et fièvres diverses	294	507
Dysentérie	128	221
Toutes autres maladies	157	272
TOTALITÉ	579	1,000

Plus d'une moitié des pertes est attribuable aux manifestations de la malaria. La dysentérie, la seconde endémie du pays tonkinois, prélève pour sa part un quart des décès, c'est dire qu'à la saison chaude 2 morts sur 3 reviennent à l'endémicité.

Cette caractéristique persiste à l'époque actuelle.

Ce renseignement partiel est le seul que nous ayons pu retrouver en ce qui concerne la répartition des décès par corps, pour la totalité des troupes d'occupation. Il ne peut être complété que pour une moitié de ces unités : celle qui forme la seconde division. Placée sous les ordres du général de Négrier, cette division tient garnison dans les provinces maritimes : à Ti-Cau, à Taï-Nguyen, dans les régions du Song-Tuong et du Loch-Nam.

Arrière-saison : quatre derniers mois.

Les endémies deviennent moins redoutables que pendant la saison précédente et nous sommes loin de retrouver le même passif qu'en juin et juillet. Pourtant, en octobre et novembre, eurent lieu des expéditions importantes. Sans avoir été très meurtrières du fait de l'ennemi, elles n'en imposèrent pas moins de grandes fatigues aux troupes mobilisées, c'est-à-dire aux colonnes de Tan-Mai dans la presqu'île comprise entre la rivière Claire et le Fleuve Rouge, aux confins du Delta, et à la colonne de police du Bay-Say dans le Bas-Delta.

En dehors de la recrudescence de choléra amenée par les contacts répétés des troupes, la mortalité due à toutes les autres causes ne fut point considérable.

MORTALITÉ DES TROUPES DE LA IIe DIVISION (JUILLET A DÉCEMBRE).

Les tableaux I et II permettront au lecteur de suivre, dans ces principaux détails, l'histoire médicale de cette fraction importante du corps d'occupation pendant cette demi-année. On est en droit, à quelques restrictions près formulées à propos de la morbidité, d'étendre les observations qui en découlent à toute l'armée du Tonkin.

1° Troupes de la guerre.

Nous y distinguons trois groupes : les troupes du recrutement dans lesquelles rentrent les corps provenant du recrutement français (bataillons de ligne, batteries d'artillerie, soldats du train, ouvriers, infirmiers), par opposition aux troupes d'Afrique représentées dans cette division par deux unités bien distinctes : la légion et l'infanterie légère d'Afrique.

TABLEAU I. — *Décès.*

MOIS.	TROUPES du recrutement.			RÉGIMENTS étrangers.			BATAILLONS d'Afrique.			TOTAL
	Choléra.	Maladies diverses.	Total.	Choléra.	Maladies diverses.	Total.	Choléra.	Maladies diverses.	Total.	mensuel.
Juillet...............	»	75	75	»	82	82	»	94	94	251
Août................	162	87	249	130	48	178	170	42	212	639
Septembre...........	60	28	88	90	28	118	123	2	125	331
Octobre.............	54	14	68	118	10	128	46	19	65	261
Novembre...........	37	21	58	39	22	61	17	18	35	154
Décembre............	25	18	43	18	9	27	3	21	24	94
SIX MOIS......	**338**	**243**	**581**	**395**	**199**	**594**	**359**	**196**	**555**	**1,730**

Le bilan de cette demi-annuité est de 1,730 morts pour un effectif approximatif de 7,000 hommes, déduction faite des soldats annamites et des détachements de marine.

La légion n'est représentée, dans cette division, que par 2 bataillons de 900 hommes chacun environ. Les bataillons d'Afrique sont au nombre de 2; leur effectif a beaucoup varié : il a fondu en août et le chiffre moyen n'a pas dépassé 1,200 hommes.

Il n'y a pas lieu de tenir compte de la mortalité sur le champ de bataille; elle est nulle pour cette division pendant ces six mois. Mais il est indiqué de dresser à part les pertes dues au choléra, fait contingent et qui n'appartient pas en quelque sorte aux circonstances normales.

Nous devons cependant renouveler ici la remarque déjà formulée, à savoir qu'en agissant ainsi nous dégrévons dans une proportion incomplètement justifiée ce que nous appellerons la mortalité ordinaire. Sous le bénéfice de cette réserve, il est facile de déduire du tableau précédent le pourcentage de la mortalité pour chacun de ces corps, en maintenant la distinction entre la mortalité épidémique et la mortalité par autres maladies.

	CHOLÉRA.	MALADIES diverses.	ENSEMBLE.
	Pour 1000.	Pour 1000.	Pour 1000.
Troupes du recrutement..........	84	61	145
Légion.........................	219	111	330
Bataillons d'Afrique..............	299	163	462
GROUPE ENTIER........	**156**	**91**	**247**

Ces moyennes ne s'appliquent qu'à une demi-annuité; il faudrait les doubler pour les comparaisons postérieures.

La mortalité ordinaire annuelle, au sens défini plus haut, doit, par analogie avec les notations adoptées, être évaluée à un minimum de 180 pour 1000. On peut ajouter que ce calcul est optimiste, car les effectifs ont été arrondis et la part du choléra empiète sur celle des autres maladies. En effet, le choléra n'a été pour nombre de malades qu'une façon d'échapper à une mort certaine par les endémies.

Dans la seule garnison de Lam, un des bataillons d'Afrique a fourni en six mois 265 décès pour une moyenne de moins de 700 présents. En juillet, avant l'apparition du choléra, ce même bataillon a perdu 27 hommes, soit en un mois 40 pour 1000 de son effectif.

Ce taux de 180 décès pour 1000 se retrouve à toutes les époques chez les groupes à qui les circonstances imposent les fatigues du service en campagne en pleine saison des chaleurs. Or, en cette année 1885, les nouveaux venus n'ont pas pu ou n'ont pas voulu se plier aux exigences de l'été tonkinois. Chacun a tenu à dépenser, dès l'arrivée, l'énergie dont il avait fait ample provision.

Est-il permis de faire remarquer qu'en dehors de l'Annam rien, sauf cette impatience, ne paraissait justifier un empressement aussi hâtif.

TABLEAU II. — *Mortalité par corps et par mois. — Cas pour 1000.*

	TROUPES du recrutement.			RÉGIMENTS étrangers.			BATAILLONS D'AFRIQUE.		
	Choléra.	Maladies diverses.	Total.	Choléra.	Maladies diverses.	Total.	Choléra.	Maladies diverses.	Total.
Juillet	»	18	18	»	45	45	»	80	80
Août	40	22	62	75	24	99	143	32	175
Septembre	15	8	23	52	15	67	102	2	104
Octobre	13	4	17	65	6	71	38	16	54
Novembre	9	5	14	22	11	33	14	15	29
Décembre	7	4	11	5	10	15	2	18	20
SIX MOIS	84	61	145	219	111	330	299	163	462

Ces constatations sont attristantes. En six mois, l'infanterie légère d'Afrique perd 1 homme sur 2 1/2 présents. Le groupe le mieux partagé a plus de 1 mort sur 7. Empressons-nous d'ajouter que la situation est loin d'être aussi déplorable en Annam et surtout dans la 1re division. Le chiffre des décès, pour ces deux portions du territoire et pour un effectif approximatif de 12,000 hommes en y rattachant les troupes non endivisionnées, se traduit par un pourcentage bien moins élevé.

TABLEAU III. — *Mortalité de l'Annam et de la 1re division.*
— *Cas pour 1000.*

	DÉCÈS.	POUR 1000.
Juillet	203	17
Août	304	25
Septembre	477	40
Octobre	93	8
Novembre	332	28
Décembre	114	9
TOTAL	**1,523**	**127** p. 1000 en 6 mois

§ 3. — CHOLÉRA.

L'épidémie de 1885 fut meurtrière à l'extrême. Certains groupes y ont perdu la moitié de leur personnel. C'est à cette cause qu'il faut attribuer la légende de deuil qui a si longtemps pesé sur le Tonkin et dont cette colonie commence à peine à pouvoir interjeter appel.

La statistique et le graphique ci-après en donnent une idée d'ensemble :

	MORBIDITÉ.			MORTALITÉ.
	Cas extérieurs.	Cas intérieurs.	Total.	Décès.
Août	397	478	875	580
Septembre	564	291	855	585
Octobre	361	126	487	319
Novembre	387	80	467	277
Décembre	97	56	153	91
TOTAUX	**1,806**	**1,031**	**2,837**	**1,852**

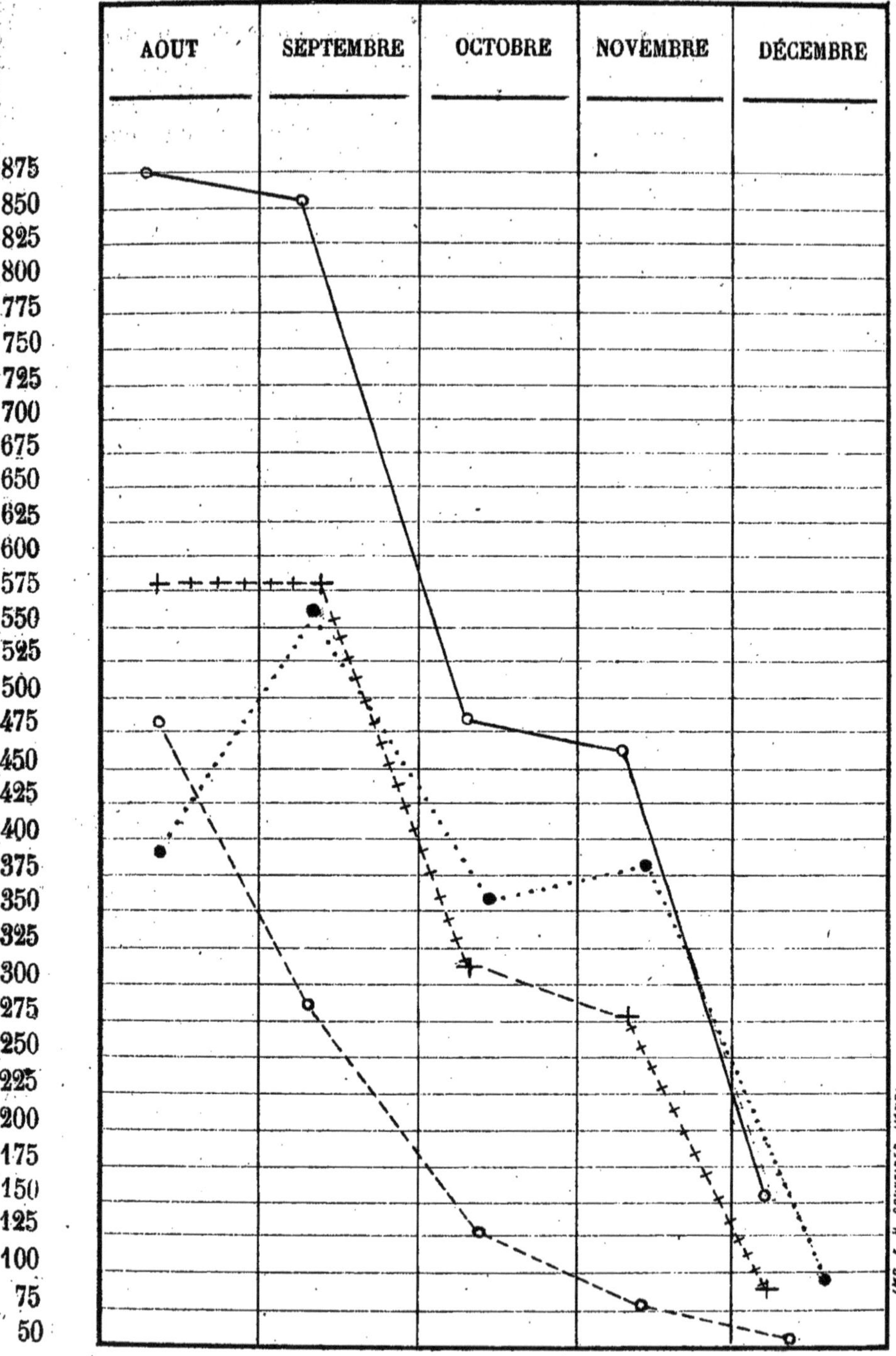

Mortalité + + + + + +   Morbidité totale o——o

Cas extérieurs •·····•   Cas intérieurs o- - - -o

MARCHE DE L'ÉPIDÉMIE.

Le premier décès fut observé à Haïphong le 4 août. C'était un cas intérieur, c'est-à-dire que la première atteinte confirmée et officiellement constatée fut signalée chez un malade en traitement à l'hôpital de cette ville.

Dans le cours du mois précédent, le médecin d'Haï-Dzuong, poste voisin, avait rendu compte de l'apparition dans la population indigène de cas incontestables et relativement nombreux de choléra.

A cette époque, l'Administation civile était incomplètement organisée. Les chefs militaires, nouveaux venus, étaient peu en contact avec la population conquise; on était, par suite, mal renseigné sur les maladies qui pouvaient sévir dans ce milieu étranger.

Une enquête rétrospective a permis d'établir que, des rives du Loch-Nam et du Song-Thuong où avaient eu lieu les concentrations de coolies nécessitées par le ravitaillement des colonnes, la maladie s'était progressivement étendue aux provinces voisines et particulièrement à l'agglomération annamite que l'importance croissante de la garnison de Haïphong attirait et maintenait dans la banlieue de ce centre important.

De la population indigène la contagion gagna le groupe militaire et notamment les malades hospitalisés.

Quand nous résumerons, dans la seconde partie de ce mémoire, nos impressions sur les principales affections de la pathologie tonkinoise, nous aurons à expliquer à la lumière des faits postérieurs quelle fut la genèse de cette poussée épidémique, la première en date et la plus désastreuse. Contentons-nous aujourd'hui de signaler que cette place de Haïphong réunissait les conditions les plus favorables pour l'éclosion et le développement d'un puissant foyer d'infection.

La répartition des décès est la suivante par circonscription militaire :

	1re DIVISION.	2e DIVISION.	ANNAM.	TOTAL.
Août	69	511	»	580
Septembre	75	314	196	585
Octobre	91	213	15	319
Novembre	44	219	14	277
Décembre	21	68	2	91
TOTAUX	**300**	**1,325**	**227**	**1,852**

La morbidité cholérique, par régions, ressort du tableau ci-dessous :

	AOUT.	SEPTEMBRE.	OCTOBRE.	NOVEMBRE.	DÉCEMBRE.	TOTAL.	
			1re Division.				
Cas extérieurs	27	118	160	60	17	382	560
Cas intérieurs	111	12	24	17	14	178	
			2e Division.				
Cas extérieurs	370	202	186	305	76	1,139	1,815
Cas intérieurs	252	252	72	61	39	676	
			Annam.				
Cas extérieurs	»	244	15	22	4	285	347
Cas intérieurs	»	27	30	2	3	62	
TOTAUX	**760**	**855**	**487**	**467**	**153**	**2,722**	

En résumé, 1806 cas extérieurs et 916 cas intérieurs, c'est-à-dire survenus chez des malades en cours de traitement dans les hôpitaux et ambulances pour toute autre affection.

Cette morbidité ne tient compte que des Européens.

Sur un effectif moyen de 18,500 hommes, il y a eu en cinq mois près de 3,000 cholériques, 1 malade sur 7. Il est mort 1 homme sur 10 présents du fait seul du fléau.

La proportion varie beaucoup suivant les circonscriptions. Dans la 2e division les moyennes sont très élevées : 1 contagieux sur 4 présents, 1 mort sur 6. La 1re division a été relativement épargnée : 1 cholérique sur 15 hommes de l'effectif, 1 mort sur 30.

Le choléra resta confiné à Haïphong pendant les douze premiers jours. Dans la seconde quinzaine du mois d'août il s'étendit aux autres postes du Delta.

Dès le début la maladie exerça à Haïphong de grands ravages. Le chiffre des décès enregistrés à l'hôpital de cette place s'éleva à 225 en ce seul mois, pour un nombre d'entrants qui n'atteignit pas celui de 480. Il mourut 1 malade sur 2. D'après les statistiques, 135 décès furent imputés à l'épidémie; mais on sait combien, dans un pareil foyer, l'influence contagieuse intervient souvent pour précipiter le dénouement final chez les cachectiques palustres et les dysentériques, sans qu'on puisse déterminer la part qui lui revient.

Sur les 135 décès par choléra, 76 seraient survenus chez des malades provenant de l'extérieur et considérés comme contagieux dès leur admission; le reste appartiendrait à des cas intérieurs.

Voici, pour cette région de Haïphong, quelle est la série des morts : le 4 août, premier décès; le 5 août, 3; le 6, 2; le 7, 5; le 8, 12; le 9, 17; le 10, 12; le 11 et le 12, 9 seulement dans ces deux jours; le 13, la proportion monte à 15 pour atteindre les jours suivants les chiffres de 27, 46, 31, 41, 33.

Le 12 août, Lam était atteint : ce devait être un désastre. Le premier jour, 4 cas intérieurs; le lendemain, 5 cas nouveaux chez des malades en cours de traitement; le 14, 12 cas confirmés.

Le premier cas extérieur n'est signalé que le 16. La garnison fournit relativement peu de contagieux : 32 seulement sur les 209 observés et 26 décès sur les 207 qu'on enregistre.

Le total des entrées à l'ambulance fut de 252 pour le mois. 229 malades succombèrent, dont 4 officiers, 9 sous-officiers et 216 soldats.

Les 197 cas intérieurs de choléra qui vinrent s'ajouter aux 32 contagieux provenant du casernement déterminèrent 181 décès. 77 furent constatés chez des paludéens, 115 chez des dysentériques, 5 enfin chez des malades atteints d'affections sporadiques et chirurgicales.

Les impaludés frappés secondairement par le choléra fournirent 66 décès, soit 6 morts sur 7 malades; il y eut 111 morts sur 115 dysentériques atteints par le fléau, enfin 4 sur 5 dans la dernière catégorie de malades.

Le 17 août, on comptait à Phu-lang-Thuong 221 malades hospitalisés. Du 17 au 20, on signala quelques cas douteux de choléra dans les salles.

Le 19, un décès cholérique survint chez un soldat de la garnison. Le soir de ce même jour il y eut 5 cas intérieurs avérés.

Du 19 au 31 août on observa 154 cas intérieurs dont 80 entraînèrent la mort.

En septembre, l'épidémie continue. Cette seconde phase fait monter la mortalité à 127 dont 107 cholériques sur les 167 militaires en cours de traitement à la date du 23.

En octobre, les cas intérieurs deviennent rares, mais les casernements font admettre de nombreux contagieux. On enregistra 99 décès.

L'Annam reste indemne jusqu'en septembre, mais les garnisons de cette subdivision ne tardèrent pas à leur tour à être cruellement éprouvées. En ce seul mois elles fournirent 271 contagieux dont 200 succombèrent.

Le 1er septembre débarquait à Thuan-An une compagnie venue de Hanoï. Du 3 au 27, 72 cas de choléra se montrèrent ; il y eut 49 décès dont 43 relevant de ce groupe.

A Hué, l'ambulance du Mang-Ca reçoit en septembre 197 cholériques dont 55 cas intérieurs. On y enregistre 154 morts imputables à cette origine ; l'effectif de la garnison était de 1,900 hommes.

La 1re division fut, avons-nous dit, relativement épargnée.

Hanoï, Son-Tay, Phu-Ly furent atteints à peu de jours d'intervalle. On observa dans la première de ces localités 52 cas et 32 décès ; 35 malades en traitement contractèrent l'affection dans l'hôpital, 25 succombèrent. Il y eut 17 entrées provenant de l'extérieur, suivies de 8 cas mortels.

En octobre, la maladie se dissémine. Le nombre des contagieux décroît cependant partout, sauf en ce qui concerne la colonne organisée pour prendre Tan-Mai et les ambulances mobiles qui en assuraient le service.

Haïphong assiste à une recrudescence du fléau. Le *Comorin*, bâtiment affrété, est obligé de débarquer ses rapatriables, une poussée épidémique s'étant développée dans ce milieu.

Une statistique partielle, ne portant que sur les ambulances fixes, évalue les entrées cholériques dans ces formations permanentes aux chiffres de 37 malades pour la première division et de 162 pour la deuxième. Il en résulterait que la part imputable aux ambulances de Bac-Hat (colonne de Tan-Mai) et de la Digue (malades du *Comorin*) serait de 123 pour la colonne active et de 143 pour le bâtiment affrété.

En novembre, l'amélioration de l'état sanitaire est général. Toutefois, les mouvements de troupes qu'entraîne l'organisation de la colonne du Bay-Say, dans la province de Haï-Dzuong, créent un foyer nouveau et redoutable.

L'histoire médicale de la colonne du Bay-Say se résume en une épidémie de choléra.

Dans son rapport, le médecin principal Zuber s'exprime ainsi :

« Il était permis de prévoir dès le début de l'expédition que les opérations, en multipliant les contacts et en déprimant les hommes, devaient nécessairement amener une épidémie sévère par son extension et la proportion relative des décès. Aussitôt que le danger créé par l'invasion du choléra fut reconnu, sa gravité fut signalée au général commandant la division.

« Parmi les remèdes convenant à la situation, l'arrêt des opérations et la dislocation des troupes paraissait le plus indiqué et celui qui devait être envisagé le premier. Le général fit connaître que les opérations engagées ne pouvaient être arrêtées. »

Dans la suite de ce rapport, le docteur Zuber définit cette poussée en l'appelant le choléra des surmenés.

Le chiffre total des contagieux peut être évalué pour ces troupes à 172 malades ayant fourni 90 décès, ce qui représente une mortalité de 523 pour 1000. Encore faudrait-il ajouter à ces 90 morts les décès cholériques survenus à Haï-Dzuong et qui ont été au nombre de 17, sans compter les cas intérieurs.

Le total du passif de la colonne, en tenant compte de cette donnée, serait de 107 au seul titre du choléra.

En décembre, les mouvements actifs ont cessé; mais les mutations qui s'opèrent dans les garnisons transportent la maladie à Tai-Nguyen, aux confins du Delta. On y observe 66 cas et 51 décès en moins d'un mois.

Ce devait être le dernier éclat du fléau en cette année 1885. A partir de ce moment, il se borna à des atteintes isolées et très espacées.

§ 4. — RAPATRIEMENTS.

PREMIÈRE SAISON.

	JANVIER.		FÉVRIER.		MARS.		AVRIL.	
	Hanoï.	Haïphong.	Hanoï.	Haïphong.	Hanoï.	Haïphong.	Hanoï.	Haïphong.
Paludisme	5	136	»	»	5	10	3	16
Dysentérie	3	54	»	»	9	52	13	22
Blessures de guerre	4	»	»	»	9	54	58	121
Autres maladies	17	50	»	»	23	21	38	12
TOTAUX MENSUELS.	29	240	»	»	46	137	112	171
	269		»		183		283	

RÉPARTITION PAR CORPS.

	EFFECTIFS.	JANVIER.	FÉVRIER.	MARS.	AVRIL.	TOTAL.
	h.					
Troupes de marine....	2,400	64	»	51	94	209
Légion étrangère (2 bataillons).........	1,500	41	»	14	76	131
Bataillons d'Afrique (1 bataillon).........	600	38	»	5	6	49
Autres armes.........	3,600	126	»	111	107	344
Totaux.........	8,100	269	»	181	283	733

DEUXIÈME SAISON.

	MAI.		JUIN.		JUILLET.		AOUT.	
	Hanoï.	Haïphong.	Hanoï.	Haïphong.	Hanoï.	Haïphong.	Hanoï.	Haïphong.
Paludisme..........	29	»	44	30	34	46	114	4
Dysentérie..........	30	»	30	46	32	67	19	18
Blessures de guerre...	42	»	13	1	»	»	3	5
Autres maladies......	54	»	97	19	171	24	127	5
Totaux mensuels.	155	»	184	96	237	137	263	32
	155		280		374		295	

RÉPARTITION PAR CORPS.

	EFFECTIFS.		MAI.	JUIN.	JUILLET.	AOUT.	TOTAL.
	Mai.	3 mai suivant.					
Troupes de marine....	2.000	2.000	59	70	107	45	281
Légion étrangère.....	2.500	2,500	42	113	87	30	272
Bataillons d'Afrique ...	1,500	1,500	2	16	61	28	107
Autres armes........	6,500	10,500	49	80	119	191	439
Totaux..........	12,500	16,500	152	279	374	294	1,099 + 5 civils.

ARRIÈRE-SAISON.

	SEPTEMBRE.		OCTOBRE.		NOVEMBRE.		DÉCEMBRE.	
	Hanoï.	Haïphong.	Hanoï.	Haïphong.	Hanoï.	Haïphong.	Hanoï.	Haï, hong.
Paludisme	83	10	36	»	22	21	45	»
Dysentérie	37	13	4	»	14	11	57	»
Choléra	»	12	9	»	1	4	1	»
Blessures de guerre	»	1	»	»	2	»	1	»
Autres maladies	63	3	197	»	100	3	160	»
Totaux mensuels.	183	39	246	»	139	39	264	»
	222		246		178		264	

RÉPARTITION PAR CORPS.

	SEPTEMBRE.	OCTOBRE.	NOVEMBRE.	DÉCEMBRE.	TOTAL.
Troupes de marine	48	42	38	58	186
Légion étrangère	21	8	16	7	52
Bataillons d'Afrique	7	2	2	»	11
Autres armes	146	193	122	199	660
Totaux	**222**	**245**	**178**	**264**	**909** + 1 civil.

Les tableaux précédents ne portent que sur les malades sortant des hôpitaux de Hanoï et de Haïphong : c'est le gros lot. Mais il faut se souvenir que Ti-Cau et surtout Quan-Yen ont fait à plusieurs reprises des évacuations directes. D'autre part, les malades de l'Annam (Tourane et Qui-Nhon) ne sont pas compris dans ces totaux.

Voilà pourquoi la répartition suivante, par bâtiments et par mois, est intéressante à consulter :

Mai. — *Tarn*	383
Juin. — *Mytho, Finistère*	245
Juillet. — *Vinhlong, France*	685
Août. — *Gironde*	168
Septembre. — *Nive*	128
Novembre. — *Bordeaux*	99
Novembre. — *France*	584
Total	**2,292**

Dans ce total ne font nombre que les rapatriables hospitalisés à bord. Les convalescents proprement dits figuraient sur d'autres listes. Il faut tenir compte de ce mode de numération qui diffère de celui que l'on adoptera les années suivantes.

§ 5. — CERTIFICATS DE CONVALESCENCE.

En outre des rapatriés exclusivement pour cause de maladie, il en est d'autres à qui les commissions de santé délivraient des certificats à valoir pour l'obtention de congés de convalescence, de sorte que le nombre des rapatriés n'a pas été inférieur à 3,175.

LIVRE III

ANNÉE 1886

ANNÉE 1886

Les renseignements sont plus complets que pour l'année 1885. Ils permettent de se rendre compte de la morbidité du corps expéditionnaire, dans son ensemble et par corps, et de la mortalité par corps et par catégories de maladies.

Les effectifs ont beaucoup varié dans le cours de l'année ; la répartition des troupes a subi d'importantes modifications.

Les bataillons de ligne et de tirailleurs algériens sont rapatriés en mars et avril, ainsi qu'une notable fraction de l'artillerie et les escadrons de cavalerie. Le chiffre des troupes européennes s'abaisse de 20,000 hommes à 13,500, flotte non comprise.

La réduction fut plus apparente que réelle à la date où on la mit à exécution, en ce sens que la majeure partie des soldats de ligne fut reversée aux zouaves dont le nombre s'éleva ainsi de 1,690 à 3,996. Mais cette mesure porta surtout effet parce qu'on ne pourvut pas aux vides qui se produisirent les mois suivants.

Les troupes indigènes augmentent dans une proportion très sensible ; elles sont portées de 10,000 hommes à 17,000. On crée deux unités nouvelles : le 4e régiment de tirailleurs tonkinois et les bataillons de chasseurs annamites.

Le corps d'occupation reste organisé les quatre premiers mois en deux divisions d'occupation et une brigade indépendante en Annam. La moyenne des troupes est de 14,000 hommes pour la première division dont 7,000 indigènes, de 10,650 pour la deuxième division dont 3,500 Annamites, et de 4,400 pour l'Annam dont 500 indigènes.

A partir du mois de juin, le corps d'occupation se transforme en une division d'occupation à trois brigades, les deux premières au Tonkin et la troisième à Hué.

La récapitulation des effectifs donne, pour la saison d'été, les totaux suivants : première brigade 6,400 Européens et 8,000 indigènes, deuxième brigade 3,500 Européens et 7,500 soldats annamites. En Annam on compte 2,700 soldats français; les compagnies de tirailleurs détachées dans cette région continuent, à cette période, à compter administrativement à la deuxième brigade.

A l'arrière-saison, l'estimation se chiffre par 12,000 Européens dont 6,000 à la première brigade, 3,500 à la deuxième, 2,500 en Annam. Le total des troupes indigènes est de 17,400 hommes.

§ 1er. — MORBIDITÉ.

MOUVEMENT DES MALADES AUX HOPITAUX, PAR BRIGADES.

ENTRÉES.

	PALUDISME.	DYSENTÉRIE.	CHOLÉRA.	BLESSURES.	MALADIES diverses.	TOTAL.
			I. — 1re Brigade.			
Janvier	243	210	10	?	237	700
Février	114	115	1	»	198	428
Mars	148	159	2	»	250	559
Avril	245	239	1	»	199	684
Mai	355	295	3	?	215	868
Juin	462	311	11	»	162	946
Juillet	313	191	14	»	150	668
Août	339	227	5	»	203	774
Septembre	284	224	6	?	322	836
Octobre	342	200	19	»	317	878
Novembre	317	188	45	»	359	909
Décembre	339	153	19	»	259	770
			II. — 2e Brigade.			
Janvier	305	169	17	?	178	669
Février	215	125	»	»	146	486
Mars	137	101	2	»	202	442
Avril	208	146	»	»	160	514
Mai	380	203	5	?	176	764
Juin	495	243	34	»	177	949
Juillet	376	129	18	»	162	685
Août	400	142	2	»	166	710
Septembre	331	95	1	?	137	564
Octobre	371	110	»	»	260	741
Novembre	540	163	1	»	248	952
Décembre	501	169	1	»	199	870

	PALUDISME.	DYSENTÉRIE.	CHOLÉRA.	BLESSURES.	MALADIES diverses.	TOTAL.
			III. — 3e Brigade.			
Janvier	18	84	»	?	57	159
Février	25	68	»	»	74	167
Mars	36	78	6	»	90	210
Avril	41	62	21	»	91	215
Mai	83	90	»	?	84	257
Juin	61	81	»	»	68	210
Juillet	90	102	»	»	75	267
Août	66	136	»	»	45	247
Septembre	51	149	»	?	59	259
Octobre	58	144	»	»	60	262
Novembre	55	107	»	»	41	203
Décembre	40	72	»	»	35	147

RÉCAPITULATION DES ENTRÉES PAR SAISONS.

	PALUDISME.	DYSENTÉRIE.	CHOLÉRA.	BLESSURES.	MALADIES diverses.	TOTAL.
			1re Brigade.			
1re Saison	750	723	14	?	884	2,371
2e Saison	1,469	1,024	33	»	730	3,256
3e Saison	1,282	765	89	»	1,257	3,393
ANNÉE	3,501	2,512	136	?	2,871	9,020
			2e Brigade.			
1re Saison	865	541	19	?	686	2,111
2e Saison	1,651	717	59	»	681	3,108
3e Saison	1,743	537	3	»	844	3,127
ANNÉE	4,259	1,795	81	?	2,211	8,346
			3e Brigade.			
1re Saison	120	292	27	?	312	751
2e Saison	300	409	»	»	272	981
3e Saison	204	472	»	»	195	871
ANNÉE	624	1,173	27	?	779	2,603
TOTAL GÉNÉRAL	8,384	5,480	244	?	5,861	19,969

Ces totaux s'appliquent presque intégralement aux groupes européens; la morbidité des indigènes est très peu élevée. Il suffit pour s'en convaincre de se reporter plus loin aux chiffres donnés pour l'étude de la morbidité par corps : les Annamites ne fournissent qu'une moyenne mensuelle de 285 présents aux hôpitaux pour un effectif annuel de 14,500 hommes.

Cette donnée fournit l'explication du pourcentage indiqué dans le tableau suivant.

MORBIDITÉ PAR RÉGION ET PAR GROUPES MORBIDES (ANNÉE).

CAS POUR 1000.

	PALUDISME.	DYSENTÉRIE.	CHOLÉRA.	BLESSURES.	MALADIES diverses.	TOTAL.
Ire Brigade..........	259	182	11	?	207	659
IIe Brigade..........	405	171	8	?	210	794
IIIe Brigade..........	156	293	7	?	195	651
CORPS D'OCCUPATION.	**298**	**194**	**9**	**?**	**207**	**708**

Cette morbidité est celle du corps d'occupation dans son entier : Européens et Indigènes.

STATISTIQUES MENSUELLES D'EFFECTIF.

Cette donnée ne peut fournir un terme de comparaison qu'on puisse rapprocher de celui des entrées. Il peut toutefois y suppléer dans une certaine mesure, à la condition de tenir compte des renseignements tirés de l'examen des statistiques hospitalières telles qu'elles ont été résumées plus haut.

Ces deux termes permettent de se faire une idée exacte, à quelques linéaments près, de la situation sanitaire au cours de cette annuité.

Nous y retrouverons les traits essentiels d'une pathologie que l'analyse des documents postérieurs nous fera encore mieux connaître.

PRÉSENTS AUX HÔPITAUX PAR CORPS.

a). — TROUPES DE LA GUERRE.

	TIRAILLEURS algériens.	RÉGIMENTS de ligne.	RÉGIM. NTS étrangers.	BATAILLONS d'Afrique.	ZOUAVES.	AUTRES armes.
Janvier	441	315	401	189	230	322
Février	400	279	300	150	200	221
Mars	373	297	263	137	105	263
Avril	307	184	273	86	173	308
Mai	»	»	380	81	440	365
Juin	»	»	297	199	345	400
Juillet	»	»	416	215	372	334
Août	»	»	381	248	416	325
Septembre	»	»	297	227	314	306
Octobre	»	»	251	145	309	296
Novembre	»	»	261	146	286	266
Décembre	»	»	242	220	328	363

EFFECTIF MOYEN ET MOYENNE DES PRÉSENTS AUX HÔPITAUX.

Récapitulation par saisons.

	TIRAILLEURS algériens.	RÉGIMENTS de ligne.	RÉGIMENTS étrangers.	BATAILLONS d'Afrique.	ZOUAVES.	AUTRES armes.
Première saison.						
Effectifs	3,900	3,350	2,524	800	1,986	4,419
Moyenne des présents	389	268	309	140	177	278
Deuxième saison.						
Effectifs	»	»	1,910	1,054	3,346	4,226
Moyenne des présents	»	»	351	186	393	356
Troisième saison.						
Effectifs	»	»	2,180	1,067	2,793	3,805
Moyenne des présents	»	»	263	184	309	308
ANNÉE.						
Effectif moyen	»	»	**2,205**	**974**	**2,815**	**4,150**
Moyenne des présents aux hôpitaux	»	»	**308**	**170**	**293**	**314**

Pour le groupe entier, moins les tirailleurs algériens et les régiments de ligne, la moyenne des présents aux hôpitaux est, pour les douze mois, de 1,090 correspondant à un effectif approximatif de 10,144 hommes.

b). — TROUPES DE MARINE. — FLOTTE. — TROUPES INDIGÈNES.

	TROUPES de marine.	FLOTTE.	TROUPES indigènes.
Janvier	302	20	82
Février	286	14	111
Mars	333	37	140
Avril	300	40	159
Mai	226	3	144
Juin	146	17	230
Juillet	141	6	312
Août	178	12	372
Septembre	202	15	407
Octobre	229	24	363
Novembre	189	7	456
Décembre	160	»	486

EFFECTIF MOYEN ET MOYENNE DES PRÉSENTS.

Récapitulation par saisons.

	TROUPES de marine.	FLOTTE.	TROUPES indigènes.
Première saison.			
Effectif moyen	3,104	2,100	11,127
Moyenne des présents	305	28	123
Deuxième saison.			
Effectif moyen	2,250	2,100	14,130
Moyenne des présents	173	9	264
Troisième saison.			
Effectif moyen	1,990	1,470	16,640
Moyenne des présents	195	11	428
ANNÉE.			
Effectif moyen	**2,250**	**1,890**	**14,000**
Moyenne des présents aux hôpitaux	**224**	**16**	**272**

PRÉSENTS AUX HÔPITAUX.

CAS POUR 1000 PAR CORPS ET PAR SAISON.

	RÉGIMENTS étrangers.	BATAILLONS d'Afrique.	ZOUAVES.	TROUPES du recrutement.	TROUPES de marine.	TROUPES indigènes.
1re Saison..........	122	175	89	63	98	11
2e Saison...........	183	176	117	84	76	18
3e Saison..........	120	172	110	81	98	25
ANNÉE...........	**139**	**174**	**104**	**75**	**91**	**18**

Tandis que les situations annuelles n'accusent pour les Annamites qu'une moyenne de 18 présents aux hôpitaux pour 1,000 hommes de l'effectif, cette proportion s'élève pour l'ensemble des troupes de la guerre à 107 et à 91 pour les soldats de marine.

Pour le moment nous ne tirerons de ce dernier tableau qu'une seule conclusion : c'est que la morbidité des troupes indigènes est quatre fois moins élevée que celle du groupe européen le plus favorisé. Cette proportion s'abaisse encore, pendant la saison chaude, en faveur de l'élément annamite : elle devient dix fois moins forte que celle des groupes européens servant au Tonkin.

Cette supériorité de résistance des soldats provenant du recrutement asiatique tient en grande partie à ce qu'à cette date l'utilisation faite de ces corps est encore incomplète. Toutefois la situation continuera, jusqu'à l'année en cours, à être plus favorable pour les tirailleurs que pour les soldats européens. On peut dire cependant que depuis de nombreuses années le service qu'on exige de ces auxiliaires est plus fatigant que celui que l'on demande aux militaires venus de la métropole.

Il est une seconde remarque que nous tenons à formuler.

On observe au Tonkin une période bien distincte dans le cours de l'année médicale ; elle est caractérisée par une élévation notable et constante de la courbe des entrées. Le saut se fait brusquement en mai, la progression atteint son summum en juin ou en juillet au plus tard.

Cette observation, exacte pour tous les groupes, se réalise plus particulièrement en ce qui touche les troupes d'Afrique (bataillons étrangers et infanterie légère). D'ailleurs ces corps tiennent garnison en dehors du Delta, dans le pays de la fièvre, d'où l'explication de cette anomalie : la légion, qui représente dans le corps d'occupation l'élément le plus résistant, fournit cependant un passif plus considérable que les autres troupes européennes, exception faite des bataillons d'Afrique dont l'obituaire et les invalidations se chiffrent par une proportion extrême.

La statistique de l'infanterie de marine, au cours de cette année 1886, est celle de l'Annam. Tout ce groupe y tient garnison et ne fournit au Delta du Tonkin que de très faibles contingents. Sa morbidité offre ce caractère particulier qu'elle tend à s'abaisser pendant les mois chauds. Dans l'Annam central, où réside la majeure partie du groupe, la période malsaine, celle où l'endémie dysentérique qui prédomine dans cette contrée fait le plus de victimes, correspond à la saison des pluies. Or ces dernières, contrairement à ce que l'on constate au Tonkin, sont surtout abondantes en novembre et en décembre. Nous reviendrons sur ce point en traitant de la mortalité.

§ 2. — MORTALITÉ.

Nous suivrons dans cet exposé un ordre toujours le même. Après avoir reproduit, à titre de renseignement comparatif, le chiffre des décès d'après les statistiques de l'état-major, nous résumerons les situations mensuelles de la direction du service de santé. Mais le document essentiel auquel nous nous reporterons le plus particulièrement dans la discussion est celui que nous obtiendrons en établissant le relevé des cahiers de décès. La statistique qui en sera déduite sera établie par corps et par groupes de maladies.

Ajoutons que ces derniers enregistrements sont complets et portent sur la totalité des morts, qu'elles se soient produites en dehors ou au dedans des formations hospitalières.

ÉTAT-MAJOR. — RELEVÉ MENSUEL DES DÉCÈS.

	BLESSURES de guerre.	TOUTES autres maladies.	CHOLÉRA.	TOTAL.
Janvier	2	99	41	142
Février	?	?	?	70
Mars	?	?	?	59
Avril	2	60	13	75
Mai	8	140	12	160
Juin	5	183	42	230
Juillet	1	136	48	185
Août	4	143	16	163
Septembre	6	83	18	107
Octobre	5	102	27	134
Novembre	14	165	40	219
Décembre	3	171	15	189
TOTAL POUR L'ANNÉE	**50**	**1,282**	**272**	**1,733**

En ce qui concerne les mois de février et mars, la mortalité a été indiquée en bloc à la colonne verticale du total et non dans les colonnes correspondant à ces mois, de sorte que le chiffre 1,733 ne répond pas exactement aux nombres transversaux de la dernière ligne qui devraient le former.

STATISTIQUES HOSPITALIÈRES.

PREMIÈRE BRIGADE.

	PALUDISME.	DYSENTÉRIE.	CHOLÉRA.	BLESSURES.	MALADIES diverses.	TOTAL.
Janvier	10	13	17	?	7	47
Février	7	5	?	?	6	18
Mars	6	10	1	?	3	20
Avril	13	10	1	?	2	26
Mai	21	18	2	?	5	46
Juin	52	25	10	?	6	93
Juillet	32	26	9	?	9	76
Août	25	15	4	?	8	52
Septembre	18	14	8	?	6	46
Octobre	15	10	23	?	3	51
Novembre	19	14	40	?	10	83
Décembre	19	18	15	?	7	59

	PALUDISME.	DYSENTÉRIE.	CHOLÉRA.	BLESSURES.	MALADIES diverses.	TOTAL.
Récapitulation par saisons.						
1re Saison............	31	38	19	?	18	111
2e Saison...........	130	84	25	?	28	267
3e Saison...........	71	56	86	?	26	239
ANNÉE.......	**237**	**178**	**130**	**?**	**72**	**617**

DEUXIÈME BRIGADE.

	PALUDISME.	DYSENTÉRIE.	CHOLÉRA.	BLESSURES.	MALADIES diverses.	TOTAL.
Janvier..............	20	15	25	?	6	66
Février..............	7	14	2	?	6	29
Mars................	6	11	»	?	3	20
Avril...............	9	4	»	?	7	20
Mai.................	55	15	4	?	5	79
Juin................	49	20	34	?	8	111
Juillet..............	36	11	14	?	18	79
Août................	44	34	2	?	7	87
Septembre...........	21	15	9	?	1	46
Octobre.............	28	22	1	?	8	59
Novembre...........	50	39	»	?	3	92
Décembre...........	33	50	»	?	23	106
Récapitulation par saisons.						
1re Saison............	42	44	27	?	22	135
2e Saison............	184	80	54	?	38	356
3e Saison............	132	126	10	?	35	303
ANNÉE..........	**358**	**250**	**91**	**?**	**95**	**794**

TROISIÈME BRIGADE.

	PALUDISME.	DYSENTÉRIE.	CHOLÉRA.	BLESSURES.	MALADIES diverses.	TOTAL.
Janvier	6	12	1	?	4	23
Février	3	17	»	?	3	23
Mars	»	13	5	?	1	19
Avril	6	8	12	?	3	29
Mai	6	6	1	?	1	14
Juin	6	9	»	?	3	18
Juillet	6	6	»	?	»	12
Août	4	9	»	?	»	13
Septembre	6	6	5	?	1	18
Octobre	5	12	»	?	»	17
Novembre	3	2	»	?	1	6
Décembre	»	4	»	?	»	4
Récapitulation par saisons.						
1re Saison	15	50	18	?	11	94
2e Saison	22	30	1	?	4	57
3e Saison	14	24	5	?	2	45
Année	51	104	24	?	17	196
TOTAL GÉNÉRAL	**646**	**532**	**245**	?	**184**	**1,607**

Rappelons que ces statistiques comprennent les décès d'Européens et ceux d'indigènes survenus dans les formations hospitalières.

Nous devons en outre faire remarquer que dans ces tableaux les morts par blessures de guerre n'ont pas été isolées et ont été comprises dans le groupe des *maladies diverses*.

CAS POUR 1000 HOMMES DE L'EFFECTIF (EUROPÉENS ET INDIGÈNES).

	PALUDISME.	DYSENTÉRIE.	CHOLÉRA.	MALADIES diverses.	TOTAL.
1re Brigade	17	13	9	5	44
2e Brigade	32	23	8	9	72
3e Brigade	13	26	6	4	49

Ces moyennes commandent plus d'une réserve.

En ce qui concerne l'Annam elles sont faussées du fait que la proportion des indigènes y est beaucoup moins forte que dans les autres brigades.

La première brigade bénéficie particulièrement, pendant la première saison, de la présence d'un fort appoint de soldats annamites se montant à plus de la moitié du groupe total. Cet avantage ne se trouve réalisé pour la deuxième brigade que pendant les deux dernières saisons.

Les tableaux donnés plus loin permettront de se rendre mieux compte de la mortalité des groupes que cette statistique hospitalière, qui n'est utile à consulter qu'en vue de la recherche de la caractéristique morbide des différentes régions.

La dysentérie prédomine en Annam ; elle y occasionne plus de la moitié des décès. La mortalité de cette origine est double de celle qui est imputable au paludisme. Dans cette contrée, la saison particulièrement malsaine correspond à l'hiver du Tonkin.

La deuxième brigade (Haïphong) continue à être très éprouvée, comme au cours de l'année 1885 et par les mêmes causes morbides. La mortalité par paludisme y est excessive, sauf pendant les mois d'hiver; cette affection détermine à elle seule, pendant les mois chauds, une moitié des décès enregistrés.

Le taux est quelque peu moins élevé pour la brigade de Hanoï, mais la courbe des différentes maladies est la même. Dans ces deux brigades, l'endémicité malarienne est le principal facteur de la mortalité; elle subit une atténuation marquée pendant les premiers mois de l'année pour reprendre en avril sa progression ascendante et atteindre son summum en juin. C'est de ce fait que la saison d'été est particulièrement nocive. L'affection dysentérique, relativement faible en hiver, s'exagère vers le mois d'août pour se maintenir au même taux le reste de l'année.

	MORTALITÉ		
	palustre.	dysentérique.	cholérique.
Annam	13	26	6
Tonkin	24	17	9
COLONIE ENTIÈRE	**22**	**18**	**9**

On trouvera dans les colonnes qui suivent et dans les rapprochements qui en découlent la justification de ces affirmations.

Les recrudescences et les localisations du choléra sont indépendantes des saisons et des localités; elles tiennent au déplacement des garnisons.

RELEVÉ DES CAHIERS DE DÉCÈS, PAR ARME ET PAR GROUPE DE MALADIES.

a). — INFANTERIE DE LIGNE ET TIRAILLEURS ALGÉRIENS.

	PALUDISME.	DYSENTÉRIE.	CHOLÉRA.	BLESSURES.	MALADIES diverses.	TOTAL.
Janvier	7	5	9	2	2	25
Février	5	10	»	»	4	19
Mars	2	9	1	»	1	13
Avril	1	3	»	»	1	5
Mai	»	1	»	1	1	3
Totaux	**15**	**28**	**10**	**3**	**9**	**65**

Ces deux régiments ont été rapatriés dès le mois de mars. Les quelques décès enregistrés ultérieurement sont dus au maintien dans les hôpitaux des malades non transportables.

b). — RÉGIMENTS ÉTRANGERS.

(Garnisons dans le Haut-Tonkin.)

	PALUDISME.	DYSENTÉRIE.	CHOLÉRA.	BLESSURES.	MALADIES diverses.	TOTAL.
Janvier	4	7	10	1	1	23
Février	»	1	1	»	4	6
Mars	2	2	»	»	1	5
Avril	2	2	»	1	1	6
Mai	5	6	»	2	»	13
Juin	18	5	2	»	2	27
Juillet	12	3	7	»	1	23
Août	16	8	1	»	»	25
Septembre	7	3	1	8	2	21
Octobre	7	4	12	»	»	23
Novembre	9	8	11	»	1	29
Décembre	10	6	11	2	3	32

	PALUDISME.	DYSENTÉRIE.	CHOLÉRA.	BLESSURES.	MALADIES diverses.	TOTAL.
	Récapitulation par saisons.					
1re Saison...........	8	12	11	2	7	40
2e Saison...........	51	22	10	2	3	88
3e Saison...........	33	21	35	10	6	105
ANNÉE.........	**92**	**55**	**56**	**14**	**16**	**233**

L'effectif moyen, pendant la première saison, est de 2,500 hommes ; il s'abaisse à la deuxième saison au chiffre de 1,900 pour se relever en fin d'année à 2,200. L'effectif moyen annuel correspond à ce dernier chiffre.

Contrairement à la règle, la mortalité des derniers mois est plus chargée que celle de la saison chaude. Cette anomalie trouve son explication dans la recrudescence de l'épidémie cholérique qui, en cette année 1886, s'observa en plein hiver. Il faut noter de plus que les contingents de relève furent débarqués en été et ont par suite payé au climat un tribut très onéreux dès les premiers mois.

c). — BATAILLONS D'AFRIQUE.

(Garnisons du Haut-Tonkin)

	PALUDISME.	DYSENTÉRIE.	CHOLÉRA.	BLESSURES.	MALADIES diverses.	TOTAL.
Janvier..............	7	6	3	»	»	16
Février..............	5	4	»	»	1	10
Mars..............	2	1	»	»	»	3
Avril..............	5	1	»	1	1	8
Mai..............	17	7	22	3	1	50
Juin..............	22	15	22	3	2	64
Juillet..............	14	12	5	»	1	32
Août..............	21	17	5	»	5	48
Septembre..........	6	6	8	»	»	20
Octobre..........	5	8	1	3	2	19
Novembre..........	15	15	»	1	11	42
Décembre..........	18	29	»	»	2	49
	Récapitulation par saisons.					
1re Saison...........	19	12	3	1	2	37
2e Saison...........	74	51	54	6	9	194
3e Saison...........	44	58	9	4	15	130
ANNÉE.........	**137**	**121**	**66**	**11**	**26**	**361**

EFFECTIFS MOYENS.

Année	1,000 H.
Saison d'hiver	830
Été	1,050
Arrière-saison	1,410

Ces chiffres de décès sont proportionnellement les plus élevés de ceux que nous aurons à enregistrer dans le cours de ce mémoire.

Le corps dont il s'agit a constamment présenté pendant toute la durée de son séjour au Tonkin une mortalité extrême. Il convient de faire la remarque que les mauvais postes lui sont échus en partage; mais les conditions étaient les mêmes pour la légion. Or, les régiments étrangers ont fait preuve d'une endurance très grande, à l'inverse des bataillons d'Afrique.

On peut dire, au point de vue où nous nous plaçons ici, que l'infanterie légère est l'arme qui a donné le plus de mécomptes.

d). — ZOUAVES.

(En garnison dans l'Annam et le sud du Delta.)

	PALUDISME.	DYSENTÉRIE.	CHOLÉRA.	BLESSURES.	MALADIES diverses.	TOTAL.
Janvier	»	7	7	»	3	17
Février	1	4	1	»	1	7
Mars	»	6	»	»	»	6
Avril	2	5	1	»	1	9
Mai	6	13	3	»	»	22
Juin	20	17	5	»	4	46
Juillet	9	11	9	»	1	30
Août	9	10	6	1	1	27
Septembre	2	7	3	3	1	16
Octobre	5	2	2	»	»	9
Novembre	8	3	6	3	»	20
Décembre	7	9	2	1	3	22
Récapitulation par saisons.						
1re Saison	3	22	9	»	5	39
2e Saison	44	51	23	1	6	125
3e Saison	22	21	13	7	4	67
ANNÉE	69	94	45	8	15	231

L'effectif des quatre premiers mois est de 2,000 hommes; il est de 3,500 pendant l'été, de 4,000 pour l'arrière-saison. L'effectif moyen annuel se chiffre par 2,800 présents.

Il meurt plus de zouaves du fait de la dysentérie que par paludisme.

e). — TROUPES DE LA GUERRE. — AUTRES ARMES.

Sous ce titre, nous entendons les différents corps et fractions de corps qui, dépendant du Ministère de la guerre, ne rentrent pas dans les unités déjà passées en revue. Par opposition aux légionnaires, aux soldats du bataillon de zéphirs et aux zouaves, ces militaires représentent le contingent provenant du recrutement français.

	PALUDISME.	DYSENTÉRIE.	CHOLÉRA.	BLESSURES.	MALADIES diverses.	TOTAL.
Janvier	5	6	7	»	2	20
Février	3	11	»	»	2	16
Mars	3	6	»	2	1	12
Avril	6	2	»	»	»	8
Mai	15	5	»	»	1	21
Juin	14	8	3	»	3	28
Juillet	11	6	5	»	1	23
Août	11	3	3	»	2	19
Septembre	7	1	4	»	»	12
Octobre	4	7	4	»	1	16
Novembre	17	11	6	»	6	40
Décembre	8	9	»	»	3	20
Récapitulation par saisons.						
1re Saison	17	25	7	2	5	56
2e Saison	51	22	11	»	7	91
3e Saison	36	28	14	»	10	88
ANNÉE	**104**	**75**	**32**	**2**	**22**	**235**

Ces corps et fractions de corps, que nous réunissons sous la dénomination de troupes du recrutement français, ont à toute époque été cantonnées en presque totalité dans le Delta et particulièrement au nord du Fleuve Rouge, dans ce que nous appelons la partie nord du Delta, par opposition avec les provinces de Nam-Dinh, de Ninh-Binh qui appartiennent au sud du Delta.

Leur effectif peut être évalué comme suit aux différentes périodes saisonnières :

	Hommes.
Hiver	4,100
Été	4,200
Arrière-saison	3,800
Année	4,000

f). — TROUPES DE MARINE.

(Tiennent garnison en Annam).

	PALUDISME.	DYSENTÉRIE.	CHOLÉRA.	BLESSURES.	MALADIES diverses.	TOTAL.
Janvier	9	7	1	1	6	24
Février	»	2	»	1	1	4
Mars	1	4	5	1	4	15
Avril	1	4	5	1	4	15
Mai	1	6	2	»	1	10
Juin	3	6	1	2	2	14
Juillet	2	2	1	»	»	5
Août	4	6	»	»	»	10
Septembre	5	3	»	»	2	10
Octobre	3	10	1	1	1	16
Novembre	1	1	1	»	1	4
Décembre	»	1	»	»	1	2
Récapitulation par saisons.						
1re Saison	11	17	11	4	15	58
2e Saison	10	20	4	2	3	39
3e Saison	9	15	2	1	5	32
ANNÉE	**30**	**52**	**17**	**7**	**23**	**129**

EFFECTIF.

	Hommes.
Hiver	3,650
Été	2,150
Arrière-saison	1,910
Année	2,300

La mortalité de l'infanterie de marine se distingue par un double fait : la prédominance des décès par dysentérie, la moindre proportion des pertes à cette saison chaude qui est si nocive au Tonkin principalement pour les garnisons de la frontière chinoise.

g). — TROUPES ANNAMITES.

Nous établissons à part la statistique des cadres européens et celle du contingent indigène.

1° CADRES EUROPÉENS.

	PALUDISME.	DYSENTÉRIE.	CHOLÉRA.	BLESSURES.	MALADIES diverses.	TOTAL.
Janvier	»	1	»	1	»	2
Février	»	»	»	»	»	»
Mars	»	»	»	»	»	»
Avril	»	1	»	»	»	1
Mai	4	1	2	»	»	7
Juin	4	1	»	»	1	6
Juillet	5	2	1	»	1	9
Août	5	2	1	1	»	9
Septembre	2	»	»	1	»	3
Octobre	»	»	1	2	»	3
Novembre	2	1	»	1	1	5
Décembre	2	1	»	2	2	7
Récapitulation par saisons.						
1re Saison	»	2	»	1	»	3
2e Saison	18	6	4	1	2	31
3e Saison	6	2	1	6	3	18
ANNÉE	**24**	**10**	**5**	**8**	**5**	**52**

2° TIRAILLEURS ET AUXILIAIRES INDIGÈNES.

	PALUDISME.	DYSENTÉRIE.	CHOLÉRA.	BLESSURES.	MALADIES diverses.	TOTAL.
Janvier	5	4	»	»	3	12
Février	3	1	»	»	4	8
Mars	4	2	1	»	2	9
Avril	5	2	1	»	4	12
Mai	14	1	5	2	5	27
Juin	22	12	9	»	2	45
Juillet	21	11	16	1	4	53
Août	8	5	2	2	2	19
Septembre	18	10	2	8	2	40
Octobre	18	5	5	»	5	33
Novembre	27	19	15	8	6	75
Décembre	40	15	2	1	7	65

	PALUDISME.	DYSENTÉRIE.	CHOLÉRA.	BLESSURES.	MALADIES diverses.	TOTAL.
Récapitulation par saisons.						
1re Saison	17	9	2	»	13	41
2e Saison	65	29	32	5	13	144
3e Saison	103	49	24	17	20	213
ANNÉE	**185**	**87**	**58**	**22**	**46**	**398**

EFFECTIF.

	Hommes.
Première saison	11,000
Deuxième saison	13,500
Troisième saison	17,400
Effectif moyen annuel	14,500

Les derniers mois de l'année sont ceux où les Annamites ont le plus à souffrir de l'endémie et des maladies sporadiques. Les corps européens présentent la caractéristique inverse.

MORTALITÉ PAR CORPS. — CAS POUR 1000 DE L'EFFECTIF.

ANNÉE.

	PALUDISME.	DYSENTÉRIE.	CHOLÉRA.	BLESSURES.	MALADIES diverses.	TOTAL.
Régiments étrangers	42	25	25.5	6.5	7	106
Bataillons d'Afrique	137	121	66	11	26	361
Zouaves	25	33	16	3	5	82
Troupes du recrutement	26	19	8	0.5	5.5	59
Troupes de marine	13	22	7	3	10	55
Cadres des tirailleurs	30	12.5	6.5	10	6	65
Tirailleurs annamites	12.5	6	4	1.5	3	27

Rappelons que le premier groupe, légion et zéphirs, sert dans le haut pays; que le second groupe est cantonné dans le Delta, que les soldats de marine tiennent garnison dans l'Annam central.

Les tableaux suivants donnent le pourcentage de la mortalité par saison; chaque fraction est rapportée à l'année.

Chaque saison étant considérée fictivement comme une annuité distincte, le pourcentage indiqué dans le premier tableau doit être divisé par 3, si on veut avoir la proportion vraie pour chaque période saisonnière, laquelle ne correspond en réalité qu'à un tiers d'année puisqu'elle n'a qu'une durée de quatre mois.

Nous allons donner successivement, pour l'année 1886, ces deux notations, de manière à fixer à cet égard les idées du lecteur. Mais nous devons le prévenir que dans les chapitres suivants elles se trouvent réunies en un seul tableau quoiqu'elles continuent à être établies distinctement. D'ailleurs nous aurons soin de le rappeler fréquemment.

SAISONS.

I. — TABLEAU DONNANT LE POURCENTAGE POUR LES DIVERSES SAISONS CONSIDÉRÉES COMME DES ANNUITÉS DE DOUZE MOIS.

	PALUDISME.	DYSENTÉRIE.	CHOLÉRA.	BLESSURES.	MALADIES diverses.	TOTAL.
Première saison.						
Régiments étrangers ..	9	14.4	13.2	2.4	8.4	47.4
Bataillons d'Afrique ...	68.7	43.4	10.8	3.6	7.2	133.7
Zouaves	4.5	33.3	13.5	»	7.5	58.8
Troupes du recrutement	12.4	18.2	5	1.4	3.6	40.6
Troupes de marine....	9	13.9	9	3.3	12.3	47.5
Cadres des tirailleurs..	»	0.9	»	0.4	»	1.3
Troupes indigènes	4.6	2.4	0.5	»	3.5	11
Deuxième saison.						
Régiments étrangers ..	80.5	34.7	15.8	3	4.7	138.7
Bataillons d'Afrique ...	211.4	145.7	154.2	17.1	25.7	554.1
Zouaves	37.7	43.7	19.7	0.8	5.1	107
Troupes du recrutement	36.4	15.7	7.8	»	5	64.9
Troupes de marine....	13.9	27.9	5.7	2.8	4.2	54.5
Cadres des tirailleurs..	67.5	22.5	15	3.6	7.5	116.1
Troupes indigènes	14.4	6.4	7.1	1.1	2.8	31.8

	PALUDISME.	DYSENTÉRIE.	CHOLÉRA.	BLESSURES.	MALADIES diverses.	TOTAL.
Troisième saison.						
Régiments étrangers..	45	28.6	47.7	13.6	8.2	143.1
Bataillons d'Afrique...	93.6	123.4	19.1	8.5	31.8	276.4
Zouaves............	16.5	15.7	9.7	5.2	3	50.1
Troupes du recrutement............	28.4	22.1	11	»	7.8	69.3
Troupes de marine....	14.1	23.5	3.1	1.5	7.8	50
Cadres des tirailleurs..	20	6.5	3.5	20	10	60
Troupes indigènes....	17.7	8.4	4.1	3	2.9	36.1

II. — TABLEAU DONNANT LE POURCENTAGE PAR SAISON DE QUATRE MOIS.

	PALUDISME.	DYSENTÉRIE.	CHOLÉRA.	BLESSURES.	MALADIES diverses.	TOTAL.
Première saison.						
Régiments étrangers..	3	4.7	4.4	0.8	2.8	15.7
Bataillons d'Afrique...	22.9	14.4	3.6	1.2	2.4	44.5
Zouaves............	1.5	11.1	4.5	»	2.5	19.6
Troupes du recrutement............	4.1	6	1.7	0.5	1.2	13.5
Troupes de marine....	3	4.6	3	1.1	4.1	15.8
Cadres des tirailleurs..	»	0.3	»	0.1	»	0.4
Troupes indigènes....	1.5	0.8	0.2	»	1.2	3.7
Deuxième saison.						
Régiments étrangers..	26.8	11.6	5.3	1	1.6	46.3
Bataillons d'Afrique...	70.5	48.5	51.4	5.7	8.6	184.7
Zouaves............	12.5	14.6	6.6	0.3	1.7	35.7
Troupes du recrutement............	12.1	5.2	2.6	»	1.7	21.6
Troupes de marine...	4.6	9.3	1.9	0.9	1.4	18.1
Cadres des tirailleurs..	22.5	7.5	5	1.2	2.5	38.7
Troupes indigènes....	4.8	2.1	2.4	0.4	0.9	10.6

	PALUDISME.	DYSENTÉRIE.	CHOLÉRA.	BLESSURES.	MALADIES diverses.	TOTAL
			Troisième saison.			
Régiments étrangers..	15	9.5	15.9	4.5	2.7	47.6
Bataillons d'Afrique...	31.2	41.1	6.4	2.8	10.6	92.1
Zouaves.............	5.5	5.2	3.2	1.7	1	16.6
Troupes du recrutement..............	9.5	7.3	3.7	»	2.6	23.1
Troupes de marine....	4.7	7.8	1	0.5	2.6	16.6
Cadres des tirailleurs..	6.7	2.2	1.2	6.7	3.3	20.1
Troupes indigènes....	5.9	2.8	1.4	1	0.9	12.

La comparaison que l'on peut établir entre la mortalité des cadres d'une part et celle des tirailleurs indigènes de l'autre permet de se rendre compte de la différence de réaction des deux éléments, Européen et Annamite, vis-à-vis du sol et du climat.

La mortalité totale est de 65 pour 1,000 pour les officiers et sous-officiers français; elle n'est que de 27 pour les tirailleurs.

Il convient, il est vrai, de faire remarquer qu'en cette année 1886 les gradés ont dû payer d'exemple pour entraîner leurs jeunes troupes et qu'ils ont subi des pertes sensibles par le feu de l'ennemi.

La différence, toute en défaveur du soldat venu d'Europe, s'accuse principalement à la saison chaude; le nombre des morts va jusqu'à décupler dans certains corps. L'Annamite paraît n'en souffrir que très peu et, pour les troupes indigènes, la courbe de l'endémicité ne se relève que d'une minime fraction.

A la saison d'hiver, en revanche, le soldat tonkinois bénéficie moins de la clémence des éléments.

MORTALITÉ COMPARÉE DES DIFFÉRENTS GROUPES PAR RÉGIONS.

Les moyennes globales qu'on a pris l'habitude d'accepter comme l'expression de la situation sanitaire sont une sommation de totaux partiels, très différents entre eux et souvent contradictoires. Il est nécessaire de les dissocier et de les étudier isolément. Le lecteur a pu s'en rendre compte en prenant connaissance des tableaux qui précèdent; il pourra s'en convaincre encore mieux par l'analyse des éléments comparatifs groupés dans ce paragraphe.

MORTALITÉ COMPARÉE DES GARNISONS DU HAUT-TONKIN ET DU DELTA.

1° DÉCÈS.

	PALUDISME.	DYSENTÉRIE.	CHOLÉRA.	BLESSURES.	MALADIES diverses.	TOTAL.
Première saison.						
Haut-Tonkin	27	24	14	3	9	77
Delta...............	20	47	16	2	10	95
Deuxième saison.						
Haut-Tonkin	125	73	64	8	12	282
Delta...............	95	73	34	1	13	216
Troisième saison.						
Haut-Tonkin	77	79	44	14	21	235
Delta...............	58	49	27	7	14	155
ANNÉE.						
Haut-Tonkin	**229**	**176**	**122**	**25**	**42**	**594**
Delta...............	**173**	**169**	**77**	**10**	**37**	**466**

Les morts sont plus nombreuses dans le haut pays, à toutes les périodes saisonnières; les effectifs y sont cependant moins nombreux. On verra par le tableau suivant combien est grande la disproportion des pertes dans les deux régions et combien est plus meurtrier le séjour dans ces postes d'avant-garde.

2° CAS POUR 1000.

Rappelons, pour l'intelligence de cette statistique, que les fractions indiquant le pourcentage sont toutes rapportées à un terme unique : l'*annuité*, et qu'il faudrait les diviser par 3 pour obtenir la mortalité considérée isolément pour la saison.

	PALUDISME.	DYSENTÉRIE.	CHOLÉRA.	BLESSURES.	MALADIES diverses.	TOTAL.
Première saison.						
Haut-Tonkin.........	25	22	13	3	8	71
Delta...............	9	21	7	1	4	42
Deuxième saison.						
Haut-Tonkin.........	117	68	60	7	11	263
Delta...............	42	30	15	0.5	15	102.5
Troisième saison.						
Haut-Tonkin.........	72	74	41	13	20	220
Delta...............	25	21	12	3	6	67
ANNÉE.						
Haut-Tonkin.........	71	55	38	8	13	185
Delta...............	25	24	11	1	5	66

La proportion des morts, relativement aux effectifs, varie du double au triple en défaveur des troupes d'Afrique casernées dans les hautes régions, qu'il s'agisse de mortalité endémique par paludisme et dysentérie, de mortalité accidentelle par épidémie et blessures, ou même de mortalité sporadique. Ces unités comprennent cependant, au moins dans la plus importante de leurs fractions, la Légion étrangère c'est-à-dire le groupe le plus endurant et le plus résistant de la division d'occupation.

MORTALITÉ COMPARÉE DES EUROPÉENS (GROUPE ENTIER) ET DES INDIGÈNES.

1° DÉCÈS.

	PALUDISME.	DYSENTÉRIE.	CHOLÉRA.	BLESSURES.	MALADIES diverses.	TOTAL.
Première saison.						
Européens	58	90	41	10	34	233
Indigènes	17	9	2	»	13	41
Deuxième saison.						
Européens	248	172	106	12	30	568
Indigènes	65	29	32	5	13	144
Troisième saison.						
Européens	150	145	74	28	43	440
Indigènes	103	49	24	17	20	213
ANNÉE.						
Européens	**456**	**407**	**221**	**50**	**107**	**1241**
Indigènes	**185**	**87**	**58**	**22**	**46**	**398**

Les effectifs, pour les différentes saisons, sont les suivants :

	Européens.	Indigènes.
Première saison	13,700	11,000
Deuxième saison	13,600	15,000
Troisième saison	12,300	17,400
ANNÉE	**13,200**	**14,600**

Les régiments de ligne et les tirailleurs algériens ne figurent pas dans ce total. Pour faciliter la comparaison, nous avons éliminé du calcul les unités qui n'ont fait qu'un séjour très passager et ne sont pas intervenus à titre de facteurs constants dans les statistiques de l'année.

2° CAS POUR 1000.

Chaque saison est considérée comme une annuité de douze mois.

	PALUDISME.	DYSENTÉRIE.	CHOLÉRA.	BLESSURES.	MALADIES diverses.	TOTAL.
Première saison.						
Européens...........	13	19	9	3	6	50
Indigènes....	4.5	2.5	0.5	»	3.5	11
Deuxième saison.						
Européens...........	54	38	23	3	6	124
Indigènes............	12.5	5.5	6	1	2.5	27.5
Troisième saison.						
Européens...........	31	30	15	6	9	91
Indigènes...	18	8	4	3	3.5	36.5
ANNÉE.						
Européens........ ..	35	31	16	4	8	94
Indigènes............	12.5	6	4	1.5	3	27

Il ressort de ce tableau que la mortalité palustre est, à la saison d'hiver, trois fois plus forte chez l'Européen que chez le soldat tonkinois; la différence est moins grande pendant l'arrière-saison : un peu moins de 2 décès européens pour 1 décès indigène. A la saison chaude, la proportion est modifiée; elle est d'environ 5 morts dans le contingent européen pour 1 dans le contingent annamite.

L'affection dysentérique atteint plus rarement encore le soldat indigène; la saison la plus nocive se traduit pour lui par 1 mort contre 4 décès européens. En hiver comme en été il reste presque indemne; la mortalité de cette origine oscille autour de 3 pour 1000, tandis que les chiffres sont 7 à 8 fois plus élevés en ce qui concerne l'élément européen.

Les pourcentages sont relativement les mêmes pour le choléra : le Tonkinois ne paie qu'un très faible tribut à la contagion.

Les décès par blessures de guerre, rares chez l'indigène, sont assez nombreux dans le groupe européen. Nous verrons la proportion se renverser à partir de 1887.

Les maladies sporadiques et chirurgicales ont relativement épargné les indigènes au cours de cette année; elles n'ont occasionné dans ce milieu que 3 décès pour 1000 contre 7 pour 1000 parmi les Européens. Ce bénéfice ira en s'atténuant, à mesure que l'utilisation de ce contingent sera plus complète et qu'on éloignera les tirailleurs annamites de leurs provinces d'origine pour les reporter dans le haut pays.

En résumé, les moyennes annuelles proportionnelles, pour les deux races, peuvent s'exprimer par les pourcentages ci-dessous :

MORTALITÉ : CAS POUR 1000.

	Européens.	Annamites.
Mortalité endémique	3.6	1
Mortalité accidentelle	4.1	1
Mortalité sporadique	2.2	1
Mortalité endémique (été)	5.1	1

La mortalité accidentelle comprend les décès par blessures de guerre et par épidémie. Ce sont des causes contingentes, par opposition aux maladies endémiques, sporadiques et chirurgicales, qui normalement et forcément font partie constante de la pathologie de cette possession coloniale.

DÉCÈS SURVENUS EN DEHORS DES FORMATIONS HOSPITALIÈRES.

Cette statistique porte sur trois catégories de faits : *a*) les morts sur le champ de bataille ; *b*) les morts par accidents, par suicide, par submersion, par exécutions capitales, etc. ; *c*) les morts par maladies en dehors des hôpitaux.

MOIS.	EUROPÉENS.			INDIGÈNES.			TOTAL
	(a)	(b)	(c)	(a)	(b)	(c)	
Premier	»	2	1	»	»	1	4
Deuxième	1	1	»	»	»	»	2
Troisième	3	»	»	»	»	1	4
Quatrième	3	»	»	»	»	»	3
Cinquième	»	»	5	1	»	»	6
Sixième	1	1	3	»	»	»	5
Septième	»	1	10	»	»	»	11
Huitième	2	4	5	»	»	2	13
Neuvième	8	1	4	5	»	»	18
Dixième	»	»	3	»	»	»	3
Onzième	12	15	4	1	»	1	33
Douzième	3	5	3	»	»	3	14
TOTAUX	33	30	38	7	»	8	116

On enregistre, pendant les douze mois, 33 morts par accidents dans les troupes blanches, *pas un seul* chez les indigènes.

Nous avons vu qu'il meurt au total 1 indigène pour 3, 7 Européens. Quand il s'agit de morts brusques et violentes la proportion est du double moindre : 1 Annamite pour 6.7 Européens. Ces simples constatations permettent d'apprécier combien l'existence est anormale et *à charge* pour le militaire venu d'Europe et soumis à toutes les fatigues, à toutes les influences nocives de la vie de soldat *colonial.*

§ 3. — RAPATRIEMENTS.

Ils s'élèvent au chiffre de 3,383 pour l'année entière. Ce chiffre comprend tous les hommes rapatriés par raison de santé, en conformité de décisions de commissions de rapatriement, et embarqués comme alités ou comme convalescents sur les transports de l'État ou les bâtiments du commerce. Ces mêmes commissions délivraient, en outre, de simples certificats à valoir pour l'obtention de congés de convalescence à l'arrivée en France. Nous allons passer en revue ces deux catégories de documents.

I. — ÉTAT NUMÉRIQUE, PAR BATIMENTS ET PAR MOIS.

Cette statistique comprend la totalité des rapatriables de l'Annam et du Tonkin, sans distinction de corps.

Janvier. — *Vinhlong et Chéribon.*	535	dont	487	de la guerre.
Février. — *Annamite*..........	363	—	49	—
Mars.—*Bienhoa, Canton, Gironde.*	531	—	302	—
Avril. — *Hindoustan*..........	176	—	231	Une fraction du groupe n'est partie que les mois suivants.
Mai. — *Chéribon, Bordeaux*.....	92	—	241	
Juin. — *Béarn*................	314	—	283	de la guerre.
Juillet. — *Tonkin*.............	409	—	214	—
Août. — *Canton*...............	243	—	142	—
Septembre. — *Mytho, Colombo*..	307	—	213	—
Novembre. —	139	—	106	—
Décembre. — *Comorin, Canton.*	274	—	162	—
TOTAUX ANNUELS	3,383	—	2,430	(troupes de la guerre).

II. — ÉTAT NUMÉRIQUE, PAR CORPS.

Les chiffres ci-dessous ne concernent que les troupes relevant du département de la guerre. Les renseignements qui intéressent les troupes de la marine n'ont pu être recueillis que partiellement, ils figurent dans l'état suivant.

	1re SAISON.	2e SAISON.	3e SAISON.	TOTAL.
Garnisons du Haut-Tonkin.				
Régiments étrangers...........	135	165	139	439
Bataillons d'Afrique...........	97	88	42	227
TOTAL	**232**	**253**	**181**	**666**
Garnisons du Delta.				
Zouaves.....................	132	338	151	621
Autres armes.................	282	264	149	695
TOTAL	**414**	**602**	**300**	**1,316**
Infanterie de ligne............. Tirailleurs algériens pour (mémoire)	**423**	**25**	»	**448**
TOTAUX	**1,069**	**880**	**481**	**2,430**

1re Brigade.................................. 894 rapatriables
2e Brigade.................................. 1,404 —
3e Brigade.................................. 132 —

Le total, pour les troupes de marine, correspondrait à la différence entre le nombre des embarqués et ce dernier chiffre de 2430, soit 953 dont il faudrait défalquer les marins de la flotte, les agents et les fonctionnaires des divers services civils. Nous ne possédons aucune donnée qui permette de fixer, même approximativement, les rapatriements de ces personnels.

CAS POUR 1000. — TROUPES DE LA GUERRE.

Régiments étrangers................................ 200 pour 1000.
Zouaves................................ 156 —
Bataillons d'Afrique................................ 227 —
Autres armes................................ 174 —

Le passif, qu'on le recherche sous forme de rapatriements anticipés ou de mortalité, présente chez ces différents groupes les mêmes proportions relatives. En tête viennent, avec une avance considérable, les troupes d'infanterie légère d'Afrique. Les garnisons du Delta sont plus épargnées.

III. — ÉTAT, PAR MALADIES.

	PALUDISME.	DYSENTÉRIE.	CHOLÉRA.	BLESSURES.	AUTRES maladies.	TOTAL.
			Première saison.			
1re Brigade...........	182	185	11	14	53	445
2e Brigade...........	342	199	5	6	56	608
3e Brigade...........	1	14	»	»	1	16
TOTAUX........	**525**	**398**	**16**	**20**	**110**	**1,069**
			Deuxième saison.			
1re Brigade...........	128	127	4	3	27	289
2e Brigade...........	271	211	8	7	61	558
3e Brigade...........	10	19	»	»	4	33
TOTAUX........	**409**	**357**	**12**	**10**	**92**	**880**
			Troisième saison.			
1re Brigade...........	72	60	3	4	21	160
2e Brigade...........	122	87	2	5	22	238
3e Brigade...........	6	64	»	»	13	83
TOTAUX........	**200**	**211**	**5**	**9**	**56**	**481**
ANNÉE..........	**1,134**	**966**	**33**	**39**	**258**	**2,430**

Les affections endémiques, qui sont un facteur prédominant de la mortalité des troupes européennes, jouent comme cause de rapatriement un rôle encore plus important. Le paludisme aigu et chronique est invoqué dans plus de la moitié des cas. Les affections dysentériques qui n'entraînent relativement qu'une morbidité et une mortalité peu élevées, constituent au point de vue des renvois anticipés une cause de passif presque équivalente. Les affections sporadiques et chirurgicales ne déterminent qu'un nombre restreint de congés de convalescence.

Nous pouvons puiser à une autre source des renseignements complémentaires.

Les renvois pour cause de santé sont décidés sur la proposition de commissions médicales siègeant à Hanoï (1re brigade), à Haïphong (2e brigade), à Thuan-An et à Quin-Hone (3e brigade). Ces commissions, en outre des rapatriements. délivraient des certificats à valoir devant les conseils de santé de France.

Il nous a été donné de retrouver le dossier complet des séances de la commission de Hanoï. Nous y puiserons quelques détails nouveaux qui offrent un certain intérêt.

HÔPITAL DE HANOÏ. — RAPATRIEMENTS, PAR MALADIES ET PAR CORPS, ET CERTIFICATS DE CONVALESCENCE.

	PALUDISME.	DYSENTÉRIE.	CHOLÉRA.	BLESSURES.	AUTRES maladies.	TOTAL.
Troupes de marine....	145	50	4	3	153	355
Régiments étrangers..	80	42	5	»	20	147
Bataillons d'Afrique...	4	1	»	1	3	9
Autres armes........	305	295	16	11	401	1028
Civils..............	7	3	1	»	6	17
Totaux	**541**	**391**	**26**	**15**	**583**	**1,556**

Sur ces 1,556 malades, 894 ont été considérés comme embarqués au titre du service de santé; les autres, considérés comme moins fatigués, ont pris place à bord en qualité de passagers valides mais devant dès leur arrivée dans la métropole être placés dans la position de congé de convalescence.

Les 355 soldats de marine figurant dans ce tableau ne représentent pas la majeure partie des convalescents de ces corps; en effet, à partir de la seconde moitié de l'année le gros de ces unités servait en Annam et était mis directement en route pour la France. Nous ne pouvons, par suite, établir la proportion des malades et des convalescents proprement dits que par les autres unités.

	MALADES.	CONVALESCENTS.	TOTAL.
Régiments étrangers...............	123	24	147
Bataillons d'Afrique...............	4	5	9
Autres armes.....................	767	261	1,028

On voit combien est considérable la proportion des cas sérieux, exigeant à bord un traitement médical. Il convient d'ajouter que les malades eux-mêmes se subdivisent en deux catégories : les alités et les non alités. Ces derniers ne sont pas hospitalisés. Les éléments d'appréciation nous font défaut pour établir cette différenciation.

LIVRE IV

ANNÉE 1887

ANNÉE 1887

La répartition des troupes n'a pas été modifiée dans ses lignes principales. Toutefois, la pénétration dans le haut pays continue à se faire progressivement. Les garnisons y sont multipliées et leur importance est accrue par l'apport de nouvelles compagnies indigènes.

En 1886, un tiers à peine des soldats tonkinois servait en dehors du Delta. Cette proportion est plus que doublée avant la fin de l'année 1887.

Les bataillons étrangers et l'infanterie légère d'Afrique n'ont plus que leurs dépôts dans le Delta. Toutes les compagnies tiennent garnison dans le Haut-Tonkin, en assurent la police, convoient les ravitaillements avec le concours des indigènes. Les services auxiliaires, le train, l'artillerie fournissent à ces postes éloignés quelques sections dont la présence n'y est que momentanée; mais la très grande majorité de ces groupes continue à résider dans le Delta ou l'Annam.

L'infanterie et les batteries d'artillerie de marine sont conservées dans l'Annam central. Les bataillons de zouaves sont séparés : le 2e est dans le Sud de l'Annam, les deux autres dans le Bas-Tonkin et l'Annam-Nord. Les provinces où ils sont cantonnés font partie du pays d'Annam, mais sont rattachées à la 1re Brigade.

Le bataillon de chasseurs à pied est caserné à la frontière maritime, au nord de Quan-Yen.

§ 1er. — MORBIDITÉ.

Elle se déduit de deux ordres de documents : la statistique de l'état-major et les statistiques hospitalières. Ces dernières qui, en 1885, 1886 et dans les trois premiers mois de l'année en cause n'ont été données que par régions, ont pu être établies par corps à partir du mois d'avril 1887.

Nous n'avons pas cru devoir reproduire intégralement dans ce travail ces différents tableaux. Pour en faciliter la lecture, nous avons réuni dans une seule colonne les unités les moins nombreuses. Les corps ne sont envisagés isolément que si l'importance numérique du groupe et la continuité du séjour justifient le développement donné à cette partie de l'étude.

La division adoptée se traduit par les catégories suivantes : 1° Troupes du Haut-Tonkin comprenant les régiments étrangers et l'infanterie légère d'Afrique ; 2° Troupes du Delta et de l'Annam comprenant les zouaves et les troupes de marine auxquelles se rattachent les cadres des régiments indigènes, qui en proviennent ; 3° Les autres armes. Ce dernier groupement est formé des diverses unités du département de la guerre qui ne rentrent pas dans les classifications précédentes. Ces unités sont constituées par des détachements du train, du génie, de l'artillerie, des services auxiliaires. Le bataillon de chasseurs à pied, qui n'a été maintenu au Tonkin qu'un temps relativement très court, a été incorporé dans ce dernier groupement.

CHIFFRES DE L'ÉTAT-MAJOR.

La distinction si importante des deux contingents Européen et Indigène n'a pu être faite qu'au dernier mois de l'année.

ENTRÉES AUX HÔPITAUX.

	Choléra.	Total général des malades.
1er mois	27	2,151
2e —	11	1,767
3e —	42	1,718
4e —	200	1,954
5e —	192	2,454
6e —	233	3,159
7e —	162	2,542
8e —	16	2,730
9e —	7	1,958
10e —	5	2,165
11e —	21	1,913
12e —	18 (7 E., 11 I.)	2,049 (1,391 E., 658 I.).

Cette statistique est très peu détaillée. D'autre part, elle comporte des doubles emplois car elle est obtenue d'après les situations journalières qui ne font pas la distinction des entrées par évacuation et ne sont qu'approximatives pour certains postes, ceux-ci trop éloignés pour pouvoir fournir journellement leurs mutations.

TOTAUX DE L'ANNÉE.

Choléra	934
Toutes affections	26,560

STATISTIQUE DE LA DIRECTION.

Elle n'est établie que par régions en ce qui concerne les trois premiers mois, et par corps pour le quatrième.

	PALUDISME.	DYSENTÉRIE.	CHOLÉRA.	BLESSURES.	AUTRES maladies.	TOTAL.
Premier mois.						
1re Brigade	210	130	15	?	256	611
2e Brigade	315	101	»	»	169	585
3e Brigade	22	57	»	»	62	141
DIVISION ENTIÈRE	**547**	**288**	**15**	?	**487**	**1,337**
Deuxième mois.						
1re Brigade	192	110	5	?	247	554
2e Brigade	258	109	»	»	162	529
3e Brigade	37	55	»	»	41	133
DIVISION ENTIÈRE	**487**	**274**	**5**	?	**450**	**1,216**
Troisième mois.						
1re Brigade	178	152	16	?	245	591
2e Brigade	206	79	1	»	195	481
3e Brigade	56	121	»	»	93	270
DIVISION ENTIÈRE	**440**	**352**	**17**	?	**533**	**1,342**

	PALUDISME.	DYSENTÉRIE.	CHOLÉRA.	BLESSURES.	MALADIES diverses.	TOTAL.
Quatrième mois (La statistique est donnée par corps).						
Zouaves............	50	71	1	?	44	166
Régiments étrangers ..	97	86	21	»	50	254
Bataillons d'Afrique...	51	46	16	»	20	133
Troupes du recrutement.............	75	83	12	»	132	302
Troupes de marine....	65	98	14	»	50	227
Troupes indigènes....	229	96	72	6	236	639
ENSEMBLE........	**567**	**480**	**136**	**6**	**532**	**1,721**
1re SAISON.......	**2,041**	**1,394**	**173**	**6**	**2,002**	**5,616**

DEUXIÈME SAISON.

	PALUDISME.	DYSENTÉRIE.	CHOLÉRA.	BLESSURES.	AUTRES maladies.	TOTAL.
(A). — Troupes du Delta et de l'Annam.						
1° *Zouaves.*						
Mai................	49	87	13	»	19	168
Juin................	39	66	6	»	70	181
Juillet..............	56	158	19	»	92	325
Août...............	68	101	4	»	65	238
TOTAUX.........	**212**	**412**	**42**	»	**246**	**912**
2° *Troupes du recrutement.*						
Mai................	146	127	34	»	113	420
Juin................	211	140	79	»	131	561
Juillet..............	188	211	25	»	150	574
Août...............	127	103	»	»	116	346
TOTAUX.........	**672**	**581**	**138**	»	**510**	**1,901**

	PALUDISME.	DYSENTÉRIE.	CHOLÉRA.	BLESSURES.	AUTRES maladies.	TOTAL.
		3° Troupes de marine.				
Mai	56	93	»	2	60	211
Juin	33	43	2	2	65	145
Juillet	38	41	2	»	53	134
Août	48	40	»	»	44	132
TOTAUX	**175**	**217**	**4**	**4**	**222**	**622**
		(B). — Garnisons du Haut-Tonkin.				
		1° Régiments étrangers.				
Mai	195	108	20	»	46	369
Juin	244	110	8	»	45	407
Juillet	252	116	25	»	74	467
Août	195	82	»	»	51	328
TOTAUX	**886**	**416**	**53**	»	**216**	**1,571**
		2° Bataillons d'Afrique.				
Mai	78	70	21	»	67	236
Juin	116	71	33	»	44	264
Juillet	88	110	12	»	27	237
Août	99	56	1	»	41	197
TOTAUX	**381**	**307**	**67**	»	**179**	**934**
		(C). — Troupes indigènes.				
Mai	394	125	55	5	195	774
Juin	382	175	35	2	247	841
Juillet	399	143	45	6	295	888
Août	489	342	5	»	273	1,109
TOTAUX	**1,664**	**785**	**140**	**13**	**1,010**	**3,612**
TOTAL GÉNÉRAL (Européens et indigènes)	**3,990**	**2,718**	**444**	**17**	**2,383**	**9,552**

Les entrées sont notablement plus nombreuses que pendant les quatre premiers mois : 9,552 au lieu de 5,616. En nous reportant à la statistique du mois d'avril, la seule où soit faite la distinction des hospitalisations par corps, nous voyons que cette majoration porte principalement sur les garnisons de la frontière et atteint dans une proportion sensible le groupe européen dans celles de ces fractions qui ne servent pas en Annam. Le contingent indigène présente une morbidité uniforme qui semble indépendante de la température.

Suivant les régions, l'aggravation de l'état sanitaire porte plus particulièrement sur l'une ou l'autre des deux affections endémiques. La morbidité, chez les zouaves et les troupes de marine, n'est pas défavorable quand on ne consulte que le chiffre des entrées pour paludisme; elle est au contraire très chargée quand on se reporte à l'affection dysentérique. Les faits sont inverses pour les régiments étrangers. C'est, dirons-nous, l'indice pour les premiers du séjour en Annam ou dans le voisinage immédiat; pour les seconds, c'est l'estampille des hautes régions.

TROISIÈME SAISON.

	PALUDISME.	DYSENTÉRIE.	CHOLÉRA.	BLESSURES.	AUTRES maladies.	TOTAL.
(A). — Troupes du Delta et de l'Annam.						
1° Zouaves.						
Septembre	59	89	3	»	59	210
Octobre	79	75	»	»	55	209
Novembre	94	55	»	4	57	210
Décembre	62	60	»	»	50	172
TOTAUX	**294**	**279**	**3**	**4**	**221**	**801**
2° Troupes du recrutement.						
Septembre	105	98	2	»	77	282
Octobre	110	90	»	»	89	289
Novembre	128	65	2	»	81	276
Décembre	108	62	1	»	122	293
TOTAUX	**451**	**315**	**5**	»	**369**	**1,140**

	PALUDISME.	DYSENTÉRIE.	CHOLÉRA.	BLESSURES.	AUTRES maladies.	TOTAL.
3° Troupes de marine.						
Septembre	37	81	»	»	62	180
Octobre	23	62	»	»	47	132
Novembre	24	28	1	»	40	93
Décembre	12	28	1	»	29	70
TOTAUX	**96**	**199**	**2**	**»**	**178**	**475**
(B). — Garnisons du Haut-Tonkin.						
1° Régiments étrangers.						
Septembre	136	80	2	»	64	282
Octobre	127	75	1	»	57	260
Novembre	189	58	1	»	49	297
Décembre	190	43	2	2	37	274
TOTAUX	**642**	**256**	**6**	**2**	**207**	**1,113**
2° Bataillons d'Afrique.						
Septembre	77	34	»	»	33	144
Octobre	57	17	»	3	52	129
Novembre	66	37	»	»	25	128
Décembre	47	23	»	2	32	104
TOTAUX	**247**	**111**	**»**	**5**	**142**	**505**
(C). — Troupes indigènes.						
Septembre	301	75	1	5	296	678
Octobre	266	100	1	6	293	666
Novembre	207	98	4	16	308	633
Décembre	220	71	9	7	304	611
TOTAUX	**994**	**344**	**15**	**34**	**1,201**	**2,588**
RÉCAPITULATION.						
Troupes européennes	1,730	1,160	16	11	1,117	4,034
Troupes indigènes	994	344	15	34	1,201	2,588
TOTAL GÉNÉRAL	**2,724**	**1,504**	**31**	**45**	**2,318**	**6,622**
RÉCAPITULATION GÉNÉRALE. (ANNÉE.)						
ANNÉE	**8,755**	**5,616**	**648**	**68**	**6,703**	**21,790**

Le total général de 21,790 comprend les seules entrées par billets. Dans les statistiques de l'état-major, nous trouvons un chiffre plus élevé : 26,560. Il doit, avons-nous dit, correspondre à la fois aux entrées par billets et aux entrées par évacuations; malheureusement la distinction n'est pas établie, dans ces relevés, entre Européens et Indigènes. La lecture des statistiques mensuelles suffit d'ailleurs pour convaincre que ce ne sont pas des quantités semblables.

Les chiffres, pour les troupes européennes isolées du contingent indigène, doivent être rectifiés comme suit :

ENTRÉES.

Paludisme	6,862
Dysentérie	4,735
Choléra	436
Blessures	49
Toutes autres maladies	5,557
Ce qui donne un total de	17,639

MORBIDITÉ. — CAS POUR 1000.

Avant de transcrire ces moyennes, il nous paraît utile de résumer le mouvement des entrées.

	PALUDISME.	DYSENTÉRIE.	CHOLÉRA.	BLESSURES.	AUTRES maladies.	TOTAL.
1re Saison	2,041	1,394	173	6	2,002	5,616
2e Saison	3,990	2,718	444	17	2,383	9,552
3e Saison	2,724	1,504	31	45	2,318	6,622
ANNÉE	8,755	5,616	648	68	6,703	21,790

EFFECTIFS MOYENS.

	Hommes.
Première saison	29,000
Deuxième saison	30,000
Troisième saison	29,000

CAS POUR 1000 (1).

	PALUDISME.	DYSENTÉRIE.	CHOLÉRA.	BLESSURES.	AUTRES maladies.	TOTAL.
1re Saison	70×3=210	48×3=144	6×3=18	?	69×3=207	193×3=579
2e Saison	133×3=399	90×3=270	15×3=45	1×3=3	79×3=237	318×3=954
3e Saison	94×3=282	52×3=156	1×3= 3	1×3=3	80×3=240	228×3=684
ANNÉE	302	194	22	2	231	751

Ces chiffres sont particulièrement favorables; ils font contraste avec les moyennes données pour les années précédentes et surtout l'année 1885. La situation sanitaire ne s'est pas cependant modifiée dans les proportions qui semblent découler de ces prémisses et la comparaison que l'on serait tenté d'établir ne serait pas justifiée.

La différence des résultats constatés tient à l'intervention d'un facteur nouveau qui n'était qu'une quantité négligeable en 1885, a augmenté d'importance en 1886 et est devenu prédominant en 1887 : nous voulons parler du contingent indigène.

Il suffit pour s'en assurer de se reporter aux chiffres des effectifs et de consulter les tableaux où nous avons résumé la morbidité relative de ces deux grands groupes.

En 1887, les effectifs sont ainsi constitués :

	Européens.	Indigènes.
1re Saison	11,700	17,300
2e Saison	11,500	18,500
3e Saison	11,000	18,000

Les effectifs annuels se décomposent ainsi :

Européens	11,500
Indigènes	18,000

(1) Dans ce tableau, comme dans tous les tableaux similaires, le premier chiffre donne le pourcentage pour la saison considérée comme le tiers de l'année. Le total obtenu en multipliant ce premier chiffre par 3 donne le pourcentage pour chaque saison considérée comme *annuité*.

MORBIDITÉ COMPARÉE DES EUROPÉENS ET DES INDIGÈNES.

(Cas pour 1000 hommes de l'effectif.)

PREMIÈRE SAISON (1).

		PALUDISME.	DYSENTÉRIE.	CHOLÉRA.	BLESSURES.	AUTRES maladies.	TOTAL.
Avril...	Européens..	29	33	5	3	25	95 °/oo
	Indigènes...	13	6	4	»	14	37

On est tenté, pour établir la moyenne de la saison d'hiver (quatre premiers mois), de multiplier par ce facteur les chiffres obtenus pour un seul mois. Mais nous ferons observer que la situation serait grevée particulièrement pour les Européens, le mois d'avril étant plus chargé que ceux qui le précèdent. Au reste, nous rechercherons la solution d'une question différente : celle de la morbidité relative des deux races.

Si nous voulions nous rendre compte de la différence que peut apporter, dans l'appréciation de la morbidité, la fusion en un seul bloc des deux contingents, voici comment elle se traduirait dans cette condition :

Paludisme..	19.5
Dysentérie..	16.5
Choléra..	5
Maladies diverses..	18
Total...........................	59

Ce simple rapprochement fait voir combien serait peu exacte l'appréciation qui consisterait à accepter comme exprimant la morbidité de notre colonie ces nombres globaux. Il faut donc envisager à part les groupes européens. Pour eux, la morbidité est double quand il s'agit du paludisme et des affections de la pathologie courante; elle est quintuple pour la dysentérie et n'est équivalente, à quelques unités près, qu'en ce qui concerne les maladies surajoutées, celles qui constituent la morbidité accidentelle : nous voulons parler des épidémies et des blessures. En moyenne, les troupes françaises fournissent dans la saison la plus favorable trois fois plus d'entrées aux hôpitaux que les troupes annamites.

(1) On ne possède de documents que pour le seul mois d'avril.

	PALUDISME.	DYSENTÉRIE.	CHOLÉRA.	BLESSURES.	AUTRES maladies.	TOTAL.
			Deuxième saison.			
Européens..........	226×3=678	181×3=543	31×3=93	»	118×3=354	556×3=1,668
Indigènes..........	81×3=243	30×3= 90	7×3=21	1×3=3	53×3=159	172×3= 516
MOYENNES.....	133×3=399	90×3=270	15×3=45	1×3=3	79×3=237	318×3= 954
			Troisième saison.			
Européens..........	175×3=525	103×3=309	1×3= 3	1×3=3	100×3=300	380×3=1,140
Indigènes..........	54×3=162	19×3= 57	1×3= 3	2×3=6	65×3=195	141×3= 423
MOYENNES.....	94×3=282	52×3=156	1×3= 3	1×3=3	80×3=240	228×3= 684

Les moyennes, c'est ici le cas de le répéter, ne peuvent donner qu'une appréciation erronée.

MORBIDITÉ.

CAS POUR 1000 PAR CORPS, DANS LE CONTINGENT EUROPÉEN.

	PALUDISME.	DYSENTÉRIE.	CHOLÉRA.	BLESSURES.	AUTRES maladies.	TOTAL.
			DEUXIÈME SAISON.			
			A). — Troupes du Delta et de l'Annam.			
Zouaves............	90×3=270	176×3=528	16×3= 48	»	113×3=339	395×3=1,185
Troupes du recrutement............	207×3=621	178×3=534	42×3=126	»	157×3=471	584×3=1,752
Troupes de marine ..	101×3=303	121×3=363	2×3= 6	2×3= 6	130×3=390	856×3=1,068
			B). — Troupes du Haut-Tonkin.			
Bataillons d'Afrique.	263×3=789	124×3=372	46×3=138	»	211×3=633	644×3=1,932
Régiments étrangers.	328×3=984	154×3=462	20×3= 60	»	80×3=240	582×3=1,746
			TROISIÈME SAISON.			
			A). — Troupes du Delta et de l'Annam.			
Zouaves............	109×3=327	103×3=309	2×3= 6	»	82×3=246	296×3=888
Troupes du recrutement............	155×3=465	109×3=327	2×3= 6	»	127×3=381	393×3=1,179
Troupes de marine...	56×3=168	117×3=351	1×3= 3	»	105×3=315	279×3= 837
			B). — Troupes du Haut-Tonkin.			
Bataillons d'Afrique..	206×3=618	93×3=279	»	4×3=12	118×3=354	421×3=1,263
Régiments étrangers.	252×3=756	100×3=300	»	3×3= 9	81×3=243	436×3=1,308

Voici quelles sont les moyennes pour ces deux groupes de garnisons considérés comme formant deux blocs distincts et opposés :

	PALUDISME.	DYSENTÉRIE.	CHOLÉRA et blessures.	AUTRES maladies.	TOTAL.
			DEUXIÈME SAISON		
Haut-Tonkin.........	309×3=927	176×3=528	29×3=87	97×3=291	611×3=1,833
Delta et Annam.......	143×3=429	163×3=489	25×3=75	132×3=396	463×3=1,389
			TROISIÈME SAISON		
Haut-Tonkin..........	240×3=720	99×3=297	3×3=9	95×3=285	437×3=1,311
Delta et Annam.......	115×3=345	109×3=327	2×3=6	105×3=315	331×3= 993

Dans toutes ces évaluations, la comparaison est établie pour 1,000 hommes d'effectif et pour l'année de façon à pouvoir rapprocher des termes semblables. Toutefois, pour permettre la comparaison avec les tableaux similaires, les deux notations ont été indiquées et juxtaposées. Le premier chiffre est le pour 1000 pour la saison considérée isolément et ne représentant qu'un tiers de l'année; le produit, en multipliant par 3 le premier nombre, correspond à la notation adoptée dans ce travail pour donner la comparaison immédiate avec l'année.

La morbidité des indigènes varie entre 450 et 500 pour 1000. Celle des Européens dépasse 1,600 à la saison chaude; elle s'abaisse notablement à l'arrière-saison où elle n'est que de 1,140. Ces deux périodes de l'année, les plus malsaines au Tonkin, ne grèvent que d'une quantité minime le passif du groupe indigène. Toutefois, le rapport de fréquence entre les diverses affections est modifié : le paludisme subit une augmentation notable pendant l'été ; en revanche, les affections sporadiques s'atténuent. Les bronchites et les broncho-pneumonies, si fréquentes chez les indigènes pendant les mois de l'hiver tonkinois, disparaissent du cadre morbide.

La morbidité du groupe européen est plus élevée pour toutes les catégories d'affections. Seule, la proportion des blessés est devenue plus forte dans les troupes annamites, fait important qui fournit la preuve que leur utilisation sur le champ de bataille est aussi constante et aussi complète que celle de l'Européen.

Cette morbidité des Européens est elle-même une sommation dont les termes demandent à être étudiés à part.

Au point de vue de l'habitat ordinaire, les troupes blanches se partagent en deux catégories distinctes : *a)* les troupes de première ligne, servant de couverture à la frontière et cantonnées dans le Haut-Tonkin; *b)* les troupes qui tiennent garnison dans le Delta et l'Annam et n'en sont déplacées que temporairement.

Dans le pays qui nous occupe, de même qu'il y a des saisons bien distinctes dont l'une est très nocive, de même il y a deux régions bien différentes au point de vue de l'influence pathologique : le bas-pays, relativement sain, et les hauts plateaux où l'endémie palustre affecte des formes graves et une extrême fréquence.

Dans le bas-pays, il y a lieu de distinguer les garnisons de l'Annam de celles du Delta.

Les troupes du Delta sont constituées par les corps et détachements non embrigadés, appartenant au département de la guerre : le bataillon de chasseurs à pied et deux des bataillons de zouaves.

L'infanterie de marine et les batteries d'artillerie campent dans l'Annam central. Leur pathologie est distincte de celle des groupes précédents, qu'on l'envisage dans son ensemble ou dans ses détails. Il en est de même du bataillon du 2e zouaves qui appartient à la même région.

Les deux autres bataillons de la même arme sont à cheval entre ces deux pays, dans le Bas-Delta et l'Annam-Nord. Leur statistique mensuelle en porte la trace; il est instructif de la rapprocher de celle des troupes non embrigadées et qui ne s'éloignent que momentanément des grands centres de Hanoï, Sept-Pagodes, etc.

Les régiments étrangers et les deux bataillons d'infanterie légère d'Afrique ne sortent pas du pays de la fièvre; ils en pâtissent et nous verrons qu'ils en meurent.

MORBIDITÉ TOTALE DES DIFFÉRENTES RÉGIONS.

(Chaque saison est considérée comme une annuité.)

	HAUT-TONKIN.	DELTA du Tonkin.	BAS-DELTA et Annam-Nord.	ANNAM CENTRAL et Annam-Sud.
	Pour 1000.	Pour 1000.	Pour 1000.	Pour 1000.
1re Saison (avril)................	1,230	906	1,248	1,000
2e Saison................	1,833	1,752	1,423	1,000
3e Saison................	1,300	1,179	890	780

On peut caractériser plus nettement la valeur pathologique de chacune de ces grandes divisions territoriales en envisageant la morbidité endémique dans son ensemble et dans chacun de ses facteurs.

CAS POUR 1000 (1).

	HAUT-TONKIN.	DELTA.	BAS-DELTA.	ANNAM central.	ANNAM-SUD.
Première saison.					
Paludisme...........	422	224	300	319	240
Dysentérie...........	368	248	300	499	540
TOTAL ENDÉMIQUE...	**790**	**472**	**600**	**818**	**780**
Deuxième saison.					
Paludisme...........	927	621	277	300	263
Dysentérie...........	528	534	600	364	396
TOTAL ENDÉMIQUE...	**1,455**	**1,155**	**877**	**664**	**659**
Troisième saison.					
Paludisme...........	720	465	369	147	243
Dysentérie...........	297	327	300	514	375
TOTAL ENDÉMIQUE...	**1,017**	**792**	**669**	**661**	**618**

On peut grouper ces chiffres différemment pour mieux faire ressortir la part de chacune des endémies.

(1) Chaque saison étant considérée comme une *annuité* de douze mois, si l'on veut obtenir le pourcentage saisonnier *réel* (période de quatre mois) il faut diviser par 3 le chiffre inscrit.

	HAUT-TONKIN.	DELTA.	BAS-DELTA.	ANNAM central.	ANNAM-SUD.
			PALUDISME.		
1re Saison	422	224	300	319	240
2e Saison	927	621	277	300	263
3e Saison	720	465	369	147	243
MOYENNE ANNUELLE.	**689**	**437**	**315**	**255**	**249**
			DYSENTÉRIE.		
1re Saison	368	248	300	499	540
2e Saison	528	534	600	364	396
3e Saison	297	327	300	514	375
MOYENNE ANNUELLE.	**398**	**370**	**400**	**459**	**437**
			ENDÉMIES.		
1re Saison	790	472	600	818	780
2e Saison	1,455	1,155	877	664	659
3e Saison	1,017	792	669	661	618
MOYENNES	**1,087**	**806**	**715**	**714**	**686**

La morbidité, dans son ensemble, va en décroissant du nord au sud. Le saut est brusque quand on passe du Haut-Tonkin au Delta. Du Delta au sud de l'Annam la diminution est progressive, mais elle est loin d'être aussi caractérisée.

Cette observation, exacte pour l'année prise dans son entier, ne l'est plus pour chacune de ses divisions.

Le point le moins élevé de la courbe est celui que l'on enregistre dans le Delta à la saison d'hiver. C'est également la période, la seule, où l'on ne constate pas une morbidité extrême dans le Haut-Tonkin.

A la saison chaude, cette courbe des entrées subit dans le Tonkin entier et plus particulièrement dans les régions frontières une ascension brusque qui est le fait dominant et essentiel à retenir. Cette élévation est due en majeure partie à l'aggravation du paludisme. La dysentérie présente elle aussi dans ces circonscriptions et à la même époque une recrudescence assez forte. C'est, pour ces provinces, la mauvaise saison; pour le Haut-Tonkin c'est la très mauvaise saison et la bonne période en Annam. Par contre, cette dernière région présente à son tour, en décembre et janvier, une aggravation notable de l'état sanitaire ; l'endémie dysentérique augmente de fréquence. A cette date, la situation est plus chargée en Annam qu'au Tonkin, d'autant que l'affection dysentérique, toutes proportions gardées, occasionne une mortalité plus grande que la malaria.

Le régime des pluies est différent dans l'Annam central de ce qu'il est au Tonkin et même en Cochinchine. Celles-ci coïncident, comme dans le détroit de Formose, avec la mousson de nord-est.

Pour nous résumer, nous dirons :

L'endémie dominante est, au Tonkin, le paludisme ; en Annam, c'est la dysentérie.

L'endémie palustre décroît avec la latitude, en descendant du nord au sud. L'endémie dysentérique, au contraire, diminue à mesure qu'on remonte dans le nord.

La saison meurtrière correspond, au Tonkin, à la période estivale, à l'hiver de nos pays, à l'hiver relatif de l'Indo-Chine.

§ 2. — MORTALITÉ.

Les renseignements puisés aux archives de l'état-major sont résumés dans le tableau suivant :

MOIS.	BLESSURES.	CHOLÉRA.	AUTRES maladies.	TOTAL.
Premier	28	19	97	144
Deuxième	8	7	78	93
Troisième	1	21	51	73
Quatrième	»	90	68	158
Cinquième	1	108	80	189
Sixième	1	153	224	378
Septième	1	114	191	306
Huitième	»	14	148	162
Neuvième	»	5	122	127
Dixième	»	3	105	108
Onzième	4	13	81	98
Douzième	3	9	85	97
TOTAUX	47	556	1,330	1,933

Dans ces totaux, la distinction n'est pas faite entre Européens et Indigènes.

Les chiffres donnés ci-dessus ont besoin d'être complétés par l'étude détaillée de la mortalité par corps et par catégories distinctes de maladies, de façon à dresser ce qu'on pourrait appeler le bilan individuel de léthalité.

Nous suivrons dans cette exposition le même ordre que pour la morbidité.

a). — GARNISONS DU DELTA.

1. — *Chasseurs à pied (2e Bataillon).*

EFFECTIF.

	Hommes.
Première saison	700
Deuxième saison	850
Troisième saison	560
Moyen annuel	725

MOIS.	PALUDISME.	DYSENTÉRIE.	CHOLÉRA.	AUTRES maladies.	TOTAL.
Premier	»	3	»	»	3
Deuxième	1	»	»	»	1
Troisième	»	»	1	»	1
Quatrième	»	»	»	»	»
1re Saison	**1**	**3**	**1**	**»**	**5**
Cinquième	»	»	1	»	1
Sixième	2	1	27	»	30
Septième	4	5	4	1	14
Huitème	5	5	»	»	10
2e Saison	**11**	**11**	**32**	**1**	**55**
Neuvième	1	13	»	»	14
Dixième	4	10	»	1	15
Onzième	»	1	1	»	2
Douzième	1	1	»	»	2
3e Saison	**6**	**25**	**1**	**1**	**33**
Année	**18**	**39**	**34**	**2**	**93**

Rappelons au lecteur que les garnisons du Delta (distinction faite des zouaves qui servent à la marge de l'Annam) sont constituées, en outre du bataillon de chasseurs à pied, par l'ensemble des troupes non embrigadées et les batteries d'artillerie de la 1re et de la 2e brigades. C'est cet ensemble que nous désignons sous le nom de troupes du recrutement, par opposition aux troupes d'Afrique et à celles qui relèvent de la marine. Tous ces corps sont casernés dans le Delta ou dans son voisinage immédiat.

II. — *Groupes divers du recrutement français. — Autres armes.*

EFFECTIF.

	Hommes.
Première saison	2,300
Deuxième saison	2,400
Troisième saison	2,350
Moyen annuel	2,400

MOIS.	PALUDISME.	DYSENTÉRIE.	CHOLÉRA.	BLESSURES.	AUTRES maladies.	TOTAL.
Premier	»	5	»	»	1	6
Deuxième	2	3	3	1	1	10
Troisième	1	2	2	»	2	7
Quatrième	6	»	7	»	1	14
1re SAISON	**9**	**10**	**12**	**1**	**5**	**37**
Cinquième	7	4	23	»	»	34
Sixième	21	»	38	»	3	62
Septième	9	5	20	»	»	34
Huitième	11	2	3	»	2	18
2e SAISON	**48**	**11**	**84**	»	**5**	**148**
Neuvième	4	12	»	»	2	18
Dixième	»	4	»	»	»	4
Onzième	4	2	1	»	2	9
Douzième	3	3	»	»	2	8
3e SAISON	**11**	**21**	**1**	»	**6**	**39**
ANNÉE	**68**	**42**	**97**	**1**	**16**	**224**

b). — TROUPES DU DELTA ET DE L'ANNAM.

Zouaves : 3 bataillons.

EFFECTIF.

	Hommes.
Première saison	2,100
Deuxième saison	2,350
Troisième saison	2,100
Moyen annuel	2,360

MOIS.	PALUDISME.	DYSENTÉRIE.	CHOLÉRA.	BLESSURES.	AUTRES maladies.	TOTAL.
Premier	3	3	9	3	3	21
Deuxième	1	4	1	1	1	8
Troisième	»	5	3	»	»	8
Quatrième	2	2	1	»	»	5
1re SAISON	**6**	**14**	**14**	**4**	**4**	**42**
Cinquième	5	4	13	2	»	24
Sixième	6	5	5	»	4	20
Septième	9	9	13	»	2	33
Huitième	6	4	3	»	»	13
2e SAISON	**26**	**22**	**34**	**2**	**6**	**90**
Neuvième	6	1	3	»	»	10
Dixième	1	1	1	»	»	3
Onzième	4	2	»	2	»	8
Douzième	12	8	»	»	»	20
3e SAISON	**23**	**12**	**4**	**2**	»	**41**
ANNÉE	**55**	**48**	**52**	**8**	**10**	**173**

La colonne *Mortalité par autres maladies* réunit en un seul faisceau tous les décès qui ne rentrent pas dans les autres catégories. Dans le cours de l'exposition, il nous arrivera de désigner cet ensemble sous la dénomination de *mortalité normale* ou *sporadique*, par opposition à la mortalité endémique qui se définit d'elle-même et à la mortalité accidentelle qui est imputable à des causes contingentes : blessures de guerre, épidémies, morts violentes.

Les zouaves, pendant ces douze mois, n'ont pas été appelés à se déplacer de l'Annam-Nord et de la partie sud du Delta du Tonkin ou de l'Annam-Sud, régions dans lesquelles ils sont casernés. Ce fait, signalé à propos de la morbidité, explique la médiocrité des pertes par paludisme et la proportion élevée des décès par dysentérie.

c). — GARNISONS DE L'ANNAM

(Groupes résidant uniquement dans ce pays.)

Troupes de marine : Infanterie et artillerie.

EFFECTIF.

	Hommes.
Première saison	1,700
Deuxième saison	1,750
Troisième saison	1,700
Moyen annuel	1,745

MOIS.	PALUDISME.	DYSENTÉRIE.	CHOLÉRA.	BLESSURES.	AUTRES maladies.	TOTAL.
Premier	1	1	»	»	»	2
Deuxième	1	1	»	»	1	3
Troisième	2	3	1	»	»	6
Quatrième	2	3	1	»	2	8
1re SAISON	**6**	**8**	**2**	»	**3**	**19**
Cinquième	2	2	»	»	»	4
Sixième	4	1	1	»	»	6
Septième	2	1	2	»	2	7
Huitième	2	1	»	»	»	3
2e SAISON	**10**	**5**	**3**	»	**2**	**20**
Neuvième	1	3	»	»	»	4
Dixième	2	3	»	»	»	5
Onzième	1	»	»	»	2	3
Douzième	1	1	2	»	1	5
3e SAISON	**5**	**7**	**2**	»	**3**	**17**
ANNÉE	**21**	**20**	**7**	»	**8**	**56**

Les troupes de marine stationnaient dans l'Annam central ; elles ont été peu éprouvées par le choléra. Leur statistique donne, comme nous le verrons dans la suite, la caractéristique des années moyennes quand les soldats ne fatiguent pas outre mesure, que les effectifs sont peu nombreux et par conséquent bien dans la main du commandement qui peut ainsi veiller sur leur hygiène et leur assurer le confortable nécessaire.

Nous joignons à ce tableau, à titre de comparaison, celui qui résume les décès parmi le personnel embarqué.

Équipages de la flotte : 1,700 hommes.

	PALUDISME.	DYSENTÉRIE.	CHOLÉRA.	BLESSURES.	AUTRES maladies.	TOTAL.
1re Saison............	»	1	8	»	3	12
2e Saison...........	3	2	13	»	1	19
3e Saison............	1	»	1	»	»	2
ANNÉE...........	4	3	22	»	4	33

Le total des morts est de 33 et la mortalité annuelle de 19 pour 1000, dont 13 pour 1000 au seul titre de l'épidémie : 22 décès sont en effet occasionnés par le choléra.

Les marins, en raison de l'hygiène défectueuse des individus, paient à la contagion un tribut très élevé. La maladie se contracte à terre ; elle ne se répand pas et ne se diffuse pas à bord depuis que l'on a cessé de puiser l'eau de boisson à des aiguades suspectes. Malgré leurs fatigues, les matelots échappent presque complètement, grâce à leur habitat, aux influences endémiques, c'est-à-dire à la dysentérie et surtout au paludisme. Les affections organiques, en raison de l'âge moyen du personnel embarqué et de son mode de recrutement, sont plus fréquentes et plus graves que dans les corps de troupe servant à cette époque au Tonkin.

L'augmentation sensible du nombre des morts à la saison estivale, en dehors du choléra, fournit l'indice que la grande majorité des marins navigue dans les eaux du Delta ou de la baie d'Along.

Le contraste est frappant à cet égard entre ce que l'on observe au Tonkin, qu'il s'agisse des matelots ou des soldats, et les données qui ressortent de la statistique des troupiers de marine. Pour ces derniers, la courbe des décès se maintient toute l'année à un niveau presque uniforme. Cette distinction, déjà apparente pour les militaires du Delta, s'exagère dans les groupes qui sont immobilisés, pour y monter la garde, à la frontière chinoise.

d). — GARNISONS DU HAUT-TONKIN.

1° *Régiments étrangers.*

EFFECTIF.

	Hommes.
Première saison	3,050
Deuxième saison	2,700
Troisième saison	2,550
Moyen annuel	2,790

MOIS.	PALUDISME.	DYSENTÉRIE.	CHOLÉRA.	BLESSURES.	AUTRES maladies.	TOTAL.
Premier	7	4	»	»	6	17
Deuxième	6	3	»	1	2	12
Troisième	1	4	1	»	2	8
Quatrième	5	4	8	»	2	19
1re SAISON	**19**	**15**	**9**	**1**	**12**	**56**
Cinquième	6	7	20	2	»	35
Sixième	33	9	17	»	2	61
Septième	28	11	22	»	3	64
Huitième	31	11	2	»	2	46
2e SAISON	**98**	**38**	**61**	**2**	**7**	**206**
Neuvième	9	9	1	»	6	25
Dixième	6	11	»	»	4	21
Onzième	15	9	3	»	1	28
Douzième	8	7	»	»	2	17
3e SAISON	**38**	**36**	**4**	»	**13**	**91**
ANNÉE	**155**	**89**	**74**	**3**	**32**	**353**

2° Infanterie légère d'Afrique : 2 bataillons.

EFFECTIF.

	Hommes.
Première saison	1,600
Deuxième saison	1,450
Troisième saison	1,200
Moyen annuel	1,400

MOIS.	PALUDISME.	DYSENTÉRIE.	CHOLÉRA.	BLESSURES.	AUTRES maladies.	TOTAL.
Premier	8	12	3	»	»	23
Deuxième	4	6	»	1	4	15
Troisième	3	3	»	»	1	7
Quatrième	5	4	11	»	»	20
1re Saison	**20**	**25**	**14**	**1**	**5**	**65**
Cinquième	3	3	21	»	»	27
Sixième	31	15	30	»	4	80
Septième	17	22	12	»	3	54
Huitième	9	10	1	»	1	21
2e Saison	**60**	**50**	**64**	»	**8**	**182**
Neuvième	11	9	»	»	2	22
Dixième	3	9	»	»	1	13
Onzième	4	5	»	»	2	11
Douzième	3	8	»	1	2	14
3e Saison	**21**	**31**	»	**1**	**7**	**60**
Année	**101**	**106**	**78**	**2**	**20**	**307**

Dans la légion étrangère et dans les bataillons d'Afrique, les morts par les seules affections endémiques atteignent et même dépassent la totalité des décès observés, à effectif égal, dans les corps de troupe stationnés dans le Delta. Toutefois le taux de la mortalité dans ces derniers groupes se trouve, en cette année 1887, surélevé de près d'un tiers par suite des pertes occasionnées par la poussée épidémique dont ils ont eu à souffrir.

Pour ces deux corps (légion et infanterie légère d'Afrique), le total des morts relevant de l'endémicité atteint le chiffre de 451 : 195 décès par dysentérie et 256 par paludisme.

Les morts occasionnées par la dysentérie sont plus nombreuses au bataillon d'Afrique que celles dues au paludisme. Cette anomalie trouve son explication dans la constitution médicale que crée une épidémie de choléra.

RÉCAPITULATION DES DÉCÈS EUROPÉENS (PAR SAISONS).

	PALUDISME.	DYSENTÉRIE.	CHOLÉRA.	BLESSURES.	AUTRES maladies.	TOTAL.
Première saison.						
Troupes du Delta	10	13	13	1	5	42
Troupes du Bas-Delta.	6	14	14	4	4	42
Troupes de l'Annam...	6	8	2	»	3	19
Troupes du Haut-Tonkin.	39	40	23	2	17	121
TOTAUX	**61**	**75**	**52**	**7**	**29**	**224**
Deuxième saison.						
Troupes du Delta	59	22	116	»	6	203
Troupes du Bas-Delta..	26	22	34	2	6	90
Troupes de l'Annam...	10	5	3	»	2	20
Troupes du Haut-Tonkin.	158	88	125	2	15	388
TOTAUX.........	**253**	**137**	**278**	**4**	**29**	**701**
Troisième saison.						
Troupes du Delta	17	46	2	»	7	72
Troupes du Bas-Delta..	23	12	4	»	2	41
Troupes de l'Annam...	5	7	2	»	3	17
Troupes du Haut-Tonkin.	59	67	4	1	20	151
TOTAUX	**104**	**132**	**12**	**1**	**32**	**281**
ANNÉE.						
Troupes du Delta	86	81	131	1	18	317
Troupes du Bas-Delta..	55	48	52	6	12	173
Troupes de l'Annam...	21	20	7	»	8	56
Troupes du Haut-Tonkin.	256	195	152	5	52	660
TOTAL GÉNÉRAL....	**418**	**344**	**342**	**12**	**90**	**1,206**

Les effectifs n'ont que peu varié dans le cours de l'année. La lecture de ces chiffres suffit pour pouvoir suivre, dans leurs principales lignes, les oscillations de la courbe des décès dans le même groupe. Quant à leur proportion relative d'un corps à l'autre, le tableau l'établissant sera donné plus loin.

e). — TROUPES INDIGÈNES.

Nous étudierons à part la mortalité des indigènes et celle de leurs cadres.

Les officiers et sous-officiers européens qui constituent les cadres des régiments de tirailleurs partagent les fatigues et les souffrances de la troupe. Toutefois, en raison des prérogatives attachées au grade, ils peuvent se procurer un confortable relatif qui devrait les préserver et faire qu'ils subissent une mortalité moindre. Nous verrons que c'est la proposition inverse qui est la vraie.

1° *Cadres des troupes indigènes.*

(Effectif : 900 hommes.)

MOIS.	PALUDISME.	DYSENTÉRIE.	CHOLÉRA.	BLESSURES.	AUTRES maladies.	TOTAL.
Premier	4	»	3	»	1	8
Deuxième	1	2	3	»	1	7
Troisième	»	»	1	»	»	1
Quatrième	»	»	4	»	»	4
1re Saison	**5**	**2**	**11**	»	**2**	**20**
Cinquième	2	2	2	»	»	6
Sixième	11	1	4	»	5	21
Septième	3	2	5	»	2	12
Huitième	5	2	1	»	2	10
2e Saison	**21**	**7**	**12**	»	**9**	**49**
Neuvième	1	2	»	»	»	3
Dixième	3	2	»	»	»	5
Onzième	»	2	1	»	»	3
Douzième	2	1	»	»	2	5
3e Saison	**6**	**7**	**1**	»	**2**	**16**
Année	**32**	**16**	**24**	»	**13**	**85**

2° Tirailleurs tonkinois et annamites. — Auxiliaires indigènes.

MOIS.	PALUDISME.	DYSENTÉRIE.	CHOLÉRA.	BLESSURES.	AUTRES maladies.	TOTAL.
Premier	16	7	4	22	6	55
Deuxième	18	4	1	3	9	35
Troisième	13	»	12	1	9	35
Quatrième	18	5	57	»	6	86
1re SAISON	**65**	**16**	**74**	**26**	**30**	**211**
Cinquième	28	3	29	1	6	67
Sixième	48	12	27	1	6	94
Septième	34	14	33	2	2	85
Huitième	18	8	3	8	9	46
2e SAISON	**128**	**37**	**92**	**12**	**23**	**292**
Neuvième	23	6	1	»	6	36
Dixième	28	4	3	»	2	37
Onzième	23	2	6	5	6	42
Douzième	24	3	4	2	5	38
3e SAISON	**98**	**15**	**14**	**7**	**19**	**153**
ANNÉE	**291**	**68**	**180**	**45**	**72**	**656**

Ces chiffres appellent plus d'une réflexion. On se rend compte à la lecture que cette troupe a été particulièrement utilisée pour la police à main armée du pays occupé. Dès cette époque, un contingent assez élevé d'indigènes a été employé à occuper les postes nombreux et nouvellement créés dans les hautes régions. Et pourtant, combien est peu considérable le tribut de mortalité payé aux endémies par le soldat annamite, malgré les privations et les fatigues qu'on lui impose !

La résistance de l'indigène vient de la race, de l'assuétude, de l'acclimatement, toutes conditions qui peuvent se résumer en un seul mot : l'endurance.

Les cadres, comme il fallait s'y attendre, présentent au point de vue des réactions pathologiques les mêmes caractéristiques que les autres troupes européennes. Toutefois, ils paient au sol et au climat un tribut moins onéreux que les autres contingents de même origine et qui assurent le même service, à savoir : les soldats du régiment étranger et des bataillons d'Afrique qui, à cette période, partagent avec les indigènes la mission de garder les postes de la frontière.

Dans les quatre mois d'été, succombent au paludisme et à l'affection dysentérique 136 légionnaires, 110 hommes de l'infanterie légère d'Afrique, 28 gradés des régiments indigènes, alors que les Annamites ne comptent que 44 décès imputables à l'endémicité. Et cependant leur nombre est triple de celui de ces deux fractions réunies!

MORTALITÉ. — CAS POUR 1000 HOMMES D'EFFECTIF.

a). — TROUPES DU DELTA (1).

1° Chasseurs à pied : 11e Bataillon.

Le chiffre total des décès est de 93 pour l'année entière, celui des décès endémiques de 57. La mortalité totale annuelle est de 127 pour 1000, la mortalité endémique de 78 pour 1000. La mortalité épidémique est extrême : 46.5 pour 1000 ; à la saison d'été, elle atteint 113 pour 1000.

	1re SAISON.	2e SAISON.	3e SAISON.	ANNÉE.
Paludisme	1.4×3= 4	13 ×3= 39	10.7×3= 32	25
Dysentérie	4.3×3= 13	13 ×3= 39	44.6×3=134	53.5
Choléra	1.4×3= 4	37.7×3=113	1.7×3= 5	46.5
Blessures	»	»	»	»
Autres maladies	»	1 ×3= 3	1.8×3= 5	2
TOTAL	7.1×3= 21.3	64.7×3=194.1	58.8×3=176.4	127

2° Autres armes du recrutement français (groupes divers).

Total des décès : 224. — Décès endémiques : 110.
Mortalité totale : 94.5 pour 1000. — Mortalité endémique : 46.5 pour 1000.

(1) Dans tous les tableaux qui vont suivre, le premier chiffre indique le pourcentage en ce qui concerne la *saison*, équivalente à un tiers de l'année. Il est multiplié par 3 afin d'obtenir le pourcentage de chaque saison considérée comme une *annuité*, de manière à établir la comparaison avec l'année.

	1re SAISON.	2e SAISON.	3e SAISON.	ANNÉE.
Paludisme	3.9×3= 11.7	20 ×3= 60	4.7×3= 14	28.5
Dysentérie	4.3×3= 12.9	4.6×3= 14	9 ×3= 27	18
Choléra	5.2×3= 15.6	35 ×3=105	0.4×3= 1	40.5
Blessures	0.5×3= 1.5	»	»	0.5
Autres maladies	2.2×3= 6.6	2 ×3= 6	2.6×3= 8	7
TOTAL	16.1×3= 48.3	61.6×3=185	16.7×3= 50	94.5

Dans tous ces corps, les décès par dysentérie sont plus nombreux que par paludisme. Comme nous le verrons en étudiant l'ensemble des observations, ce fait constitue une anomalie à la règle qui veut que dans le Delta la mortalité prédominante soit d'origine malarienne. Elle ne se reproduit pas au cours des années suivantes. Pour notre part, nous trouvons l'explication de cette anomalie dans la constitution médicale que crée l'épidémie concomitante de choléra.

Il faut en effet remarquer que sous le vocable *dysentérie* nous avons réuni les dysentéries proprement dites, les diarrhées aiguës et chroniques, les hépatites. Quand on a pratiqué dans ces milieux, en temps d'épidémie, on sait combien il est souvent difficile chez un diarrhéique ou un cachectique dysentérique de faire, au moment du décès, la part du contage cholérique et celle de la maladie primitive.

b). — TROUPES DU BAS-DELTA.

Zouaves : 3 bataillons.

Total des décès : 173. — Cas pour 1000 : 72.5.
Décès endémiques : 103. — Cas pour 1000 : 42.

	1re SAISON.	2e SAISON.	3e SAISON.	ANNÉE.
Paludisme	2.8×3= 8	11 ×3= 33	11 ×3=33	23
Dysentérie	6.6×3= 20	9.3×3= 28	5.7×3=17	20
Choléra	6.6×3= 20	14.5×3= 43.5	2 ×3= 6	22
Blessures	2 ×3= 6	0.8×3= 2.5	1 ×3= 3	3.5
Autres maladies	2 ×3= 6	2.5×3= 7.5	»	4
TOTAL	20 ×3=60	38.1×3=114.5	19.7×3=59	72.5

c). — TROUPES DE L'ANNAM.

Troupes de marine.

Total des décès : 56. — Cas pour 1000 : 32.
Décès endémiques : 41. — Cas pour 1000 : 23.5.

	1re SAISON.	2e SAISON.	3e SAISON.	ANNÉE.
Paludisme	3.5×3= 10.5	5.7×3= 17	3 ×3= 9	12
Dysentérie	4.7×3= 14	2.8×3= 8.5	4 ×3= 12	11.5
Choléra	1.2×3= 3.5	1.7×3= 5	1 ×3= 3	4
Blessures	»	»	»	»
Autres maladies	1.7×3= 5	1 ×3= 3	1.8×3= 5.5	4.5
TOTAL	11.1×3= 33	11.2×3= 33.5	9.8×3= 29.5	32

Les garnisons de l'Annam sont restées indemnes de choléra. Les quelques morts enregistrées dans la statistique proviennent des isolés qui avaient été détachés au Tonkin.

La mortalité de ce groupe contraste heureusement avec celle des groupes précédents. Ce fait n'est pas uniquement dû à la bénignité de l'épidémie, mais aussi et surtout à l'abaissement du nombre des décès endémiques : 24 pour 1000 seulement, ceux-ci étant de 46.5 pour 1000 chez les zouaves, de 46.5 pour 1000 également chez les troupes non embrigadées et de 87 pour 1000 en ce qui concerne le 11e bataillon de chasseurs à pied.

La mortalité de ces troupes de marine donne, ainsi que nous avons eu déjà l'occasion de le dire, la caractéristique des années moyennes, quand les soldats ne fatiguent pas outre mesure, que les effectifs peu nombreux sont bien dans la main des officiers et que les ressources en locaux et en matériel ne sont pas trop insuffisantes.

d). — GARNISONS DU HAUT-TONKIN.

1° Régiments étrangers.

Total des décès : 353. — Cas pour 1000 : 126.
Décès endémiques : 244. — Cas pour 1000 : 87.

Pendant la saison chaude, la mortalité endémique dépasse 150 pour 1000 et la situation se grève d'une poussée épidémique de choléra meurtrière à l'extrême : 68 pour 1000.

	1re SAISON.	2e SAISON.	3e SAISON.	ANNÉE.
Paludisme	6.3×3= 19	36.3×3=109	15 ×3= 45	55.5
Dysentérie	5 ×3= 15	14 ×3= 42	14 ×3= 42	32
Choléra	2.7×3= 8	22.7×3= 68	1.5×3= 4.5	26.5
Blessures	0.3×3= 1	0.7×3= 2	»	1
Autres maladies	4 ×3= 12	2.8×3= 8	5 ×3= 15	11.5
TOTAL	18.3×3= 55	76.5×3=229	35.5×3=106.5	126.5

2o Infanterie légère d'Afrique : 2 bataillons.

Total des décès : 307. — Cas pour 1000 : 219.5.
Décès endémiques : 207. — Cas pour 1000 : 148.

La mortalité endémique pendant la saison chaude est de 227.5 pour 1000 et la mortalité totale de cette même saison considérée comme une annuité distincte est de 376 pour 1000.

	1re SAISON.	2e SAISON.	3e SAISON.	ANNÉE.
Paludisme	12.5×3= 37.5	41.3×3=124	17.5×3= 52.5	72
Dysentérie	15.6×3= 47	34.5×3=103.5	25.8×3= 77.5	76
Choléra	8.8×3= 26.4	44 ×3=132	»	56
Blessures	0.6×3= 2	»	0.8×3= 2.5	1.5
Autres maladies	3 ×3= 9	5.5×3= 16.5	5.8×3= 17.5	14
TOTAL	40.5×3=121.5	125.3×3=376	50 ×3=150	219.5

Les soldats de la légion et des bataillons d'Afrique paient à la mort, sous ses aspects les plus divers, un tribut très lourd. Les années précédentes, en raison de l'isolement des postes, plusieurs d'entre eux avaient échappé à la contagion cholérique. Mais les relations sont devenues plus faciles et plus fréquentes; la maladie voyage avec les convois. La seule période de l'année où ils ne soient pas trop malmenés est la saison froide. Dès mai et surtout juin, la proportion des décès s'élève; en quatre mois et sous l'influence seule du paludisme, il succombe un nombre d'hommes plus considérable (158) que pendant les huit autres mois (124).

Cette observation n'est pas exacte pour l'endémie dysentérique dont la mortalité est presque équivalente à celle des deux dernières saisons, mais ne cesse pourtant point d'être très élevée.

. . . .

. . . .

La comparaison de la mortalité des différents groupes européens, d'après les régions, nous permet de formuler les remarques ci-après :

1° Pendant les mois d'hiver, le Bas-Delta et l'Annam offrent plus de déchets par les endémies que le Delta; seul, le Haut-Tonkin continue à présenter une mortalité anormale bien que très atténuée. La région du Delta est relativement épargnée par la dysentérie qui, dans cette saison, est plus meurtrière dans l'Annam. A l'inverse de ce que l'on observe aux autres périodes de l'année, cette affection est équivalente à la malaria pour l'ensemble du pays;

2° Les mois d'été sont caractérisés par l'exagération des décès endémiques. Dans le Haut-Tonkin et dans le Delta, cette mortalité est d'un tiers plus élevée que la moyenne annuelle correspondante. Il en est de même dans le Bas-Delta. L'Annam fait exception à cet égard et la situation sanitaire n'y est pas plus mauvaise que pendant les mois précédents;

3° L'arrière-saison n'est, pour les différentes subdivisions du pays tonkinois et annamite, que la reproduction atténuée de la saison précédente; elle en est la continuation et présente les mêmes traits, moins accusés pourtant. Dans les régiments étrangers et les bataillons d'Afrique, on peut dire que ce sont les malades de l'été qui achèvent de mourir. Cette remarque est surtout exacte pour les dysentériques qui sont une cause de majoration de la proportion des décès, pendant l'arrière-saison, sans que cette proportion puisse être justifiée par le nombre des entrées correspondantes.

e). — TROUPES INDIGÈNES.

1° CADRES.

	1re SAISON.	2e SAISON.	3e SAISON.	ANNÉE.
Paludisme	5.5×3= 16.5	23.3×3= 70	7 ×3= 21	35.5
Dysentérie	2.2×3= 6.5	7.7×3= 23	7.7×3= 23	18
Choléra	12.2×3= 36.5	13.3×3= 40	1 ×3= 3	26.5
Blessures	»	»	»	»
Autres maladies	2.2×3= 6.5	10 ×3= 30	2 ×3= 6	14.5
TOTAL	22 ×3= 66	54.3×3=163	17.7×3= 53	94.5

Cette statistique est voisine de celle des militaires européens du Delta; elle tient le milieu entre celle des troupes d'Afrique et celle des groupes non embrigadés. Les cadres, quoique résidant en très grande majorité dans les hautes régions, perdent moins d'hommes proportionnellement que les compagnies européennes qui concourent au même service.

2° TIRAILLEURS.

	1re SAISON.	2e SAISON.	3e SAISON.	ANNÉE.
Paludisme	3.7×3= 11	6.7×3= 20	5.3×3= 16	16
Dysentérie	1 ×3= 3	2 ×3= 6	0.8×3= 2.5	4
Choléra	4 ×3= 12	3.8×3= 11.5	0.7×3= 2	10
Blessures	1.3×3= 4	0.7×3= 2	0.3×3= 1	2
Autres maladies	1.7×3= 5	1.2×3= 3.5	1 ×3= 3	4
TOTAL	11.7×3= 35	14.4×3= 43	8.1×3= 24.5	36

A quelques unités près, il y a eu au cours de cette année trois fois moins de décès parmi les indigènes que parmi les Européens. Cette proportion de 1 pour 3 n'est pas atteinte quand il s'agit des maladies endémiques. La mortalité par affections sporadiques et chirurgicales, en dehors des blessures de guerre, est moitié moindre.

La mortalité des cadres, qu'il s'agisse de la totalité des décès ou simplement des décès endémiques, est moins élevée que celle des groupes européens dans leur ensemble. Mais combien sont différents les résultats quand la comparaison porte sur les troupes qui tiennent garnison dans le haut pays! Il meurt dans le Haut-Tonkin cinq fois plus de soldats européens que de soldats indigènes. S'agit-il d'affections endémiques, le tribut payé par l'un et l'autre groupe varie dans la proportion de 5.5 à 1.

Une autre caractéristique et non la moins importante se déduit de l'observation suivante : en dehors des épidémies et des morts sur le champ de bataille, la mortalité des tirailleurs tend à s'abaisser pendant la saison chaude, tandis que les chiffres enregistrés pour les Européens sont désespérants.

Pendant cette période de l'année, la mortalité endémique est de 151 pour 1000 à la légion et de 227 pour 1000 aux bataillons d'Afrique. Aux troupes indigènes elle s'abaisse à 93 pour 1000 en ce qui concerne les cadres et n'est que de 26 pour 1000 chez le contingent indigène.

Il convient d'ajouter que dans le Delta et l'Annam les circonstances sont bien moins défavorables pour les groupes européens.

§ 3. — ÉPIDÉMIE CHOLÉRIQUE.

La poussée épidémique débute en avril. Les cas sont très peu nombreux pendant les trois premiers mois; on peut dire qu'il ne s'agit que de faits isolés et sporadiques. Ils sont d'ailleurs limités à quelques corps casernés dans le Delta et dans la place de Thaï-Nguyen, au voisinage immédiat de cette dernière région.

Dès les premiers jours de mai, la maladie se propage aux différentes garnisons du Delta. Les cas de guérison sont assez nombreux, mais le chiffre des entrées est considérable. On signale 50 cas parmi les troupes de la guerre, 14 dans les troupes de marine (infanterie et artillerie), 12 dans les équipages de la flotte et 72 parmi les troupes indigènes : en tout 148 malades contagieux et 88 décès aux hôpitaux.

En mai comme en avril l'Annam reste indemne. Les troupes de la guerre en service au Tonkin présentent 77 cas, les Annamites 55 et la marine 3 : soit au total 135. Le nombre des morts aux hôpitaux est de 109.

En juin, on enregistre 126 malades et 125 décès parmi les troupes européennes, 38 entrées et 28 décès chez les Annamites : en tout 164 cholériques, en tenant compte des cas intérieurs.

En juillet, 88 Européens et 45 indigènes ont été traités dans les formations sanitaires; 102 ont succombé. L'Annam est toujours indemne.

En août, la poussée épidémique prend fin. Pendant les derniers mois, on ne se trouve plus qu'en présence de faits de contagion très isolés et très disséminés.

En ce qui concerne la mortalité, la proportion pour 1000 hommes d'effectif a été donnée dans les tableaux qui précèdent. Nous nous contentons de la rappeler et de l'établir à part pour les cinq mois de la poussée épidémique.

MORTALITÉ CHOLÉRIQUE ANNUELLE.

11e Bataillon de chasseurs	46.5 pour 1000.
Zouaves	22
Légion	26.5
Bataillons d'Afrique	56

Groupes divers de la guerre : autres armes		40.5 pour 1000.
Troupes de marine		4
Troupes indigènes.	Cadres	26.5
	Tirailleurs	10
Flotte		13

La relation de la mortalité entre ces différents corps est la suivante pour les cinq mois de la poussée épidémique :

11e Bataillon de chasseurs		38 pour 1000.
Zouaves		14
Légion		25
Bataillons d'Afrique		50
Autres armes de la guerre		38
Troupes de marine		2
Flotte		10
Troupes indigènes.	Cadres	18
	Tirailleurs	8

L'infanterie et les batteries de marine servent en Annam. Ce pays a pu se protéger contre la contagion ; seuls, les isolés ont été atteints.

§ 4. — RAPATRIEMENTS.

Voici quelles ont été, par mois, les évacuations sur la France :

Première saison.

Janvier	233	
Février	72	
Mars	86	
Avril	97	
Total		488

Deuxième saison.

Mai	99	
Juin	168	
Juillet	156	
Août	183	
Total		606
A reporter		1094

Report...................... 1094

Troisième saison.

Septembre	134	
Octobre	121	
Novembre	127	
Décembre	98	
Total		480
Total général		1,574

Nous ne pouvons donner, sur la répartition des rapatriables par corps et par maladies, que des renseignements partiels. Ils ne portent que sur le personnel de la 1re brigade. C'est la plus nombreuse, mais elle fournit proportionnellement moins de malades que la seconde. L'Annam devrait pouvoir être considéré à part. Les chiffres ne sont connus que pour les trois premiers mois.

	1re brigade.	2e brigade.	3e brigade.	Total.
Janvier	89	133	11	233
Février	37	17	18	72
Mars	31	46	9	86
Total du trimestre	157	196	38	391

TABLEAU DONNANT LA RÉPARTITION PAR MALADIES DES RAPATRIABLES DE LA 1re BRIGADE.

	1re saison.	2e saison.	3e saison.	Année.
Paludisme	119	66	73	258
Dysentérie	40	21	59	120
Choléra	»	5	»	5
Blessures	8	6	3	17
Maladies diverses	30	19	35	84
Totaux	197	117	170	484

Dans ce total de 484 sont compris les fonctionnaires civils.

La répartition par corps est la suivante :

	PALUDISME.	DYSENTÉRIE.	CHOLÉRA.	BLESSURES.	AUTRES maladies.	TOTAL.
1° Troupes de marine.						
1re Saison	28	8	»	»	7	43
2e Saison	11	8	»	1	1	21
3e Saison	14	8	»	»	1	23
TOTAUX	**53**	**24**	»	**1**	**9**	**87**
2° Légion.						
1re Saison	31	10	»	4	6	51
2e Saison	10	4	»	2	2	18
3e Saison	23	20	»	»	9	52
TOTAUX	**64**	**34**	»	**6**	**17**	**121**
3° Troupes du recrutement.						
1re Saison	56	21	»	4	15	96
2e Saison	40	7	5	3	13	68
3e Saison	31	29	»	3	24	87
TOTAUX	**127**	**57**	**5**	**10**	**52**	**251**
4° Bataillons d'Afrique.						
1re Saison	1	»	»	»	1	2
2e Saison	1	2	»	»	»	3
3e Saison	3	2	»	»	»	5
TOTAUX	**5**	**4**	»	»	**1**	**10**

Le bataillon d'Afrique tient garnison dans la 2e brigade. Les rapatriés sont des isolés de passage à Hanoï. Il est difficile de fixer pour la marine et les cadres l'effectif approximatif et, par suite, de donner le pourcentage. On ne peut songer à l'établir que pour la légion, représentée dans cette brigade par les deux bataillons du 2e étranger à un effectif réuni de 1,235 hommes : soit 98 pour 1000.

Le total de 1,574 pour l'ensemble de la division d'occupation fournit, relativement au nombre moyen des troupes européennes, une proportion plus forte : 128 pour 1000 environ.

§ 5. — DÉCÈS.

DÉCÈS PAR MORTS VIOLENTES EN DEHORS DES AMBULANCES.

	Européens.	Indigènes.
Tués à l'ennemi	5	31
Suicides	13	»
Noyés	11	1
Accidents divers	3	»
TOTAL	32	32

DÉCÈS PAR MALADIES EN DEHORS DES AMBULANCES.

	Européens.	Indigènes.
Choléra	10	4
Fiévreux	28	17
TOTAL	38	21
TOTAL GÉNÉRAL	70	53

Le passif de cette origine est beaucoup plus considérable dans l'élément français que dans l'élément annamite :

Européens	5.6 pour 1000.
Indigènes	3 —

LIVRE V

ANNÉE 1888

ANNÉE 1888

Les effectifs n'ont pas conservé la même fixité qu'en 1887; les variations portent moins sur le chiffre que sur la composition de la division d'occupation.

Le 11e bataillon de chasseurs à pied et les trois bataillons de zouaves sont rapatriés successivement de mars à juin. Ils sont remplacés par un régiment de marche d'infanterie de marine à trois bataillons. Les batteries d'artillerie de terre sont relevées par des unités de l'artillerie de marine; cet effectif est à peine réduit d'une centaine d'hommes.

Il y a, pendant cette période de temps, superposition partielle des troupes remplacées et des troupes de relève. Les sections d'ouvriers et d'infirmiers, de même que les autres détachements de l'armée de terre, sont maintenus; mais on cesse de pourvoir aux remplacements. Il en résulte un abaissement progressif du nombre des soldats dépendant comme origine du département de la guerre; leur nombre, qui était de 7,000 hommes en mai, tombe à moins de 5,000 en octobre.

Les troupes indigènes subissent, elles aussi, une réduction sensible: 17,000 en janvier, 15,376 en décembre. Il ne fut opéré aucun remplacement dans le contingent annamite de janvier à mai, et les vacances ne furent comblées que partiellement le reste de l'année.

Le commandement est exercé par un général de marine. C'est le début de la seconde période de l'occupation militaire de notre nouvelle possession : la période *mixte*, à la fois militaire et maritime, par la composition des effectifs.

§ 1er — MORBIDITÉ.

MOUVEMENT DES MALADES. — ENTRÉES.

Le nouveau régiment de marche d'infanterie de marine remplace dans les garnisons du Bas-Delta et de la région maritime du Tonkin les bataillons rapatriés, tout en occupant les différents postes de l'Annam. Il devient, par suite, très difficile de faire dans les statistiques par corps la part respective de la pathologie de l'Annam et du Delta. Au point de vue des divisions territoriales, il ne reste plus que deux groupes qui puissent être étudiés séparément : les garnisons du Haut-Tonkin et celles du reste de ce pays de l'Annam-Tonkin.

a). — CHIFFRES DE L'ÉTAT-MAJOR.

	CHOLÉRA.		TOTAL DES ENTRÉES.		TOTAL général.
	Européens.	Indigènes.	Européens.	Indigènes.	
Janvier	15	10	1,273	666	1,939
Février	20	3	1,056	633	1,689
Mars	17	12	1,228	875	2,103
Avril	203	71	1,667	1,190	2,857
1re Saison	**255**	**96**	**5,224**	**3,364**	**8,588**
Mai	357	64	2,252	998	3,250
Juin	141	17	1,910	767	2,677
Juillet	42	5	1,511	704	2,215
Août	13	4	1,434	684	2,118
2e Saison	**553**	**90**	**7,107**	**3,153**	**10,260**
Septembre	1	»	1,187	695	1,882
Octobre	17	6	1,380	718	2,098
Novembre	13	14	1,084	897	1,981
Décembre	1	»	965	609	1,574
3e Saison	**32**	**20**	**4,616**	**2,919**	**7,535**
Année	**840**	**206**	**16,947**	**9,436**	**26,383**

L'effectif des troupes françaises est d'un tiers moins considérable que celui des troupes indigènes. Le nombre des hospitalisations est près de moitié plus élevé pour le contingent venu d'Europe, malgré l'infériorité numérique.

b). — STATISTIQUES HOSPITALIÈRES.

Il n'est tenu compte que des entrées par billets. La récapitulation que nous avons faite répartit les hospitalisations en trois catégories distinctes : troupes de la guerre, troupes de marine, troupes annamites.

	PALUDISME.	DYSENTÉRIE.	CHOLÉRA.	BLESSURES.	MALADIES diverses.	TOTAL.	
Janvier.							
Troupes de la guerre	319	179	2	6	252	758	
Troupes de marine.......	25	51	1	»	89	166	
Troupes indigènes.......	158	76	9	8	256	507	
TOTAUX......... ..	**502**	**306**	**12**	**14**	**597**	**1,431**	
Février.							
Troupes de la guerre	215	138	3	7	205	568	
Troupes de marine	20	51	8	»	71	150	
Troupes indigènes.......	237	45	3	7	223	515	
TOTAUX...........	**472**	**234**	**14**	**14**	**499**	**1,233**	
Mars.							
Troupes de la guerre.....	306	161	9	»	223	699	
Troupes de marine.......	52	63	1	»	92	208	
Troupes indigènes.......	269	50	5	2	219	545	
TOTAUX...........	**627**	**274**	**15**	**2**	**534**	**1,452**	
Avril.							
Troupes de la guerre	366	244	99	1	204	914	
Troupes de marine.......	110	172	59	»	106	447	
Troupes indigènes	396	107	55	1	245	804	
TOTAUX...........	**872**	**523**	**213**	**2**	**555**	**2,165**	
PREMIÈRE SAISON.							
Troupes de la guerre.....	1,206	722	113	14	884	2,939	230 (a)
Troupes de marine.......	207	337	69	»	358	971	75 (a)
Troupes indigènes	1,060	278	72	18	943	2,371	176 (a)
TOTAL GÉNÉRAL	**2,473**	**1,337**	**254**	**32**	**2,185**	**6,281**	**481** (a)

(a) Décès aux hôpitaux.

Les effectifs ont beaucoup varié de nombre et de composition dans les corps européens au cours de ces quatre mois.

Les troupes de marine reçoivent, dès février, une partie de leurs renforts; mais elles ne sont portées au complet réglementaire qu'au mois de mars. En janvier et février elles continuent, comme en 1887, à résider uniquement en Annam. A partir des premiers jours de mars, une moitié tient garnison dans le Delta; par suite, et dès avril, sa pathologie se modifie : la morbidité endémique augmente, le paludisme devient dominant.

Les corps de la guerre désignés pour rentrer en France commencent à embarquer en mars; mais une grande partie du groupe ne suit cette destination qu'en mai et juin. Les batteries d'artillerie de terre sont mises en route à la fin de février, un des bataillons de zouaves et le bataillon de chasseurs en mars; mais les deux derniers bataillons de zouaves sont encore présents à la fin d'avril. Il n'a été procédé dans ces unités qu'à des renvois isolés pour raison de santé.

DEUXIÈME SAISON.

	PALUDISME.	DYSENTÉRIE.	CHOLÉRA.	BLESSURES.	MALADIES diverses.	TOTAL.	DÉCÈS (a).
Mai.							
Troupes de la guerre..	425	270	220	3	134	1,052	266
Troupes de marine....	203	267	81	1	136	688	121
Troupes indigènes....	397	121	45	2	205	770	79
TOTAUX..........	1,025	658	346	6	475	2,510	466
Juin.							
Troupes de la guerre..	468	242	112	»	114	936	176
Troupes de marine....	215	162	10	»	97	484	47
Troupes indigènes.....	321	85	19	»	257	682	61
TOTAUX..........	1,004	489	141	»	468	2,102	284

	PALUDISME.	DYSENTÉRIE.	CHOLÉRA.	BLESSURES.	AUTRES maladies.	TOTAL.	DÉCÈS (a).
			Juillet.				
Troupes de la guerre..	358	201	35	»	81	675	80
Troupes de marine....	170	145	3	»	119	437	34
Troupes indigènes....	237	99	6	6	219	567	37
Totaux..........	**765**	**445**	**44**	**6**	**419**	**1,679**	**151**
			Août.				
Troupes de la guerre..	370	180	11	»	110	671	70
Troupes de marine....	144	170	»	»	131	445	22
Troupes indigènes,....	216	81	5	8	307	617	37
Totaux..........	**730**	**431**	**16**	**8**	**548**	**1,733**	**129**
			RÉCAPITULATION DES ENTRÉES DE LA SAISON D'ÉTÉ.				
Troupes de la guerre..	1,621	893	378	3	439	3,334	592
Troupes de marine....	732	744	94	1	483	2,054	224
Troupes indigènes....	1,171	386	75	16	988	2,636	214
Total général...	**3,524**	**2,023**	**547**	**20**	**1,910**	**8,024**	**1,030** (a)

(a) Décès aux hôpitaux.

Les troupes provenant du département de la guerre subissent au cours de cette saison une réduction de 2,000 hommes dont la majeure partie est embarquée en mai et juin. Les corps de la marine sont maintenus au chiffre réglementaire. Les indigènes, dont une partie du contingent a été licenciée en mai, reçoivent en juin de nouvelles recrues qui portent au complet les régiments tonkinois. Les bataillons de chasseurs annamites, constitués vers la fin de l'année 1886 pour servir en Annam, sont licenciés progressivement.

ARRIÈRE-SAISON.

	PALUDISME.	DYSENTÉRIE.	CHOLÉRA.	BLESSURES.	MALADIES diverses.	TOTAL.	DÉCÈS.
Septembre.							
Troupes de la guerre..	377	144	2	»	115	638	37
Troupes de marine....	99	122	»	»	117	338	13
Troupes indigènes.....	247	74	»	7	291	619	22
TOTAUX.........	**723**	**340**	**2**	**7**	**523**	**1,595**	**72**
Octobre.							
Troupes de la guerre..	328	115	1	2	102	548	46
Troupes de marine....	91	118	»	»	131	340	10
Troupes indigènes.....	192	93	1	19	257	562	20
TOTAUX.........	**611**	**326**	**2**	**21**	**490**	**1,450**	**76**
Novembre.							
Troupes de la guerre..	300	97	1	2	129	529	25
Troupes de marine....	93	79	10	3	118	303	13
Troupes indigènes.....	251	98	12	10	282	653	26
TOTAUX.........	**644**	**274**	**23**	**15**	**529**	**1,485**	**64**
Décembre.							
Troupes de la guerre..	238	68	»	2	92	400	13
Troupes de marine....	136	106	»	»	176	418	7
Troupes indigènes	181	52	»	»	274	507	11
TOTAUX.........	**555**	**226**	**»**	**2**	**542**	**1,325**	**31**
RÉCAPITULATION DE L'ARRIÈRE-SAISON							
Troupes de la guerre..	1,243	424	4	6	438	2,115	121
Troupes de marine....	419	425	10	3	542	1,399	43
Troupes indigènes.....	871	317	13	36	1,104	2,341	79
TOTAL GÉNÉRAL..	**2,533**	**1,166**	**27**	**45**	**2,084**	**5,855**	**243**

Les effectifs sont devenus équivalents pour les deux catégories de troupes françaises et ont oscillé pour l'une comme pour l'autre autour du chiffre de 5,000 hommes. Celui des indigènes est triple; cependant la morbidité de ces derniers se monte à un nombre d'entrées inférieur de moitié au chiffre que l'on enregistre pour les soldats venus d'Europe.

La morbidité endémique, véritable *critérium* de la réaction de l'individu vis-à-vis de ce milieu spécial, se traduit par ce fait que 15,000 Annamites fournissent 4,083 hospitalisations, alors que 10,000 Européens donnent 8,973 entrées.

Le tableau suivant met en parallèle et place face à face les deux termes de cette comparaison, pour chaque saison et l'année entière.

Rappelons au lecteur que nous groupons sous la dénomination de morts accidentelles celles qui sont dues à l'épidémie et aux morts par le feu de l'ennemi. Ce sont en effet circonstances fortuites qui ne rentrent pas normalement dans le bilan pathologique de ce pays de l'Annam-Tonkin.

Avant de reproduire ce tableau, il convient d'additionner les totaux de la statistique précédente de façon à en résumer les données pour l'année.

RÉCAPITULATION DES ENTRÉES POUR L'ANNÉE 1888.

	PALUDISME.	DYSENTÉRIE.	CHOLÉRA.	BLESSURES.	MALADIES diverses.	TOTAL.	DÉCÈS.
Troupes de la guerre..	4,070	2,039	495	23	1,761	8,388	943
Troupes de marine....	1,358	1,506	173	4	1,383	4,424	342
Total des entrées européennes...........	**5,428**	**3,545**	**668**	**27**	**3,144**	**12,812**	**1,285**
Troupes indigènes	3,102	981	160	70	3,035	7,348	469

TABLEAU COMPARATIF DE LA MORBIDITÉ DES EUROPÉENS ET DES INDIGÈNES.

1° EFFECTIFS.

	Européens.	Indigènes.
Première saison............................	12,500	16,000
Deuxième saison............................	12,000	15,000
Troisième saison............................	11,000	15,700
Année............................	11,500	15,300

2° ENTRÉES.

	ENDÉMIES.	ACCIDENTS.	MALADIES sporadiques.	TOTAL.
	Première saison.			
Européens......	2,472	196	1,242	3,910
Indigènes.......	1,338	90	943	2,371
	Deuxième saison.			
Européens......	3,990	476	922	5,388
Indigènes.......	1,557	91	988	2,636
	Troisième saison.			
Européens......	2,511	23	980	3,514
Indigènes.......	1,188	49	1,104	2,341
	ANNÉE.			
Européens......	8,973	695	3,144	12,812
Indigènes.......	4,083	230	3,035	7,348
TOTAUX.....	**13,056**	**925**	**6,179**	**20,160**

MORBIDITÉ. — CAS POUR 1000 POUR CHAQUE SAISON ET POUR L'ANNÉE.

La notation adoptée est toujours la même. Le premier chiffre correspond à la morbidité de la saison considérée comme un tiers de l'annuité; le second, produit de la multiplication par 3 du premier, n'est qu'un terme de comparaison permettant le rapprochement direct de chacune de ces divisions de l'année avec l'année elle-même. On donne à cet effet à chaque terme le coefficient 3.

	PALUDISME.	DYSENTÉRIE.	CHOLÉRA.	BLESSURES.	MALADIES diverses.	TOTAL.
	Première saison.					
Européens..........	113×3=339	85×3=255	15×3= 45	1×3=3	99×3=297	313×3= 939
Indigènes..........	66×3=198	18×3= 54	4×3= 12	1×3=3	58×3=174	147×3= 441
	Deuxième saison.					
Européens..........	196×3=588	136×3=408	39×3=117	1×3=3	77×3=231	449×3=1,347
Indigènes..........	78×3=234	26×3= 78	5×3= 15	1×3=3	66×3=198	176×3= 528

	PALUDISME.	DYSENTÉRIE.	CHOLÉRA.	BLESSURES.	MALADIES diverses.	TOTAL.
			Troisième saison.			
Européens..........	151×3=453	77×3=231	1×3= 3	1×3=3	89×3=267	319×3= 957
Indigènes..........	55×3=165	20×3= 60	1×3= 3	2×3=6	70×3=210	148×3= 444
			ANNÉE.			
Européens..........	472	308	58	2	273	1,113
Indigènes..........	202	64	10	5	198	479
			MOYENNES.			
Européens et indigènes............	322	168	30	3	230	753

La morbidité des troupes, en cette année 1888, ne serait que de 753 pour 1000 si l'on s'arrête à ces *moyennes* qui sont exactes à la condition de ne se préoccuper que de leur ensemble. C'est un chiffre relativement peu élevé; mais l'appréciation sera différente si l'on veut bien regarder de plus près et faire à chacun des éléments qui constituent cet organisme complexe la part qui lui revient.

Ces moyennes ne peuvent conduire qu'à une conclusion erronée, aussi bien en qui concerne les soldats venus de France que ceux qui proviennent du recrutement annamite.

En réalité, la morbidité pour ce dernier groupe n'est que de 479 pour 1000 et atteint pour nos soldats français la proportio nde 1,113 pour l'année prise dans son entier. Le taux de cette morbidité s'élève à la saison des chaleurs à 1,347 pour 1000 tandis qu'à cette même période elle varie peu pour les tirailleurs tonkinois.

L'écart est encore plus grand si l'examen porte sur la morbidité endémique. Pendant la saison meurtrière, elle est de 1,000 environ parmi les troupes blanches et de 312 seulement dans le contingent indigène. Cet écart est tel qu'il apparaît nécessaire de toujours établir et maintenir la distinction entre ces deux catégories de troupes quand on aborde ces questions.

Nous avons déjà fait remarquer combien est faible la morbidité dysentérique dans les régiments indigènes. Sur cinq malades endémiques appartenant aux troupes françaises, 3 cas relèvent du paludisme et 2 de la dysentérie. La proportion n'est que de 3 malariens et de 1 dysentérique sur 4 entrées pour affections de cette nature dans les corps de troupe indigènes.

Distincte pour les deux éléments français et annamite, la morbidité est elle-même très dissemblable de l'une à l'autre des unités de provenance européenne qui entrent dans la composition de la division d'occupation. Il est du plus grand intérêt, pour cette année comme pour toutes celles qui suivent, de descendre à l'étude, détaillée par corps, du mouvement des malades hospitalisés.

RÉPARTITION DES ENTRÉES PAR CORPS.

a). — GARNISONS DU DELTA.

1° Zouaves.

Un premier bataillon est rapatrié en février, un second en avril et le dernier en juin. L'effectif qui était de 2,400 hommes en janvier n'est plus que de 1,500 en avril.

	PALUDISME.	DYSENTÉRIE.	CHOLÉRA.	BLESSURES.	MALADIES diverses.	TOTAL.	DÉCÈS.
Janvier	56	63	1	»	73	193	9
Février	50	36	1	»	65	152	6
Mars	54	57	3	»	96	210	10
Avril	38	51	24	»	49	162	18
TOTAUX	**198**	**207**	**29**	»	**283**	**717**	**43**

Les différentes unités de ce corps ont continué jusqu'à leur départ à occuper les mêmes postes que l'année précédente. Leur pathologie a présenté les mêmes traits caractéristiques et nous ne pouvons que renvoyer aux remarques que nous avons eu déjà l'occasion de fournir à cet égard.

2° Groupes divers du recrutement français.

Le bataillon de chasseurs à pied est rentré en février ; un bataillon de zouaves est maintenu jusqu'en juin. Dès février, les batteries d'artillerie de terre ont été rapatriées. Pour toutes ces raisons nous avons cru devoir, en dehors de la distinction faite plus haut pour les zouaves pendant la première saison, réunir dans le même tableau les unités diverses qui ne sont ni les troupes d'Afrique ni les troupes de marine.

	PALUDISME.	DYSENTÉRIE.	CHOLÉRA.	BLESSURES.	MALADIES diverses.	TOTAL.	DÉCÈS (1).
Janvier	79	47	1	4	117	248	9
Février	54	31	1	»	66	152	11
Mars	79	39	3	»	40	161	11
Avril	102	64	27	»	41	234	29
1re SAISON	**314**	**181**	**32**	**4**	**264**	**795**	**60**
Mai	151	102	58	3	55	369	86
Juin	140	79	4	»	46	269	28
Juillet	92	55	1	»	18	166	20
Août	76	53	»	»	43	172	8
2e SAISON	**459**	**289**	**63**	**3**	**162**	**976**	**142**
Septembre	105	40	»	»	38	183	7
Octobre	61	23	»	»	35	119	5
Novembre	70	22	1	1	38	132	5
Décembre	58	16	»	»	37	111	3
3e SAISON	**294**	**101**	**1**	**1**	**148**	**545**	**20**
ANNÉE	**1,067**	**571**	**96**	**8**	**574**	**2,316**	**222**

(1) Décès aux hôpitaux.

L'effectif a considérablement varié au cours de l'année pour les différentes unités qui constituent cette collectivité. Il s'est abaissé de 3,000 en janvier à 1,700 en octobre. Le chiffre moyen des présents est de 2,800 pendant la première saison, de 2,200 pendant la seconde et de 1,800 pendant l'arrière-saison. Le total moyen annuel est de 2,300 hommes.

Les soldats de relève arrivent au corps en novembre et les unités maintenues au Tonkin sont reconstituées à l'effectif réglementaire en novembre et décembre : c'est d'ailleurs l'époque favorable pour combler les vides qu'ont causés dans le rang les rapatriements pour raison de santé ou pour fin de séjour.

b). — GARNISONS DU HAUT-TONKIN.

1° *Régiments étrangers.*

	PALUDISME.	DYSENTÉRIE.	CHOLÉRA.	BLESSURES.	MALADIES diverses.	TOTAL.	DÉCÈS.
Janvier	142	56	»	»	42	240	19
Février	79	39	»	1	41	160	8
Mars	131	43	2	»	57	233	21
Avril	148	74	40	1	59	322	48
1re Saison	**500**	**212**	**42**	**2**	**199**	**955**	**96**
Mai	153	72	23	»	55	303	69
Juin	200	91	8	»	40	339	43
Juillet	139	87	8	»	31	265	20
Août	154	63	2	»	36	255	26
2e Saison	**646**	**313**	**41**	»	**162**	**1,162**	**158**
Septembre	156	53	»	»	43	252	14
Octobre	153	55	1	1	47	257	18
Novembre	114	44	»	»	69	227	8
Décembre	90	29	»	2	36	157	3
3e Saison	**513**	**181**	**1**	**3**	**195**	**893**	**43**
Année	**1,659**	**706**	**84**	**5**	**556**	**3,010**	**297**

2° Infanterie légère d'Afrique.

	PALUDISME.	DYSENTÉRIE.	CHOLÉRA.	BLESSURES.	MALADIES diverses.	TOTAL.	DÉCÈS.
Janvier	42	13	»	2	20	77	11
Février	32	32	1	1	33	99	3
Mars	42	22	1	»	30	95	6
Avril	78	55	8	»	55	196	11
1re Saison	**194**	**122**	**10**	**3**	**138**	**467**	**31**
Mai	121	96	139	»	24	380	111
Juin	128	72	100	»	28	328	95
Juillet	127	59	26	»	32	244	40
Août	140	64	9	»	31	244	28
2e Saison	**516**	**291**	**274**	»	**115**	**1,196**	**274**
Septembre	116	51	2	»	34	203	16
Octobre	114	37	»	1	20	172	23
Novembre	116	31	»	1	22	170	12
Décembre	90	23	»	»	19	132	?
3e Saison	**436**	**142**	**2**	**2**	**95**	**677**	**?**
Année	**1,146**	**555**	**286**	**5**	**348**	**2,340**	**?**

Les quatre bataillons des deux régiments étrangers continuent à occuper les mêmes postes que précédemment ; de plus, ils remplacent à la frontière de Chine les compagnies de bataillons de chasseurs à pied qui y étaient cantonnées. Cette troupe ne reçoit les soldats de remplacement que par détachements successifs. Une première relève arrive en février, époque relativement favorable ; mais une seconde n'est débarquée qu'en mai. Ces militaires doivent rejoindre les postes extrêmes auxquels ils sont destinés dans des conditions de fatigue et de surmènement qu'entraînent forcément les marches à cette période des chaleurs. Cette circonstance détermine une aggravation constante de la situation sanitaire.

Les renforts des bataillons d'Afrique arrivent au contraire tardivement en avril et mai ; ils sont bientôt la proie des endémies et du choléra.

c). — GARNISONS DU DELTA ET DE L'ANNAM.

Troupes de marine.

	PALUDISME.	DYSENTERIE.	CHOLÉRA.	BLESSURES.	MALADIES diverses.	TOTAL.	DÉCÈS.
Janvier	20	41	»	»	62	123	»
Février	15	45	8	»	57	125	»
Mars	48	59	1	»	84	192	»
Avril	91	158	59	»	73	381	»
1re SAISON	**174**	**303**	**68**	»	**276**	**821**	»
Mai	188	251	81	1	112	633	»
Juin	199	148	10	»	79	436	»
Juillet	157	127	3	»	100	387	»
Août	134	144	»	»	102	380	»
2e SAISON	**678**	**670**	**94**	**1**	**393**	**1,836**	»
Septembre	90	106	»	»	101	297	»
Octobre	87	102	»	»	112	301	»
Novembre	83	71	10	3	107	274	»
Décembre	128	98	»	»	150	376	»
3e SAISON	**388**	**377**	**10**	**3**	**470**	**1,248**	»
ANNÉE	**1,240**	**1.350**	**172**	**4**	**1,139**	**3,905**	»

A partir de février, les garnisons de l'Annam sont réduites. Les troupes de marine, tout en continuant à y tenir garnison, remplacent dans le Delta les corps rapatriés. Il arrive cependant qu'elles sont appelées à concourir à des actions militaires sur la Rivière Noire et le Fleuve Rouge; mais cet éloignement du Delta n'est jamais que temporaire et a lieu à la bonne saison. L'occupation permanente des hauts plateaux continue et continuera à incomber aux troupes d'Afrique.

Pour fixer les idées et condenser les impressions que cette étude des détails tend à rendre un peu confuses, nous résumons dans le tableau ci-après les données acquises sur le chiffre relatif des entrées en ce qui concerne les différents groupes de troupes européennes et en limitant la comparaison aux admissions pour affections endémiques.

MALADIES ENDÉMIQUES.

ENTRÉES EUROPÉENNES, PAR RÉGIONS.

	PALUDISME.	DYSENTÉRIE.	ENDÉMIES totalisées.	EFFECTIFS.
Première saison.				
Haut-Tonkin.....	694	334	1,028	3,600
Delta...........	512	388	900	4,800
Annam et Delta..	174	303	477	3,000
Deuxième saison.				
Haut-Tonkin.....	1,162	604	1,766	3,600
Delta...........	459	289	748	2,300
Annam et Delta..	678	670	1,348	4,200
Troisième saison.				
Haut-Tonkin.....	949	323	1,272	3,600
Delta...........	294	101	395	1,900
Annam et Delta..	388	377	765	4,200
ANNÉE.				
Haut-Tonkin.....	**2,805**	**1,261**	**4,066**	**3,600**
Delta...........	**1,265**	**778**	**2,043**	**3,000**
Annam et Delta..	**1,240**	**1,350**	**2,590**	**3,800**

L'écart des effectifs n'est pas très considérable entre ces différentes unités. On voit cependant combien grande est la marche dans les chiffres des entrées et quelle est la prédominance du paludisme dans le Haut-Tonkin, très éprouvé d'ailleurs également, bien qu'à un moindre degré, par la dysentérie. On suit l'abaissement progressif de la morbidité par malaria en descendant du nord au sud ; en revanche, la dysentérie gagne en fréquence dès qu'on a dépassé le Fleuve Rouge.

Ces faits ressortiront encore mieux du tableau ci-dessous :

MORBIDITÉ ENDÉMIQUE DES EUROPÉENS. — CAS POUR 1000.

	PALUDISME.	DYSENTÉRIE.	ENDÉMICITÉ.
Première saison.			
Haut-Tonkin....	578	278	856
Delta...........	321	243	564
Annam et Delta..	174	303	477
Deuxième saison.			
Haut-Tonkin....	967	504	1,471
Delta...........	609	384	993
Annam et Delta..	484	478	962
Troisième saison.			
Haut-Tonkin....	768	262	1,030
Delta...........	469	161	630
Annam et Delta..	277	270	547
ANNÉE.			
Haut-Tonkin....	**779**	**350**	**1,129**
Delta...........	**422**	**259**	**681**
Annam et Delta..	**327**	**355**	**682**

OBSERVATION. — La notation est rapportée à l'année, chaque saison étant considérée comme une annuité distincte.

Ces moyennes annuelles sont à rapprocher de celles que nous avons données pour l'ensemble des troupes européennes d'une part et le contingent annamite de l'autre. Nous croyons devoir les reproduire pour épargner au lecteur cette recherche :

ANNÉE.

	PALUDISME.	DYSENTÉRIE.	ENDÉMICITÉ totalisée.
Européens...........	472	308	780
Indigènes............	202	64	266

On peut se rendre compte d'après cet examen à quel point était exacte l'appréciation émise au commencement, à savoir : que la morbidité, très différente de l'un à l'autre des deux éléments constitutifs de la division d'occupation, variait encore plus de l'un à l'autre des corps qui composent l'effectif des unités européennes.

Cette observation, justifiée pour les maladies épidémiques, l'est encore plus pour les affections endémiques.

La morbidité palustre varie de 779 à 327 suivant qu'il s'agit du Haut-Tonkin ou de l'Annam ; la morbidité dysentérique est inverse : elle est plus forte dans l'Annam que dans les autres régions. Quant au Delta, l'impression qui se dégage de l'analyse des statistiques est que cette région est la moins nocive.

CAS POUR 1000, PAR CORPS.

	PALUDISME.	DYSENTÉRIE.	CHOLÉRA.	BLESSURES.	MALADIES diverses.	TOTAL,
A). — HAUT-TONKIN.						
1° Légion.						
1re Saison...........	227×3= 681	96×3=288	19×3= 57	1×3=3	90×3=270	433×3=1,299
2e Saison...........	269×3= 807	130×3=390	17×3= 51	»	68×3=204	484×3=1,452
3e Saison...........	233×3= 699	82×3=246	3×3= 9	1×3=3	89×3=267	408×3=1,224
Année......	737	314	38	2	247	1,338
2° Infanterie légère d'Afrique.						
1re Saison...........	138×3= 414	86×3=258	7×3= 21	2×3=6	98×3=294	331×3= 993
2e Saison...........	286×3= 858	161×3=483	152×3=456	»	64×3=192	663×3=1,989
3e Saison...........	363×3=1,089	118×3=354	2×3= 6	2×3=6	79×3=237	564×3=1,692
Année......	785	380	195	4	238	1,602
B). — DELTA DU TONKIN.						
1° Troupes du recrutement français.						
1re Saison...........	112×3= 336	68×3=204	11×3= 33	1×3=3	94×3=282	286×3= 858
2e Saison...........	203×3= 609	128×3=384	28×3= 81	1×3=3	72×3=216	432×3=1,296
3e Saison...........	156×3= 468	54×3=162	1×3= 3	1×3=3	79×3=237	291×3= 873
Année......	464	248	42	3	250	1,007
2° Troupes de marine (Delta et Annam).						
1re Saison...........	58×3= 174	101×3=303	23×3= 69	»	92×3=276	274×3= 822
2e Saison...........	161×3= 483	160×3=480	23×3= 69	»	92×3=276	436×3=1,308
3e Saison...........	92×3= 276	90×3=270	3×3= 9	1×3=3	11×3= 33	197×3= 591
Année......	327	355	45	1	299	1,027

Dans cette notation, nous ne saurions trop le répéter, le premier chiffre correspond à la morbidité de la saison considérée comme un tiers de l'année. Le second chiffre, résultat de la multiplication du premier par 3, n'est qu'un terme de comparaison dérivant d'une fiction qui envisage la saison comme une annuité de douze mois. Elle permet de rapprocher le coefficient de chacune des divisions annuelles de celui de l'année et d'établir directement la comparaison entre ces divers termes.

§ 2. — MORTALITÉ.

1° TOTALITÉ DES MORTS D'APRÈS LE RELEVÉ DES CAHIERS DE DÉCÈS.

	EUROPÉENS.	INDIGÈNES.	TOTAL.
Première saison..................	417	204	621
Deuxième saison..................	1,115	320	1,435
Troisième saison..................	224	118	342
ANNÉE..................	**1,756**	**642**	**2,398**

2° RÉPARTITION DES DÉCÈS PAR CORPS.

a). — HAUT-TONKIN. — TROUPES D'AFRIQUE.

RÉGIMENTS ÉTRANGERS ET BATAILLONS D'INFANTERIE LÉGÈRE.

		PALUDISME.	DYSENTÉRIE.	CHOLÉRA.	BLESSURES.	MALADIES diverses.	TOTAL.
Janvier......	(a).......	8	7	2	»	1	18
	(b).......	4	8	1	»	»	13
Février......	(a).......	5	4	»	»	1	10
	(b).......	2	1	»	»	1	4
Mars......	(a).......	18	3	»	»	5	26
	(b).......	1	1	2	»	1	5
Avril......	(a).......	13	5	47	»	3	68
	(b).......	2	2	8	»	2	14
Mai......	(a).......	40	12	89	»	5	146
	(b).......	7	4	98	»	5	114

		PALUDISME.	DYSENTÉRIE.	CHOLÉRA.	BLESSURES.	MALADIES dixerses.	TOTAL.
Juin	(a)	40	15	13	»	2	70
	(b)	22	9	85	1	2	119
Juillet	(a)	24	5	8	»	3	40
	(b)	20	15	17	»	»	52
Août	(a)	18	16	1	»	»	35
	(b)	15	16	8	»	4	43
Septembre	(a)	17	3	2	»	5	27
	(b)	9	8	5	1	3	26
Octobre	(a)	10	5	»	2	3	20
	(b)	11	6	1	1	3	22
Novembre	(a)	4	2	»	3	2	11
	(b)	9	3	»	2	3	17
Décembre	(a)	3	1	»	2	»	6
	(b)	6	1	»	»	»	7
Récapitulation par saisons.							
1re Saison	(a)	44	19	49	»	10	122
	(b)	9	12	11	»	4	36
2e Saison	(a)	122	48	111	»	10	291
	(b)	64	44	208	1	11	328
3e Saison	(a)	34	11	2	7	10	64
	(b)	35	18	6	4	9	72

(a) Légion. — (b) Infanterie légère d'Afrique.

TROUPES D'AFRIQUE. — DÉCÈS DE L'ANNÉE.

	PALUDISME.	DYSENTÉRIE.	CHOLÉRA.	BLESSURES.	MALADIES diverses.	TOTAL.
Légion	200	78	162	7	30	477
Bataillons d'Afrique	108	74	225	5	24	436

L'effectif de la légion oscille autour de 2,400; celui de l'infanterie légère d'Afrique est en moyenne de 1,400 hommes. On voit combien cette dernière troupe est éprouvée relativement à la première.

b). — DELTA DU TONKIN.

1° TROUPES DE LA GUERRE : RECRUTEMENT FRANÇAIS.

	PALUDISME.	DYSENTÉRIE.	CHOLÉRA.	BLESSURES.	MALADIES diverses.	TOTAL.
Janvier	8	8	»	1	5	22
Février	6	7	2	1	5	21
Mars	9	6	4	»	1	20
Avril	11	8	48	»	2	69
Mai	26	12	59	»	2	99
Juin	27	14	8	»	2	51
Juillet	14	11	2	»	»	27
Août	8	6	»	»	»	14
Septembre	6	5	»	»	1	12
Octobre	4	1	»	»	»	5
Novembre	3	»	»	»	1	4
Décembre	3	1	»	»	»	4
Récapitulation par saisons.						
1re Saison	34	29	54	2	13	132
2e Saison	75	43	69	»	4	191
3e Saison	16	7	»	»	2	25
ANNÉE	**125**	**79**	**123**	**2**	**19**	**348**

La situation sanitaire présente une amélioration très nette vers la fin de l'année; elle est due à la cessation de l'épidémie de choléra. Mais le bénéfice, en dehors de cette cause, n'est qu'apparent; le chiffre des présents a passé de 5;500 à 1,800 : il est donc normal que la mortalité par les autres maladies ait diminué des deux tiers.

2° TROUPES DE MARINE.

(Tiennent garnison dans l'Annam et le Bas-Delta.)

	PALUDISME.	DYSENTÉRIE.	CHOLÉRA.	BLESSURES.	MALADIES diverses.	TOTAL.
Janvier	3	3	1	»	1	8
Février	2	2	4	»	1	9
Mars	6	»	1	»	2	9
Avril	10	5	61	3	4	83

	PALUDISME.	DYSENTÉRIE.	CHOLÉRA.	BLESSURES.	MALADIES diverses.	TOTAL.
Mai	33	22	82	»	5	142
Juin	22	15	10	1	2	50
Juillet	23	11	2	»	2	38
Août	16	16	»	»	2	34
Septembre	7	8	»	»	1	16
Octobre	5	5	»	»	2	12
Novembre	3	3	7	»	4	17
Décembre	1	5	1	»	2	9
Récapitulation par saisons.						
1re Saison	21	10	67	3	8	109
2e Saison	94	64	94	1	11	264
3e Saison	16	21	8	»	9	54
Année	**131**	**95**	**169**	**4**	**28**	**427**

Les effectifs des corps de la marine, à l'inverse de ce que nous avons signalé pour les autres unités, s'accroissent dans la seconde moitié de l'année. L'arrivée des renforts est trop tardive, les chaleurs surprennent ces nouveaux venus avant qu'ils aient pu s'acclimater ni même se faire à leurs nouvelles conditions d'existence.

c). — SOLDATS INDIGÈNES

1° CADRES DES TIRAILLEURS : OFFICIERS ET SOUS-OFFICIERS EUROPÉENS.

(Effectif moyen : 1000 hommes.)

	PALUDISME.	DYSENTÉRIE.	CHOLÉRA.	BLESSURES.	MALADIES diverses.	TOTAL.
Janvier	»	»	»	»	»	»
Février	2	3	1	»	»	6
Mars	2	»	2	»	1	5
Avril	1	1	5	»	»	7
Mai	3	1	3	1	1	9
Juin	3	6	4	1	»	14
Juillet	4	2	3	»	»	9
Août	3	3	»	2	1	9
Septembre	1	»	1	»	»	2
Octobre	3	»	»	»	1	4
Novembre	»	»	»	1	1	2
Décembre	1	»	»	»	»	1

	PALUDISME.	DYSENTÉRIE.	CHOLÉRA.	BLESSURES.	MALADIES diverses.	TOTAL.
Récapitulation par saisons.						
1re Saison	5	4	8	»	1	18
2e Saison	13	12	10	4	2	41
3e Saison	5	»	1	1	2	9
ANNÉE	**23**	**16**	**19**	**5**	**5**	**68**

2° TIRAILLEURS INDIGÈNES.

	PALUDISME.	DYSENTÉRIE.	CHOLÉRA.	BLESSURES.	MALADIES diverses.	TOTAL.
Janvier	13	7	6	2	4	32
Février	15	8	3	»	5	31
Mars	27	4	11	1	5	48
Avril	46	3	34	2	8	93
Mai	57	3	47	2	6	115
Juin	44	8	17	1	9	79
Juillet	30	19	8	»	7	64
Août	30	17	1	2	12	62
Septembre	22	7	1	2	6	38
Octobre	15	6	6	3	6	36
Novembre	15	5	1	»	3	24
Décembre	15	2	»	»	3	20
Récapitulation par saisons.						
1re Saison	101	22	54	5	22	204
2e Saison	161	47	73	5	34	320
3e Saison	67	20	8	5	18	118
ANNÉE	**329**	**89**	**135**	**15**	**74**	**642**

Le tableau suivant résume comparativement, d'après ces totaux, le chiffre des décès dans les divers groupes au cours de cette année 1888.

	PALUDISME.	DYSENTERIE.	CHOLÉRA.	BLESSURES.	MALADIES diverses.	TOTAL.
Légion	200	78	162	7	30	477
Bataillons d'Afrique	108	74	225	5	24	436
Troupes du recrutement.	125	79	123	2	19	348
Troupes de marine	131	95	169	4	28	427
Cadres des tirailleurs	23	16	19	5	5	68
TOTAL DES DÉCÈS EUROPÉENS	**587**	**342**	**698**	**23**	**106**	**1,756**

Les effectifs européens s'évaluant à une moyenne annuelle de 11,500 hommes et celui des indigènes à 15,500, on peut dire qu'il ne meurt qu'un seul Annamite pour quatre soldats français.

Par régions et par saisons, le nombre relatif des décès est le suivant :

	PALUDISME.	DYSENTERIE.	CHOLÉRA.	BLESSURES.	MALADIES diverses.	TOTAL.
			Première saison.			
Haut-Tonkin	53	31	60	»	14	158
Delta et Annam	55	39	121	5	21	241
Tirailleurs indigènes	101	22	54	5	22	204
			Deuxième saison.			
Haut-Tonkin	186	92	319	1	21	619
Delta et Annam	169	107	163	1	15	455
Tirailleurs indigènes	161	47	73	5	34	320
			Troisième saison.			
Haut-Tonkin	69	29	8	11	19	136
Delta et Annam	32	28	8	»	11	79
Tirailleurs indigènes	67	20	8	5	18	118
			ANNÉE.			
Haut-Tonkin	**308**	**152**	**387**	**12**	**54**	**913**
Delta et Annam	**256**	**174**	**292**	**6**	**47**	**775**
Tirailleurs indigènes	**329**	**89**	**135**	**15**	**74**	**642**

Les cadres européens des régiments des tirailleurs ne figurent pas dans ces totaux. Les nombres deviennent les suivants si on les fait entrer dans cette énumération :

ANNÉE.

	PALUDISME.		DYSENTÉRIE.		CHOLÉRA.		BLESSURES.		MALADIES diverses.		TOTAL.	
Européens...........	587		342		698		23		106		1,756	
Indigènes.............		329		89		135		15		74		642

MORTALITÉ. — CAS POUR 1000.

1° CAS POUR 1000 PAR RÉGIONS ET PAR CONTINGENTS.

	PALUDISME.	DYSENTÉRIE.	CHOLÉRA.	BLESSURES.	MALADIES diverses.	TOTAL.
Première saison.						
Haut-Tonkin................	14×3= 42	8×3= 24	16×3= 48	»	4×3=12	42×3=126
Delta et Annam	7×3= 21	5×3= 15	15×3= 45	1×3= 3	2×3= 6	30×3= 90
TOTAL : *Européens*.........	13×3= 39	8×3= 24	2×3= 6	2×3= 6	5×3=15	30×3= 90
Annamites.................	6×3= 18	2×3= 6	3×3= 9	»	2×3= 6	13×3= 39
Deuxième saison.						
Haut-Tonkin................	44×3=132	22×3= 66	76×3=228	»	5×3=15	147×3=441
Delta et Annam	25×3= 75	16×3= 48	24×3= 72	»	2×3= 6	67×3=201
TOTAL : *Européens*.........	30×3= 90	17×3= 51	42×3=126	»	3×3= 9	92×3=276
Annamites.................	11×3= 33	3×2= 6	5×3= 15	»	2×3= 6	21×3= 63
Troisième saison.						
Haut-Tonkin................	19×3= 57	8×3= 24	2×3= 6	3×3= 9	5×3=15	37×3=111
Delta et Annam	5×3= 15	5×3= 15	1×3= 3	»	2×3= 6	13×3= 39
TOTAL : *Européens*.........	15×3= 45	8×3= 24	2×3= 6	2×3= 6	5×3=15	32×3= 96
Annamites.................	4×3= 12	1×3= 3	»	1×3= 3	1×3= 3	7×3= 21
Année.						
Haut-Tonkin................	83	41	105	3	15	247
Delta et Annam	37	25	43	1	8	114
TOTAL : *Européens*.........	51	30	60	1	10	152
Annamites.................	21	5	9	1	5	41

Il faut se souvenir que, dans l'évaluation des moyennes pour l'ensemble des Européens, le calcul tient compte d'un facteur qui n'intervient pas dans la fixation de la mortalité des différentes régions (cadres européens des tirailleurs). Ce fait explique certaines contradictions que l'on peut relever entre les divers résultats.

Les proportions ne se modifient que très peu d'une année à l'autre. La mortalité totale des Européens comparée à celle du contingent annamite est dans le rapport de 3.8 à 1, la mortalité palustre étant dans le rapport de 2.4 à 1 et la mortalité sporadique dans celui de de 2 à 1. La mortalité dysentérique est proportionnellement beaucoup plus forte : 6 décès européens pour 1 décès annamite.

Les chaleurs quadruplent et au delà la mortalité chez les soldats d'Europe. Sous cette même influence, celle des indigènes est à peine doublée. Cette léthalité, dont le taux proportionnel est de 4 pour 1, constitue une anomalie due à l'intervention de la poussée épidémique qui sévit d'avril à la fin d'août. Pour obtenir le coefficient vrai de la saison d'été, il faut consulter la mortalité endémique de cette période de l'année; or, elle n'est que triplée en ce qui concerne le paludisme et la dysentérie. Il faut savoir faire abstraction de ce facteur accidentel et l'étudier à part sous peine de fausser les appréciations. Mais avant d'aborder cet examen, il nous reste à envisager la mortalité par corps de troupe européens pour 1,000 hommes d'effectif.

2° CAS POUR 1000 PAR CORPS EUROPÉENS.

	PALUDISME.	DYSENTÉRIE.	CHOLÉRA.	BLESSURES.	MALADIES diverses.	TOTAL.
			A). — *Régiments étrangers.*			
1re Saison	21×3= 63	9×3=27	23×3= 69	»	5×3=15	58×3=174
2e Saison	51×3=153	20×3=60	46×3=138	»	5×3=15	122×3=366
3e Saison	24×3= 72	5×3=15	1×3= 3	3×3=9	4×3=12	37×3=111
ANNÉE	87	34	70	3	13	207
			B). — *Infanterie légère d'Afrique.*			
1re Saison	7×3= 21	8×3=24	8×3= 24	»	3×3= 9	26×3= 78
2e Saison	35×3=105	25×3=75	115×3=345	1×3=3	6×3=18	182×3=546
3e Saison	29×3= 87	15×3=45	5×3= 15	3×3=9	8×3=24	60×3=180
ANNÉE	77	53	160	4	17	311

L'infanterie légère d'Afrique est, comme les années précédentes, le corps le plus éprouvé; et, comme toujours, plus particulièrement à la saison chaude. Remarquons cependant que pour le paludisme la proportion est encore plus élevée dans la légion et qu'en additionnant les deux termes de l'endémicité les chiffres sont fort rapprochés pour les deux corps.

	PALUDISME.	DYSENTÉRIE.	CHOLÉRA.	BLESSURES.	MALADIES diverses.	TOTAL.
C). — *Troupes du recrutement français.*						
1re Saison..........	7×3=21	6×3=18	11×3=33	1×3=3	3×3=9	28×3= 84
2e Saison...........	29×3=87	17×3=51	26×3=78	»	1×3=3	63×3=189
3e Saison...........	9×3=27	4×3=12	»	»	1×3=3	14×3= 42
ANNÉE......	42	26	41	1	6	116
D). — *Troupes de marine.*						
1re Saison...........	7×3=21	3×3= 9	23×3=69	1×3=3	3×3=9	37×3=111
2e Saison...........	22×3=66	15×3=45	23×3=69	1×3=3	2×3=6	63×3=189
3e Saison...........	4×3=12	5×3=15	2×3= 6	»	2×3=6	13×3= 39
ANNÉE......	34	25	45	1	7	112

Les chiffres sont fort voisins les uns des autres pour ces deux dernières troupes; on peut dire qu'ils s'équivalent.

Les soldats de marine sont sortis de l'Annam central et ont cessé de jouir du bénéfice que leur valait cette résidence dans une partie du pays relativement à l'abri du paludisme. Ces compagnies prennent part à l'occupation du Delta; elles sont appelées à prendre place dans les colonnes de police qui expéditionnent dans le Delta et à ses confins. Par suite, elles paient tribut non seulement au choléra mais aux endémies; leur mortalité est devenue relativement élevée : elle atteint celle des troupes de la guerre utilisées dans les mêmes conditions.

Il faut dire que ces dernières unités ont perdu la plus grande partie de leurs effectifs dans le courant de l'année, que l'infanterie de marine et les batteries de la même arme ont reçu de France des bataillons et des compagnies au complet. C'est un point sur lequel nous aurons à revenir; il est mauvais que les relèves soient totales.

§ 3. — CHOLÉRA.

Cette année 1888 a été marquée par une poussée épidémique plus meurtrière que toutes celles qu'on a observées au Tonkin, en dehors de la grande épidémie de 1885. Elle atteignit la totalité des groupes et ne respecta que quelques très rares postes. Il est bon d'ajouter qu'en cette année, comme en 1885, on crut devoir procéder au remaniement complet des garnisons rendu nécessaire par la constitution, sur de nouvelles bases, de la Division d'occupation.

Ces mouvements de troupes eurent pour effet de disséminer la maladie contagieuse ; elle ne prit fin qu'avec la cessation de ces déplacements.

Jusqu'au mois de mars, tout se borne à des cas isolés et sporadiques. Vers la fin de ce mois il se produisit, comme cela arrive fréquemment dans la population indigène à pareille époque, une éclosion assez violente de la maladie contagieuse qui ne tarda pas à se communiquer aux garnisons européennes par l'intermédiaire et le contact des auxiliaires indigènes.

Les manifestations cholériques se montrèrent presque toutes à Hanoï où l'on signala 15 cas dont 12 intérieurs observés à l'hôpital chez des dysentériques traités dans un même bâtiment. Sur ces 15 cas il y eut 11 décès. A Tan-Hoa, on constata 3 cas indigènes, tous suivis de mort.

En avril, le choléra est devenu une affection fréquente et meurtrière. Jusqu'aux derniers jours de mars, on ne signalait que 18 cas pour le mois entier dont 12 observés chez des Européens et 13 décès dont 6 dans la population indigène.

Pendant le mois d'avril, il se produisit 117 cas européens et 31 cas indigènes dans les groupes militaires, ayant déterminé 59 morts d'Européens et 17 décès annamites. Le choléra multiplie ses atteintes à Hanoï, gagne la presque totalité des places du Delta et remonte le Fleuve Rouge avec les garnisons de remplacement, jusqu'au voisinage de Lao-Kay.

En mai, on note 407 cholériques dont 80 indigènes et 234 décès dans les troupes françaises contre 51 dans les bataillons annamites.

Les postes de la Rivière Claire ont reçu la visite du fléau qui, d'autre part, a gagné le nord de l'Annam.

En juin, le nombre des malades contagieux est moins considérable : 173 Européens et 11 Indigènes. La mortalité est également moindre : 119 décès dont 15 seulement chez les Annamites. Dans le deuxième territoire, la garnison extrême de Cao-Bang perd 23 hommes; dans le Delta la morbidité et la mortalité sont en décroissance notable.

En juillet, on constate une amélioration très nette de la situation. Les atteintes sont rares sauf à Lang-Son et à Cao-Bang : en tout 69 entrées d'Européens et 8 d'Indigènes donnant un total de 45 morts dont 5 chez les Annamites.

Au mois d'août, tout se réduit à des cas très rares, très espacés, moins fréquemment suivis de mort, excepté à Lang-Son et à Bao-Lac, poste le plus éloigné de la ligne d'étapes où il se produit de nouveaux foyers.

En septembre, le choléra a pour ainsi dire disparu.

Le tableau suivant résume ces détails :

	EUROPÉENS.		INDIGÈNES.	
	Entrées.	Décès.	Entrées.	Décès.
25 février au 25 mars	12	7	9	6
25 mars au 25 avril	117	59	31	17
25 avril au 25 mai	327	234	80	51
25 mai au 25 juin	173	104	22	15
25 juin au 25 juillet	69	40	8	5
25 juillet au 25 août	35	15	7	1
25 août au 25 septembre	2	»	»	»
TOTAUX	735	459	157	95

OBSERVATION. — Dans les entrées on a fait, en outre, état des contagieux provenant de l'extérieur et des cas survenus dans l'intérieur des établissements hospitaliers.

Cette statistique ne porte que sur les malades soignés aux hôpitaux et aux ambulances. Elle a besoin d'être complétée par le rapprochement de la morbidité par corps.

MORBIDITÉ CHOLÉRIQUE PAR CORPS.

1° ENTRÉES. — CAS EXTÉRIEURS.

	AVRIL.	MAI.	JUIN.	JUILLET.	AOUT.	TOTAL.
Guerre	99	220	112	35	11	477
Marine	59	81	10	3	»	153
Indigènes	55	45	19	6	5	130
TOTAUX	213	346	141	44	16	760

2° CAS POUR 1000.

Guerre	65 pour 1000
Marine	36
Indigènes	8

Le nombre des décès enregistrés aux cahiers est plus considérable que celui des entrées, tel qu'il ressort du tableau précédent. Cette anomalie trouve son explication dans ce fait qu'en dehors des postes médicaux, les officiers et les gradés n'ont signalé au titre du choléra que les cas mortels et que nombre de malades n'ayant pas été admis dans les formations hospitalières ne figurent pas dans les statistiques ci-dessus. D'autre part, même dans ces formations on n'a pas fait entrer en ligne de compte les cas intérieurs survenus dans les hôpitaux et ambulances au cours d'une affection antérieure, en vertu de cette habitude qu'un malade conserve au point de vue des statistiques le diagnostic du premier enregistrement.

En réalité, 661 Européens ont succombé au choléra de février en septembre, sans compter les morts appartenant aux équipages de la flotte et 107 soldats indigènes. Ajoutons qu'en mars on avait enregistré 7 décès d'Européens et 11 victimes parmi les Annamites.

MORTALITÉ. — DÉCÈS PAR CORPS.

	AVRIL.	MAI.	JUIN.	JUILLET.	AOUT.	TOTAL
Guerre	103	246	106	27	9	491
Marine	66	85	14	5	»	170
Européens	**169**	**331**	**120**	**32**	**9**	**661**
Indigènes	34	47	17	8	10	107

MORTALITÉ. — CAS POUR 1000 EN CINQ MOIS.

	Pour 1000.
Guerre	67
Marine	33
Européens totalisés	**57**
Indigènes	7

Nous avons insisté, dans l'exposé de la situation sanitaire en 1886 et 1887, sur le faible tribut payé par l'Annamite aux endémies. Nous voyons que vis-à-vis de la maladie épidémique il se comporte aussi favorablement.

§ 4. — MORTS VIOLENTES.

Cette statistique se traduit par les nombres ci-après, qui ne concernent que le contingent européen. Parmi les indigènes, on ne signale que 5 morts sur le champ de bataille, en mars.

MOIS.	TUÉS.	SUICIDÉS.	NOYÉS.	TOTAL.
Premier	4	1	»	5
Deuxième	1	»	»	1
Troisième	»	»	3	3
Quatrième	2	1	1	4
Cinquième	2	2	2	6
Sixième	3	1	2	6
Septième	1	1	3	5
Huitième	1	3	2	6
Neuvième	1	2	2	5
Dixième	4	1	»	5
Onzième	»	»	1	1
Douzième	2	»	1	3
TOTAUX	21	12	17	50

Le nombre des morts sur le champ de bataille est relativement considérable. Il continuera d'en être ainsi jusqu'à la pacification complète. Les pirates agissent par surprises, attendant dans les embuscades qu'ils ont dressées à loisir les colonnes et les convois. Les hommes sont ainsi fusillés à bout portant et les morts immédiates sont fréquentes.

§ 5. — RAPATRIEMENTS.

La répartition par brigades est donnée dans les rapports, mais la classification par corps et par maladies n'a pu être établie que pour les partants de la première brigade (Hanoï).

	1re BRIGADE.	2e BRIGADE.	ANNAM.	TOTAL.
1re Saison	171	183	101	455
2e Saison	194	267	48	509
3e Saison	?	?	?	850
ANNÉE	»	»	»	1,814

RAPATRIABLES DE LA PREMIÈRE BRIGADE.

	PALUDISME.	DYSENTÉRIE	CHOLÉRA.	BLESSURES.	MALADIES diverses.	TOTAL.
1o Répartition par saisons et par maladies.						
1re Saison	85	44	1	9	85	224
2e Saison	112	64	7	8	49	240
3e Saison	188	48	5	2	82	325
ANNÉE	**385**	**156**	**13**	**19**	**216**	**789**
2o Répartition par corps et par maladies.						
Troupes du recrutement	149	68	9	7	89	322
Régiments étrangers	107	34	»	4	51	196
Troupes de marine	108	51	3	8	63	233
Bataillons d'Afrique	11	3	»	»	7	21
Civils	10	»	1	»	6	17
TOTAUX	**385**	**156**	**13**	**19**	**216**	**789**

On ne peut évaluer la proportion relativement à l'effectif que pour les bataillons de la légion *(2e étranger)*. Ce sont les seules unités de la brigade dont nous connaissions le chiffre moyen des présents, soit 1,150 hommes.

En ce qui concerne la totalité des renvois, la proportion est de 170 pour 1000. Elle est de 122 pour 1000 pour les maladies endémiques.

LIVRE VI

DEUXIÈME PÉRIODE
1889-1892

OU

PÉRIODE MIXTE, MILITAIRE ET COLONIALE

ANNÉE 1889

ANNÉE 1889

Les modifications opérées dans la composition et la répartition des troupes d'occupation sont de minime importance. Les états-majors sont quelque peu réduits et les services auxiliaires restreints, mais les corps de troupe restent les mêmes et sont maintenus à un égal chiffre budgétaire.

La constitution des garnisons est la suivante :

1re Brigade. — Un régiment d'infanterie de marine occupant le Delta, à l'effectif de trois bataillons; deux bataillons du 2e étranger cantonnant dans le haut Fleuve Rouge et la haute Rivière Claire; deux régiments de tirailleurs tonkinois.

2e Brigade. — Un régiment étranger à deux bataillons, partie à Moncay, partie sur la route de Lang-Son et dans cette place; deux bataillons d'infanterie légère d'Afrique, un à Cao-Bang et dans les postes de la province, le second à Thaï-Nguyen et sur la ligne Cho-Chu-Cho-Moï. Les provinces du Delta qui relèvent de cette brigade sont gardées par des compagnies du 2e régiment de marche d'infanterie de marine.

Le gros de cette unité tient garnison en Annam; il est aidé dans sa tâche par quatre bataillons de chasseurs annamites.

L'artillerie, le train et les auxiliaires sont répartis proportionnellement entre ces trois divisions du territoire, le lot le plus fort résidant à Hanoï.

Quand le besoin s'en fait sentir, pour des opérations militaires importantes, on prend tous les effectifs disponibles. Toutes les troupes peuvent être appelées à y participer, mais ce sont surtout les troupes de marine qui constituent la réserve organisée pour ces à-coups.

On a pu s'apercevoir, en consultant le tableau des effectifs pour l'année écoulée, que les troupes d'Afrique avaient reçu leurs renforts à la période favorable, c'est-à-dire vers les derniers mois de l'année, à l'inverse de ce qui s'était passé les années précédentes où l'on ne se préoccupait pas de ce détail si important de pratique. Cette règle, qu'avaient rappelée en y insistant les autorités médicales du corps d'occupation, ne fut pas observée en 1888 ni en 1889 pour les troupes de marine. La relève et les remplacements n'eurent lieu dans cette arme qu'en mai et août.

Heureusement qu'en cette année 1889 la saison estivale fut marquée par un calme presque absolu et que l'on n'eut pas à déplorer la réapparition du choléra au début de cette saison, comme cela s'était produit les années antérieures. Tout se borna à des cas rares et isolés de la maladie contagieuse et on échappa à cette reprise du choléra en avril, accident qu'on était arrivé à considérer comme un fait normal et en quelque sorte inévitable.

§ 1er. — MORBIDITÉ.

STATISTIQUES DE L'ÉTAT-MAJOR.

MORTS ET ENTRÉES SIGNALÉES PAR LES CORPS (1)

	ENTRÉES.				DÉCÈS.	
	Choléra.		Toutes autres maladies.			
	Européens.	Indigènes.	Européens.	Indigènes.	Européens.	Indigènes.
Janvier	»	1	1,005	717	42	23
Février	»	»	907	585	16	15
Mars	»	»	907	656	15	20
Avril	1	1	973	720	18	20
Mai	»	5	1,397	798	53	19
Juin	»	»	1,126	627	69	12
Juillet	1	1	1,177	703	74	34
Août	1	2	1,060	757	54	39
Septembre	»	»	951	799	64	35
Octobre	»	1	1,064	736	54	38
Novembre	»	»	808	630	58	35
Décembre	1	»	878	508	38	27
TOTAUX	4	11	12,253	8,236	555	317

(1) Les entrées comprennent à la fois celles qui ont eu lieu par billets et par évacuations.

STATISTIQUES HOSPITALIÈRES PAR CORPS ET PAR MALADIES.

a). — GARNISONS DU HAUT-TONKIN.

1° RÉGIMENTS ÉTRANGERS.

	PALUDISME.	DYSENTÉRIE.	CHOLÉRA.	BLESSURES.	MALADIES diverses.	TOTAL.
Janvier	108	48	»	5	32	193
Février	89	34	»	6	25	154
Mars	91	45	»	2	35	173
Avril	107	39	»	2	35	183
Mai	131	61	»	3	16	211
Juin	143	61	»	1	40	245
Juillet	146	57	»	1	15	219
Août	94	52	»	5	9	160
Septembre	99	36	»	9	10	154
Octobre	136	58	»	5	8	207
Novembre	148	36	»	1	5	190
Décembre	146	25	1	»	7	179
Récapitulation par saisons.						
1re Saison	395	166	»	15	127	703
2e Saison	514	231	»	10	80	835
3e Saison	529	155	1	15	30	730
ANNÉE	**1,438**	**552**	**1**	**40**	**237**	**2,268**

L'effectif varie peu dans le courant de l'année :

	Hommes.
Première saison	2,800
Deuxième saison	2,200
Troisième saison	2,100
Année	2,400

2° INFANTERIE LÉGÈRE D'AFRIQUE.

	PALUDISME.	DYSENTÉRIE.	CHOLÉRA.	BLESSURES.	MALADIES diverses.	TOTAL.
Janvier	56	21	»	22	25	124
Février	43	13	»	3	28	87
Mars	32	18	»	»	23	73
Avril	40	23	»	2	16	81

	PALUDISME.	DYSENTÉRIE.	CHOLÉRA.	BLESSURES.	MALADIES diverses.	TOTAL.
Mai	34	28	»	»	49	111
Juin	80	35	»	»	13	128
Juillet	79	30	»	2	17	128
Août	45	21	1	»	14	81
Septembre	49	22	»	1	19	91
Octobre	51	28	»	»	5	84
Novembre	52	15	1	»	14	82
Décembre	62	12	»	»	10	84
Récapitulation par saisons.						
1re Saison	171	75	»	27	92	365
2e Saison	238	114	1	2	93	448
3e Saison	214	77	1	1	48	341
ANNÉE	**623**	**266**	**2**	**30**	**233**	**1,154**

EFFECTIFS.

	Hommes.
Première saison	1,200
Deuxième saison	1,100
Troisième saison	1,100
Année	1,100

MORBIDITÉ DES DEUX GROUPES RÉUNIS.

	PALUDISME.	DYSENTÉRIE.	CHOLÉRA.	BLESSURES.	MALADIES diverses.	TOTAL.
1re Saison	566	241	»	42	219	1,068
2e Saison	752	345	1	12	173	1,283
3e Saison	743	232	2	16	78	1,071
ANNÉE	**2,061**	**818**	**3**	**70**	**470**	**3,422**

La morbidité tend à s'uniformiser à toutes les époques de l'année. On ne trouve plus entre les diverses périodes ces écarts extrêmes que nous avons eu occasion de signaler. D'autre part, le chiffre des blessures indique que les opérations de police sont devenues plus actives. Nous verrons plus loin, en établissant la proportion des entrées pour 1000, que les résultats représentent une amélioration très accusée sur les années précédentes.

b). — GARNISONS DU DELTA.

1° *Troupes du recrutement.*

Ce sont des fractions de corps organisés : escadrons du train, détachements du génie, pontonniers, infirmiers, ouvriers d'administration, secrétaires d'état-major, soldats de remonte, etc. Il ne serait pas exact de dire que ces éléments servent tous et exclusivement dans le Delta, mais dans un travail de ce genre nous ne pouvons nous préoccuper que de la caractéristique de l'ensemble.

	PALUDISME.	DYSENTÉRIE.	CHOLÉRA.	BLESSURES.	MALADIES diverses.	TOTAL.
Janvier	45	11	»	»	32	88
Février	38	14	»	5	25	82
Mars	63	14	»	»	13	90
Avril	36	22	»	»	35	93
Mai	76	26	»	»	16	118
Juin	57	15	»	»	40	112
Juillet	72	17	»	»	15	104
Août	57	18	»	»	9	84
Septembre	29	16	»	»	10	55
Octobre	42	18	»	»	8	68
Novembre	39	10	»	»	5	54
Décembre	29	»	1	»	7	37
Récapitulation par saisons.						
1re Saison	182	61	»	5	105	353
2e Saison	262	76	»	»	80	418
3e Saison	139	44	1	»	30	214
ANNÉE	**583**	**181**	**1**	**5**	**215**	**985**

Un fait, entre autres, caractérise cette morbidité des troupes du Delta : c'est l'élévation relative du chiffre des maladies ordinaires, celles qui ne relèvent ni des épidémies, ni des accidents, ni des endémies. Il est un autre point sur lequel il nous sera permis d'insister : c'est l'abaissement notable du nombre des entrées pour affections dysentériques et palustres. L'état sanitaire s'est très amélioré d'une année à l'autre. Ces divers traits se retrouvent dans la statistique des troupes de marine placées dans les mêmes conditions que les fractions de corps groupées dans le tableau ci-dessus.

2° Troupes de marine

Infanterie : 2 régiments de marche à 3 bataillons.
Artillerie : 5 batteries et 1 compagnie d'ouvriers.

EFFECTIFS MOYENS.

	Hommes.
Première saison	4,600
Deuxième saison	5,200
Arrière-saison	5,800
Année	5,300

	PALUDISME.	DYSENTÉRIE.	CHOLÉRA.	BLESSURES.	MALADIES diverses.	TOTAL.
Janvier	91	80	»	38	103	312
Février	72	65	»	4	102	243
Mars	81	78	»	1	109	269
Avril	162	108	»	9	94	373
Mai	251	113	1	5	117	487
Juin	169	99	»	2	97	367
Juillet	209	99	»	1	104	413
Août	218	138	»	»	106	462
Septembre	158	97	»	3	144	402
Octobre	200	129	»	3	167	499
Novembre	140	71	»	2	128	341
Décembre	181	90	»	1	137	409
Récapitulation par saisons.						
1re Saison	406	331	»	52	408	1,197
2e Saison	847	449	1	8	424	1,729
3e Saison	679	387	»	9	576	1,651
ANNÉE	**1,932**	**1,167**	**1**	**69**	**1,408**	**4,577**

Cette statistique se distingue par deux traits particuliers : 1° l'élévation considérable en janvier et les mois suivants du chiffre des blessures de guerre ; 2° l'augmentation des entrées pour affections palustres et dysentériques dès avril et pendant les mois d'été.

La colonne d'attaque de la place de Cho-Chu, occupée par une bande nombreuse et bien armée de pirates chinois, était constituée par des compagnies d'infanterie légère d'Afrique et d'infanterie de marine. Les blessés furent très nombreux parmi ces diverses unités; il se produisit en outre, dans les mois qui suivirent, plusieurs rencontres avec les mêmes bandes dans lesquelles le chiffre de nos pertes fut assez élevé. Il faut ajouter que les compagnies de marine furent maintenues sur la ligne d'occupation Thaï-Nguyen-Cho-Moï, dans des postes nouvellement et incomplètement installés.

Il nous reste, pour achever cette étude de la morbidité, à donner le tableau des entrées pour les troupes indigènes.

Jusqu'à présent, les gradés figuraient avec les Annamites dans la même statistique de morbidité. A partir de la seconde moitié de l'année 1889 et dans les années qui suivent on a reporté les entrées des gradés aux tableaux donnant celles des troupes européennes, en les faisant compter à la guerre ou à la marine suivant leur provenance.

Nous aurons à faire état de ce détail en 1890 dans l'évaluation des effectifs.

c). — TROUPES INDIGÈNES.

EFFECTIFS MOYENS.

	Hommes.
Première saison	16,000
Deuxième saison	14,700
Troisième saison	15,300
Année	15,300

	PALUDISME.	DYSENTÉRIE.	CHOLÉRA.	BLESSURES.	MALADIES diverses.	TOTAL.
Janvier	180	59	1	9	319	568
Février	154	51	»	14	260	479
Mars	149	101	»	»	296	546
Avril	207	140	2	3	299	651
Mai	256	95	5	13	385	754
Juin	241	63	1	9	381	695
Juillet	269	71	1	15	345	701
Août	259	75	1	59	442	836
Septembre	242	59	1	41	479	822
Octobre	221	42	1	29	487	780
Novembre	188	49	»	24	402	663
Décembre	229	34	»	28	301	592
Récapitulation par saisons.						
1re Saison	690	351	3	26	1,174	2,244
2e Saison	1,025	304	8	96	1,553	2,986
3e Saison	880	184	2	122	1,669	2,857
ANNÉE	2,595	839	13	244	4,396	8,087

Dans les mois d'août et de septembre les Annamites fournissent 100 entrées pour blessures de guerre, 29 en octobre, 24 en novembre, 28 en décembre.

En avril et mai, la poussée annuelle de choléra fait quelques rares victimes dans le contingent indigène qui continue à vivre, mélangé avec le reste de la population ; mais grâce aux mesures prises la contagion ne se propage pas dans le milieu militaire.

MORBIDITÉ COMPARÉE DES TROUPES DU HAUT-TONKIN ET DE CELLES DU DELTA.

1° ENTRÉES.

	PALUDISME.	DYSENTÉRIE.	CHOLÉRA.	BLESSURES.	MALADIES diverses.	TOTAL.
Première saison.						
Haut-Tonkin...	566	241	»	42	219	1,068
Delta.........	588	392	»	57	513	1,550
Deuxième saison.						
Haut-Tonkin...	752	345	1	12	173	1,283
Delta..........	1,109	525	1	8	504	2,147
Troisième saison.						
Haut-Tonkin...	743	232	2	16	78	1,071
Delta..........	818	431	1	9	606	1,865
ANNÉE.						
Haut-Tonkin...	2,061	818	3	70	470	3,422
Delta.........	2,515	1,348	2	74	1,623	5,562

Les effectifs sont les suivants :

	Haut-Tonkin.	Delta.
Première saison...........................	4,000	6,500
Deuxième saison..........................	3,300	6,400
Troisième saison..........................	3,200	6,700
Année..	3,500	6,600

2° CAS POUR 1000.

	PALUDISME.	DYSENTÉRIE.	CHOLÉRA.	BLESSURES.	MALADIES diverses.	TOTAL.
Première saison.						
Haut-Tonkin........	141×3=423	60×3=180	»	10×3=30	55×3=165	266×3= 798
Delta......	90×3=270	60×3=180	»	9×3=27	79×3=237	238×3= 714
Deuxième saison.						
Haut-Tonkin........	228×3=684	104×3=312	»	4×3=12	52×3=156	388×3=1,164
Delta.............	173×3=519	82×3=246	»	1×3= 3	79×3=237	335×3=1,005
Troisième saison.						
Haut-Tonkin........	232×3=696	72×3=216	1×3=3	5×3=15	24×3= 72	334×3=1,002
Delta.............	122×3=366	64×3=192	»	2×3= 6	90×3=270	278×3= 834
ANNÉE.						
Haut-Tonkin........	589	234	1	20	133	977
Delta.............	380	204	»	11	246	841

MORBIDITÉ COMPARÉE DES EUROPÉENS ET DES INDIGÈNES.

1° ENTRÉES.

	PALUDISME.	DYSENTÉRIE.	CHOLÉRA.	BLESSURES.	MALADIES diverses.	TOTAL.
Première saison.						
Européens.....	1,154	633	»	99	732	2,618
Indigènes......	690	351	3	26	1,174	2,244
Deuxième saison.						
Européens.....	1,861	870	2	20	677	3,430
Indigènes......	1,025	304	8	96	1,553	2,986
Troisième saison.						
Européens.....	1,561	663	3	25	684	2,936
Indigènes......	880	184	2	122	1,669	2,857
ANNÉE.						
Européens.....	4,576	2,166	5	144	2,093	8,984
Indigènes......	2,595	839	13	244	4,396	8,087

2° CAS POUR 1000.

Les effectifs sont comparativement les suivants :

	Européens.	Indigènes.
Première saison	10,500	16,000
Deuxième saison	9,700	14,700
Troisième saison	9,900	15,300
Année	10,100	15,300

	PALUDISME.	DYSENTÉRIE.	CHOLÉRA et blessures.	MALADIES diverses.	TOTAL.
		Première saison (A).			
Européens	110×3=330	60×3=180	9×3=27	70×3=210	249×3= 747
Indigènes	43×3=129	22×3= 66	2×3= 6	73×3=219	140×3= 420
		Deuxième saison.			
Européens	177×3=531	89×3=267	3×3= 9	69×3=207	338×3=1,014
Indigènes	64×3=192	20×3= 60	7×3=21	105×3=315	196×3= 588
		Troisième saison.			
Européens	149×3=447	67×3=201	3×3= 9	69×3=207	288×3= 864
Indigènes	55×3=165	12×3= 36	8×3=24	109×3=327	184×3= 552
		ANNÉE.			
Européens	453	214	15	206	888
Indigènes	169	55	17	287	528

(A) Le premier chiffre est la notation de la saison considérée comme un tiers de l'année (quatre mois). Son multiple × 3 est celle de la saison considérée comme annuité (douze mois).

Pour la première fois depuis le début de l'occupation la morbidité des Annamites est plus élevée que celle des Européens en ce qui concerne les affections sporadiques et chirurgicales. Les proportions sont restées les mêmes eu égard aux affections endémiques.

Le total des blessés est considérable pour les deux contingents; il est relativement plus fort dans les unités indigènes. C'est une constatation que nous avons eu occasion de faire les années précédentes. On utilise les tirailleurs plus activement et d'une façon plus continue; on les admet plus facilement dans les hôpitaux et ambulances pour des affections courantes. Les évacuations des postes éloignés sont plus rapides, moins fatigantes et se font plus fréquemment.

Comme toujours, c'est surtout à la saison chaude que les différences sont accentuées et ce sont elles qui, en se répercutant sur l'année entière, arrivent à caractériser de la sorte les moyennes dans leur ensemble. Pour le contingent venu d'Europe la morbidité endémique de la saison chaude est de 798 pour 1000; elle n'est que de 252 pour l'élément indo-chinois. Au contraire, la morbidité sporadique est de 315 pour ce dernier groupe, tandis qu'elle n'est que de 207 pour le premier.

On peut encore répéter ici : les Européens fournissent près de 3 palustres pour 1 chez les indigènes; mais la proportion signalée les années précédentes en ce qui concerne la dysenterie n'est plus la même. En effet, si le nombre des dysentériques n'a pas augmenté parmi les indigènes, il a diminué chez les Européens. C'est une question de terroir : les garnisons ont été reportées du sud au nord. La dysentérie, particulièrement commune en Annam, est encore fréquente dans le sud et le centre du Delta, mais devient plus rare dans les hautes régions et au-dessus du Fleuve Rouge. Or, il a fallu dégarnir les premières provinces afin de renforcer les garnisons au voisinage médiat et immédiat des frontières chinoises.

CAS POUR 1000 PAR CORPS DE TROUPE EUROPÉENS.

a). — HAUT-TONKIN.

	PALUDISME.	DYSENTÉRIE.	CHOLÉRA et blessures.	MALADIES diverses.	TOTAL.
			1° Régiments étrangers.		
1re Saison	141×3=423	59×3=177	5×3=15	45×3=135	250×3= 750
2e Saison	233×3=699	105×3=315	5×3=15	36×3=108	379×3=1,137
3e Saison	252×3=756	74×3=222	7×3=21	14×3= 42	347×3=1,041
ANNÉE	599	230	17	99	945
			2° Bataillons d'Afrique.		
1re Saison	142×3=426	62×3=186	22×3=66	77×3=231	303×3= 909
2e Saison	216×3=648	104×3=312	3×3= 9	85×3=255	408×3=1,224
3e Saison	194×3=582	70×3=210	3×3= 9	44×3=132	311×3= 933
ANNÉE	566	242	29	211	1,048

b). — DELTA.

	PALUDISME.	DYSENTÉRIE.	CHOLÉRA et blessures.	MALADIES diverses.	TOTAL.
		1° Recrutement français.			
1re Saison	06×3=288	32×3= 96	2×3= 6	55×3=165	185×3= 555
2e Saison	218×3=654	63×3=189	»	67×3=201	348×3=1,044
3e Saison	154×3=462	50×3=150	»	33×3= 99	237×3= 711
ANNÉE	448	140	4	165	757
		2° Troupes de marine.			
1re Saison	88×3=264	72×3=216	11×3=33	89×3=267	260×3= 780
2e Saison	163×3=489	86×3=258	2×3= 6	81×3=243	332×3= 996
3e Saison	117×3=351	67×3=201	2×3= 6	100×3=300	286×3= 858
ANNÉE	364	220	13	265	862

L'écart est beaucoup moins considérable entre les différents groupes que les années précédentes. La morbidité normale, non endémique, non épidémique, tend à prendre dans ces statistiques la part qui lui revient. Le fait se réalise pour les deux éléments constitutifs de la division d'occupation : Annamites et militaires originaires de la métropole.

La morbidité endémique a diminué dans une notable proportion pour les bataillons qui montent la garde aux régions frontières. Elle était en 1888 de 1,165 pour 1000 pour l'infanterie légère d'Afrique, de 1,051 pour les légionnaires et à elle seule était plus forte que ne l'est la morbidité totale en 1889 pour ces mêmes unités.

En ce qui concerne les compagnies de la marine, le bénéfice n'existe que pour l'affection dysentérique ; les entrées pour paludisme sont restées équivalentes et même supérieures comme nombre. Nous en avons dit la raison : ces troupes se sont éloignées du foyer dysentérique pour se rapprocher de foyers malariens intensifs. Il n'en est pas moins résulté une atténuation sensible de leur passif. En effet, la morbidité endémique de cette fraction du corps d'occupation se chiffrait en 1888 par le total de 682 pour 1000; en 1889, la proportion s'abaisse à 584 pour 1000.

Ces observations s'appliquent avec la même vérité aux groupes divers du recrutement français : 712 pour 1000 en 1888 comparativement à la moyenne annuelle de 588 pour 1000 réalisée en 1889.

Mais le fait le plus important, celui que l'on peut considérer comme l'indice d'une ère nouvelle, c'est l'absence presque complète de cas contagieux dans ces tableaux.

Les poussées généralisées et véritablement épidémiques de choléra ne reparaîtront plus dans l'histoire médicale du Tonkin. Il se produira chaque année des foyers plus ou moins nombreux, mais la maladie sera étouffée dans le germe. La prophylaxie n'est pas assez puissante pour empêcher la genèse de l'affection contagieuse, mais elle s'est suffisamment instruite et armée pour pouvoir limiter le mal et mettre arrêt à son expansion.

§ 2. — MORTALITÉ.

A. — STATISTIQUE DE L'ÉTAT-MAJOR.

MOIS.	BLESSURES.		CHOLÉRA.		AUTRES maladies.		TOTAL.	
	Européens.	Indigènes.	Européens.	Indigènes.	Européens.	Indigènes.	Européens.	Indigènes.
Premier	2	2	»	»	40	21	42	23
Deuxième	1	3	»	»	15	12	16	15
Troisième	»	3	»	»	15	17	15	20
Quatrième	1	2	1	1	16	17	18	20
Cinquième	»	»	»	1	53	18	53	19
Sixième	1	»	»	»	68	12	69	12
Septième	»	3	»	»	74	31	74	34
Huitième	4	7	»	1	50	31	54	39
Neuvième	13	6	1	»	50	29	64	35
Dixième	6	8	»	»	48	30	54	38
Onzième	2	3	»	»	56	32	58	35
Douzième	2	1	»	»	36	26	38	27
ANNÉE	32	38	2	3	521	276	555	317

En 1888, les chiffres étaient les suivants pour un effectif dont le nombre était à peine plus élevé d'un millier d'hommes :

	Européens.	Indigènes.
Blessures de guerre	23	15
Autres maladies que le choléra	1,035	492

Nous avons laissé intentionnellement de côté dans cette énumération les décès imputables au choléra (833 dont 698 parmi les soldats européens). Abstraction faite de cette dernière cause, qui peut être considérée comme fortuite et surajoutée, les pertes sont en 1888 de près du double pour l'élément français et plus fortes d'un tiers pour l'élément annamite.

Cette statistique met une fois de plus en relief l'influence désastreuse de la saison des chaleurs eu égard au passif des troupes européennes. Pour un effectif comparable, la mortalité des deux contigents est à peu près équivalente pendant la saison d'hiver; en été elle est plus que doublée au détriment de l'élément européen. La saison la plus meurtrière pour les indigènes est la dernière, quoique le chiffre de leurs décès soit encore assez distant de celui qui représente la mortalité européenne; celle-ci continue à rester anormalement chargée pendant les derniers mois de l'année.

B. — STATISTIQUES OBITUAIRES DU SERVICE DE SANTÉ.

a). — GARNISONS DU HAUT-TONKIN.

1° RÉGIMENTS ÉTRANGERS.

	PALUDISME.	DYSENTERIE.	CHOLÉRA.	BLESSURES.	MALADIES diverses.	TOTAL.
Janvier	6	3	»	1	2	12
Février	4	2	»	»	1	7
Mars	1	»	»	»	»	1
Avril	3	2	»	»	5	10
Mai	15	2	»	»	5	22
Juin	15	7	»	»	3	25
Juillet	20	4	»	»	8	32
Août	7	3	»	4	2	16
Septembre	9	6	»	10	3	28
Octobre	13	1	»	2	6	22
Novembre	12	5	»	1	2	20
Décembre	5	3	»	»	»	8
Récapitulation par saisons.						
1re Saison	14	7	»	1	8	30
2e Saison	57	16	»	4	18	95
3e Saison	39	15	»	13	11	78
ANNÉE	**110**	**38**	»	**18**	**37**	**203**

Que l'on veuille bien défalquer de ces divers totaux les décès par blessures et il sera facile de se rendre compte que la mortalité des trois saisons est dans les proportions suivantes :

Hiver	1
Automne	2
Été	3

2° BATAILLONS D'AFRIQUE.

	PALUDISME.	DYSENTÉRIE.	CHOLÉRA.	BLESSURES.	MALADIES diverses.	TOTAL.
Janvier	5	3	»	»	1	9
Février	4	»	»	1	2	7
Mars	1	1	»	1	1	4
Avril	4	2	1	»	»	7
Mai	15	3	1	»	1	20
Juin	31	2	»	1	1	35
Juillet	16	1	»	1	1	19
Août	13	4	»	»	2	19
Septembre	10	3	1	»	»	14
Octobre	10	4	»	1	2	17
Novembre	8	8	»	»	1	17
Décembre	4	1	»	1	1	7
Récapitulation par saisons.						
1re Saison	14	6	1	2	4	27
2e Saison	75	10	1	2	5	93
3e Saison	32	16	1	2	4	55
ANNÉE	**121**	**32**	**3**	**6**	**13**	**175**

La proportion des décès par saisons est pour ce corps :

Hiver	1
Automne	2
Été	3.5

En dehors de toute intervention de maladie contagieuse, les bataillons d'infanterie légère sont plus éprouvés que tout autre groupe. Il est plus facile de s'en convaincre cette année que les précédentes, car aucun facteur épidémique ne vient obscurcir le problème. Nous essaierons plus tard de dégager les raisons qui expliquent cette particularité.

RÉCAPITULATION DES DÉCÈS POUR CES DEUX CORPS.

	PALUDISME.	DYSENTÉRIE.	CHOLÉRA.	BLESSURES.	MALADIES diverses.	TOTAL.
1re Saison	28	13	1	3	12	57
2e Saison	132	26	1	6	23	188
3e Saison	71	31	1	15	15	133
ANNÉE	**231**	**70**	**3**	**24**	**50**	**378**

Sur 100 morts, 61 sont imputables au paludisme, 19 aux affections dysentériques et 7 aux causes fortuites et accidentelles. Les victimes des affections endémiques sont, dans le Haut-Tonkin, dans la relation de 8 sur 10 morts qu'on peut y observer.

b). — GARNISONS DU DELTA.

1° UNITÉS PROVENANT DE L'ARMÉE DE TERRE : RECRUTEMENT FRANÇAIS.

	PALUDISME.	DYSENTÉRIE.	CHOLÉRA.	BLESSURES.	MALADIES diverses.	TOTAL.
Janvier	1	»	1	»	2	4
Février	»	»	»	»	»	»
Mars	»	1	»	»	2	3
Avril	3	»	»	»	»	3
Mai	3	»	»	»	»	3
Juin	4	»	»	1	3	8
Juillet	7	»	»	»	»	7
Août	2	2	»	2	1	7
Septembre	2	1	»	»	2	5
Octobre	»	1	»	»	»	1
Novembre	»	»	»	»	1	1
Décembre	3	»	»	»	2	5
Récapitulation par saisons.						
1re Saison	4	1	1	»	4	10
2e Saison	16	2	»	3	4	25
3e Saison	5	2	»	»	5	12
ANNÉE	**25**	**5**	**1**	**3**	**13**	**47**

Ce groupement, dont le total dépasse en février le chiffre de 1,900 hommes, ne perd pas en ce mois un seul malade. Il ne paraîtra pas injustifié de signaler ce résultat heureux, si l'on songe que c'est la première fois qu'il est donné de l'observer depuis 1885. Ajoutons qu'en mars la légion elle-même, à son poste d'honneur, n'enregistre qu'un seul décès bien qu'elle soit à un effectif voisin de 3,000 hommes.

La proportion des morts, entre les diverses maladies, se calcule comme suit pour cette troupe : paludisme 53 pour 1000, dysentérie 11 pour 1000, maladies diverses 28 pour 1000, blessures et choléra 8 pour 1000. L'endémicité, qui fait mourir dans le Haut-Tonkin 80 malades sur 100, s'abaisse à 64. La part des maladies ordinaires est plus que doublée, celle de la mortalité fortuite restant assimilable dans ces deux moitiés du pays tonkinois.

2° TROUPES DE MARINE.

	PALUDISME.	DYSENTÉRIE.	CHOLÉRA.	BLESSURES.	MALADIES diverses.	TOTAL.
Janvier	7	5	»	6	2	20
Février	1	»	»	»	»	1
Mars	2	4	»	»	1	7
Avril	4	»	»	1	»	5
Mai	15	7	»	2	1	25
Juin	18	5	»	1	1	25
Juillet	11	6	»	»	2	19
Août	7	3	»	»	3	13
Septembre	7	4	»	1	2	14
Octobre	5	4	»	4	»	13
Novembre	9	7	»	»	1	17
Décembre	6	4	»	2	1	13
Récapitulation par saisons.						
1re Saison	14	9	»	7	3	33
2e Saison	51	21	»	3	7	82
3e Saison	27	19	»	7	4	57
ANNÉE	**92**	**49**	»	**17**	**14**	**172**

Les troupes de marine, comme les bataillons de la légion, échappent à toute atteinte mortelle de choléra; mais le nombre des décès par blessures de guerre est relativement considérable. La dysentérie fait, proportionnellement au paludisme, plus de ravages dans ce groupe que dans les autres. Les termes de comparaison sont donnés ci-dessous:

Troupes d'Afrique.......	1 décès dysentérique sur	3 décès endémiques.	
Soldats du recrutement...	1 —	5 —	
Soldats de marine.......	1 —	2 —	

Il est vrai de dire que la mortalité palustre n'est, chez les troupes de marine, que de 53 pour 1000 relativement à l'ensemble des causes de décès.

RÉCAPITULATION DES DÉCÈS POUR LES GARNISONS DU HAUT-TONKIN.

	PALUDISME.	DYSENTÉRIE.	CHOLÉRA.	BLESSURES.	MALADIES diverses.	TOTAL.
1re Saison............	28	13	1	3	12	57
2e Saison............	132	26	1	6	23	188
3e Saison............	71	31	1	15	15	133
ANNÉE	**231**	**70**	**3**	**24**	**50**	**378**

RÉCAPITULATION DES DÉCÈS POUR LES GARNISONS DU DELTA.

	PALUDISME.	DYSENTÉRIE.	CHOLÉRA.	BLESSURES.	MALADIES diverses.	TOTAL.
1re Saison............	18	10	1	7	7	43
2e Saison............	67	23	»	6	11	107
3e Saison............	32	21	»	7	9	69
ANNÉE...........	**117**	**54**	**1**	**20**	**27**	**219**

Puisque les circonstances nous ont conduit à rapprocher ces deux catégories de faits, rappelons que les effectifs du Delta sont le double de ceux des hautes régions, et pourtant on enregistre dans les centres 159 morts de moins.

c). — TROUPES INDIGÈNES.

1° CADRES EUROPÉENS.

(Effectif: 900 hommes.)

	PALUDISME.	DYSENTÉRIE.	CHOLÉRA.	BLESSURES.	MALADIES diverses.	TOTAL.
Janvier	1	1	»	»	1	3
Février	»	»	»	»	»	»
Mars	»	»	»	»	»	»
Avril	»	»	»	»	2	2
Mai	2	1	»	1	»	4
Juin	3	1	»	»	»	4
Juillet	»	»	»	»	»	»
Août	»	»	»	»	»	»
Septembre	1	»	»	2	»	3
Octobre	»	»	»	»	»	»
Novembre	»	»	»	»	»	»
Décembre	»	»	»	»	»	»
Récapitulation par saisons.						
1re Saison	1	1	»	»	3	5
2e Saison	5	2	»	1	»	8
3e Saison	1	»	»	2	»	3
ANNÉE	7	3	»	3	3	16

2° TIRAILLEURS.

	PALUDISME.	DYSENTÉRIE.	CHOLÉRA.	BLESSURES.	MALADIES diverses.	TOTAL.
Janvier	17	8	»	1	6	32
Février	5	»	2	2	12	21
Mars	9	7	1	2	6	25
Avril	8	1	2	2	5	18

	PALUDISME.	DYSENTÉRIE.	CHOLÉRA.	BLESSURES.	AUTRES maladies.	TOTAL.
Mai	19	4	3	2	5	33
Juin	8	4	»	1	3	16
Juillet	8	10	2	»	5	25
Août	26	7	1	5	8	47
Septembre	16	6	»	4	7	33
Octobre	19	2	»	8	8	37
Novembre	13	8	»	3	6	30
Décembre	20	4	»	4	5	33
Récapitulation par saisons.						
1re Saison	39	16	5	7	29	96
2e Saison	61	25	6	8	21	121
3e Saison	68	20	»	19	26	133
Année	**168**	**61**	**11**	**34**	**76**	**350**

En 1888, les cadres perdaient 68 officiers ou sous-officiers européens dont 19 de choléra. En dehors de cette cause il restait 49 morts. En 1889 le chiffre tombe à 16. Le passif était de 642 pour les tirailleurs et autres auxiliaires annamites, près du double de celui constaté au cours de l'année qui nous occupe.

La proportion relative des décès par dysentérie ne s'est abaissée que du tiers pour les indigènes, mais elle a diminué de moitié eu égard au paludisme. La mortalité sporadique s'est maintenue au même taux.

Les tirailleurs, comme les soldats de marine et du bataillon d'Afrique, présentent en janvier une mortalité anormale pour cette époque de l'année. Elle correspond à l'expédition dirigée contre Cho-Moï. Le chiffre des blessés hospitalisés fut de 25 dans les compagnies de tirailleurs, soit le tiers de celui constaté chez les Européens; mais il semble que les blessures furent moins graves parmi les premiers. Il ne meurt en effet que 3 tirailleurs par coup de feu en janvier et février tandis que les troupes de marine enregistrent 6 décès.

CAS POUR 1000.

1° MORTALITÉ COMPARÉE DES TROUPES EUROPÉENNES DANS LE HAUT-TONKIN ET LE DELTA.

	PALUDISME.	DYSENTÉRIE.	CHOLÉRA.	BLESSURES.	MALADIES diverses.	TOTAL.
Première saison.						
Haut-Tonkin........	7×3=21	3 ×3=9	»	1×3=3	3×3=9	14 ×3=42
Delta..............	3×3= 9	1.5×3=4.5	»	1×3=3	1×3=3	6.5×3=19.5
Deuxième saison.						
Haut-Tonkin........	40×3=120	8×3=24	»	2×3=6	7×3=21	57×3=171
Delta..............	10×3= 30	4×3=12	»	1×3=3	1×3= 3	16×3= 48
Troisième saison.						
Haut-Tonkin........	22×3=66	10×3=30	»	5×3=15	5×3=15	42×3=126
Delta..............	10×3=30	3×3= 9	1×3=3	1×3= 3	1×3= 3	10×3= 30
ANNÉE.						
Haut-Tonkin........	66	20	»	8	14	108
Delta..............	18	8	»	3	4	33

On meurt trois fois moins dans le Delta que sur les frontières. La proportion de la mortalité endémique est encore plus favorable : 1 décès environ contre 4. Pendant la saison d'été la proportion est cinq fois moindre et quatre fois plus faible à l'arrière-saison.

Il convient de faire remarquer que parmi les diverses fractions réunies dans le Delta quelques-unes, comme les ouvriers d'artillerie, les infirmiers, les soldats d'administration et d'état-major, les cavaliers de remonte, ne font qu'un service sédentaire.

2° MORTALITÉ COMPARÉE DES EUROPÉENS (CADRES DES TIRAILLEURS COMPRIS) ET DES INDIGÈNES.

	PALUDISME.	DYSENTÉRIE.	CHOLÉRA et blessures.	MALADIES diverses.	TOTAL.
	Première saison.				
Européens	4 × 3 = 12	2 × 3 = 6	1 × 3 = 3	2 × 3 = 6	9 × 3 = 27
Indigènes	2.4 × 3 = 7	1 × 3 = 3	1 × 3 = 3	2 × 3 = 6	6.4 × 3 = 19
	Deuxième saison.				
Européens	18 × 3 = 54	5 × 3 = 15	1 × 3 = 3	3 × 3 = 9	27 × 3 = 81
Indigènes	4 × 3 = 12	1.7 × 3 = 5	1 × 3 = 3	1.4 × 3 = 4	8 × 3 = 24
	Troisième saison.				
Européens	9.7 × 3 = 29	5 × 3 = 15	2.3 × 3 = 7	2 × 3 = 6	19 × 3 = 57
Indigènes	4.6 × 3 = 14	1.6 × 3 = 5	1 × 3 = 3	1.7 × 3 = 5	9 × 3 = 27
	ANNÉE.				
Européens	32	12	5	7	56
Indigènes	11	4	3	5	23

Voici quels étaient les chiffres comparatifs pour l'année 1888 :

	Européens.	Indigènes.
Paludisme	51	21
Dysentérie	30	5
Choléra et blessures	61	10
Maladies diverses	10	5
TOTAUX	**152**	**41**

On voit quel est le bénéfice d'une année à l'autre. Il est surtout sensible pour les Européens, même si l'on ne tient pas compte des pertes par maladies épidémiques. On peut constater que la seule mortalité endémique s'est abaissée de près de moitié. La proportion est moindre, quoique encore très appréciable, pour le contingent annamite. Le nombre des morts ayant pour cause cette origine, l'*endémicité,* reste toujours pour les troupes blanches triple de celui que l'on enregistre dans les troupes asiatiques. Celles-ci concourent cependant, en majeure partie, aux services de garnison et de convois dans les hautes régions, concurremment avec les légionnaires et les zéphirs dont la mortalité atteint et dépasse même, en cette année 1889, 100 pour 1000, fournissant ainsi 4 décès 1/2 pour 1 décès annamite.

CAS POUR 1000 PAR CORPS DE TROUPE EUROPÉENS (1).

a). — GARNISONS DU HAUT-TONKIN.

	PALUDISME.	DYSENTÉRIE.	CHOLÉRA et blessures.	MALADIES diverses.	TOTAL.
			1° Régiments étrangers.		
1re Saison	5×3=15	2.5×3= 7.5	»	3×3=9	10.5×3= 31.5
2e Saison	26×3=78	7 ×3=21	2×3= 6	8×3=24	43 ×3=129
3e Saison	19×3=57	7 ×3=21	6×3=18	5×3=15	37 ×3=111
ANNÉE	46	10	7.5	15.5	85
			2° Bataillons d'Afrique.		
1re Saison	12×3= 36	5×3=15	2.5×3=7.5	3 ×3= 9	22.5×3= 67.5
2e Saison	68×3=204	9×3=27	2.5×3=7.5	4.5×3=13.5	84 ×3=252
3e Saison	29×3= 87	15×3=45	2.5×3=7.5	3 ×3= 9	49.5×3=148.5
ANNÉE	110	29	8	12	159

On voit que comparativement à la légion qui assure le même service, l'infanterie légère d'Afrique fournit un nombre beaucoup plus considérable de décès.

b). — GARNISONS DU DELTA.

	PALUDISME.	DYSENTÉRIE.	CHOLÉRA et blessures.	MALADIES diverses.	TOTAL.
			1° Troupes du recrutement français.		
1re Saison	2 ×3= 6	0.5×3=1.5	0.5×3=1.5	2 ×3= 6	5×3=15
2e Saison	13 ×3=39	2 ×3=6	3 ×3=9	3 ×3= 9	21×3=63
3e Saison	5.6×3=16.5	2 ×3=6	»	5.5×3=16.5	13×3=39
ANNÉE	19	4	3	10	36
			2° Troupes de marine.		
1re Saison	3 ×3= 9	2×3= 6	1.5×3=4.5	0.5×3=1.5	7 ×3=21
2e Saison	10 ×3=30	4×3=12	0.5×3=1.5	1.5×3=4.5	16 ×3=48
3e Saison	4.5×3=13.5	3×3= 9	1 ×3=3	1 ×3=3	9.5×3=28.5
ANNÉE	17	9	3	3	32

(1) Dans la notation adoptée, le premier chiffre indique la mortalité pour la saison considérée comme un tiers de l'année. Le second, multiple du premier par 3, donne la mortalité pour la saison considérée comme une annuité de douze mois.

Ces moyennes sont bien moins élevées que celles des années précédentes, et on peut dire qu'une nouvelle période moins défavorable commence. Ce n'est pas que les opérations militaires soient moins fréquentes et moins meurtrières; le chiffre des décès par faits de guerre est au contraire notablement plus élevé. Ce n'est pas non plus que les fatigues imposées aux hommes soient moins dures; il faut faire face aux mêmes difficultés avec un effectif réduit. Nous ajouterons même qu'à aucune autre époque les charges militaires ne furent plus lourdes et plus impérieusement exigeantes. En effet, le Delta est en révolte de 1889 à 1892 et dans les hautes régions les pirates chinois deviennent de plus en plus entreprenants, de plus en plus audacieux. Les convois sont attaqués journellement; ils sont souvent pillés. Cette guerre d'embuscades constantes surmène les hommes et entraîne plus de la moitié des pertes enregistrées sur le champ de bataille.

L'amélioration de la situation, malgré ces circonstances, nous semble devoir être attribuée à deux conditions : 1° une meilleure utilisation des contingents annamites qu'on ne croit plus nécessaire de renforcer au moyen d'un groupe pris dans les unités européennes toutes les fois que les tirailleurs sont appelés à marcher; 2° une stabilité relative des garnisons.

§ 3. — STATISTIQUE DES MORTS VIOLENTES

Les opérations militaires ont pris cette année une extension et une importance qu'elles n'avaient pas présentées depuis 1885. On a pu en juger d'après le chiffre des morts occasionnées par les blessures de guerre : 81 dont 47 dans le contingent français. Il en est de même des morts violentes. Nous ferons toutefois remarquer que le tableau ci-après fait, à certains égards, double emploi avec les précédents.

MOIS.		TUÉS.		NOYÉS.		SUICIDÉS.		TOTAL.	
Janvier	Européens	8		1		1		10	
	Indigènes		2		»		»		2
Février	Européens	»		»		»		»	
	Indigènes		2		2		1		5
Mars	Européens	»		1		3		4	
	Indigènes		1		»		»		1

MOIS.		TUÉS.	NOYÉS.	SUICIDÉS.	TOTAL.
Avril	Européens	2	3	1	6
	Indigènes	2	1	»	3
Mai	Européens	1	1	2	4
	Indigènes	1	»	»	1
Juin	Européens	1	»	»	1
	Indigènes	2	»	»	2
Juillet	Européens	1	3	2	6
	Indigènes	1	1	»	2
Août	Européens	4	7	1	12
	Indigènes	5	1	»	6
Septembre	Européens	10	4	1	15
	Indigènes	4	2	»	6
Octobre	Européens	10	1	1	12
	Indigènes	6	1	»	7
Novembre	Européens	1	2	5	8
	Indigènes	2	4	»	6
Décembre	Européens	2	»	5	7
	Indigènes	4	»	1	5
TOTAUX	Européens	**40**	**23**	**22**	**85**
	Indigènes	**32**	**12**	**2**	**46**

La mortalité des Européens, au seul titre des morts violentes, est équivalente à celle de l'armée en France : 7.7 pour 1000. Celle des indigènes n'est que de 3 pour 1000.

Le nombre des morts sur le champ de bataille est sensiblement plus élevé dans les troupes blanches, mais ce contingent paie un tribut particulièrement onéreux aux accidents par submersion, par suicide : 4 pour 1000.

§ 4. — RAPATRIEMENTS.

Janvier	191
Février	245
Mars	190
Mai	143
Juin	280
Juillet	306
Août	287
Octobre	282
TOTAL ANNUEL	**1,924**

Nous voyons se dessiner une ligne de conduite que nous aurons l'occasion de constater chaque année et qui est sans contredit l'une des raisons qui ont concouru à faire baisser le taux de la mortalité : pendant les mois chauds, les évacuations se succèdent, fréquentes et nombreuses. On rapatrie tous les fébricitants et dysentériques dont la santé est assez ébranlée pour ne pouvoir se rétablir dans un délai de quelques mois.

Nous possédons la répartition des rapatriements, par corps et par maladies, en ce qui concerne la 1re brigade.

	PALUDISME.	DYSENTÉRIE.	CHOLÉRA.	BLESSURES.	MALADIES diverses.	TOTAL.
	1° Troupes de marine.					
1re Saison	40	11	»	»	23	74
2e Saison	154	69	»	»	29	252
3e Saison	58	17	»	»	18	93
ANNÉE	**252**	**97**	»	»	**70**	**419**
	2° Soldats du recrutement.					
1re Saison	77	3	»	»	7	87
2e Saison	86	4	»	»	6	96
3e Saison	18	11	»	»	2	31
ANNÉE	**181**	**18**	»	»	**15**	**214**
	3° Régiments étrangers.					
1re Saison	87	10	»	4	15	116
2e Saison	40	14	»	2	9	65
3e Saison	10	5	»	»	7	22
ANNÉE	**137**	**29**	»	**6**	**31**	**203**
	4° Bataillons d'Afrique.					
1re Saison	20	4	»	»	9	33
2e Saison	21	9	»	»	2	32
3e Saison	4	2	»	»	»	6
ANNÉE	**45**	**15**	»	»	**11**	**71**

Il faut se rappeler que ce dernier groupe ne fournit que passagèrement du personnel à la 1re brigade, qu'une moitié de la légion fait partie de la 2e brigade et qu'il en est de même pour les fractions de corps qui ne sont pas rattachées au chef-lieu.

On ne peut par suite établir le pourcentage que pour le seul régiment étranger. Les autres groupes sont trop mobiles et trop variables dans leur composition pour qu'on puisse fixer la partie de leur effectif qui s'est trouvée dépendre de Hanoï au point de vue du rapatriement.

2e *Étranger*. — 203 évacuations sur 1,250 hommes : soit 162 pour 1000
dont 166 pour maladies endémiques : soit 132 pour 1000.

La proportion est la suivante, par groupes de maladies, pour cette brigade :

Paludisme	678
Dysentérie	175
Choléra	»
Blessures	7
Maladies diverses	140
TOTAL	1,000

Ces moyennes se déduisent des totaux ci-après :

NOMBRE DES ÉVACUATIONS.

Par paludisme	615
Par dysentérie	159
Par blessures	6
Par maladies diverses	127
TOTAL GÉNÉRAL	907

Les blessés ne figurent pas dans ces tableaux. Les opérations militaires et les attaques de convois avaient lieu sur la ligne Cho-Chu-Cho-Moï et les malades de cette provenance, comme ceux de la ligne de Lang-Son, étaient dirigés sur les hôpitaux de la 2e brigade dont nous ne possédons pas les statistiques détaillées.

La proportion des fonctionnaires rapatriés est relativement élevée; le total est de 53 dont 49 pour affections palustres.

LIVRE VII

ANNÉE 1890

ANNÉE 1890

Les effectifs subissent de notables réductions qui portent uniquement sur les groupes dépendant du département de la guerre. De toutes les unités qui relèvent de ce ministère, il ne reste en fin d'année que les 4 bataillons de la Légion étrangère et une compagnie de pontonniers.

L'un des deux bataillons d'infanterie légère d'Afrique est rapatrié en mars, le second en octobre. Le dernier escadron du train rentre à la même époque, le premier ayant été embarqué en février. Les infirmiers et les ouvriers d'administration ont été mis en route dans le cours du premier semestre et sont remplacés par des agents dont la morbidité et la mortalité sont établies sur des statistiques différentes de celles des corps de troupe.

En réalité, dans les derniers mois de l'année 1890 et les années suivantes, il ne reste plus que deux groupes : 1° les régiments étrangers cantonnés dans le haut pays; 2° l'infanterie de marine qui tient garnison dans le Delta, la zone maritime et les confins du Delta.

Les batteries d'artillerie, qui relèvent toutes de la marine, fournissent quelques détachements dans les hautes régions. Ils sont d'ailleurs sédentaires et assez souvent remplacés, si bien qu'à un point de vue d'ensemble on peut dire que batteries et compagnies de marine ne sortent que temporairement des provinces centrales.

La diminution des effectifs n'atteint pas seulement l'élément européen ; elle s'étend aux corps indigènes dont les cadres étaient fournis par l'armée. Au commencement de l'exercice nous retrouvons encore le 4e régiment tonkinois et les 4 bataillons de chasseurs annamites, troupes indigènes dont les cadres étaient empruntés à la guerre.

Les chasseurs annamites sont licenciés dès mars. En octobre le 4e régiment de tirailleurs tonkinois est versé, partie dans la milice, partie dans les autres régiments indigènes.

Les effectifs de ces différents corps sont assez flottants pendant toute cette période de réorganisation. Il n'est pas pourvu aux vacances qui se produisent. Les licenciements se font au fur et à mesure de la remise des postes aux milices et du retour des soldats libérables aux portions centrales.

§ 1er. — MORBIDITÉ.

ENTRÉES AUX HOPITAUX.

a). — GARNISONS DU HAUT-TONKIN.

1o RÉGIMENTS ÉTRANGERS.

	PALUDISME.	DYSENTÉRIE.	CHOLÉRA.	BLESSURES.	MALADIES diverses.	TOTAL.
Janvier	116	40	»	2	69	227
Février	84	34	»	»	22	140
Mars	84	35	»	1	71	191
Avril	87	23	»	»	54	164
Mai	133	54	»	1	63	251
Juin	201	76	»	»	60	337
Juillet	226	57	»	7	64	354
Août	141	78	»	»	51	270
Septembre	121	83	»	1	47	252
Octobre	141	56	1	»	48	246
Novembre	140	42	1	10	38	231
Décembre	172	49	»	15	58	294
Récapitulation par saisons.						
1re Saison	371	132	»	3	216	722
2e Saison	701	265	»	8	238	1,212
3e Saison	574	230	2	26	191	1,023
ANNÉE	**1,646**	**627**	**2**	**37**	**645**	**2,957**

2° BATAILLONS D'AFRIQUE.

Depuis mars, il ne reste qu'un seul bataillon à l'effectif moyen de 500 hommes.

	PALUDISME.	DYSENTÉRIE.	CHOLÉRA.	BLESSURES.	MALADIES diverses.	TOTAL.
Janvier	51	14	»	1	6	72
Février	13	12	»	1	12	38
Mars	11	9	»	»	7	27
Avril	14	3	»	»	6	23
Mai	52	13	»	»	16	81
Juin	48	18	»	»	11	77
Juillet	49	12	»	»	4	65
Août	47	12	»	»	13	72
Septembre	44	18	»	2	3	67
Octobre	28	19	15	»	13	75
Récapitulation par saisons.						
1re Saison	89	38	»	2	31	160
2e Saison	196	55	»	»	44	295
3e Saison (2 mois)	72	37	15	2	16	142
Année (10 mois)	**357**	**130**	**15**	**4**	**91**	**597**

b). — TROUPES DU DELTA.

RÉGIMENTS DE MARINE.

Nous omettons intentionnellement un groupe dont nous avons jusqu'ici étudié séparément la façon de se comporter vis-à-vis de la maladie dans ces pays d'Extrême-Orient. Il s'émiette dans le courant de l'année; assez nombreux en janvier où il comporte plus de 900 hommes, il a disparu administrativement en octobre. Chaque bâtiment en a emporté une fraction plus ou moins considérable.

On peut dire qu'à l'avenir les garnisons européennes du Delta se résument en un seul corps : l'infanterie de marine.

	PALUDISME.	DYSENTÉRIE.	CHOLÉRA.	BLESSURES.	MALADIES diverses.	TOTAL.
Janvier.............	73	46	2	2	123	246
Février.............	99	66	»	3	176	344
Mars...............	97	91	»	2	219	409
Avril...............	76	122	1	3	177	379
Mai.................	94	123	2	2	157	378
Juin	153	116	1	»	133	403
Juillet..............	127	65	1	»	104	297
Août................	113	61	»	4	112	290
Septembre..........	146	63	2	»	113	324
Octobre.............	157	98	4	»	148	407
Novembre...........	186	93	3	4	151	437
Décembre...........	242	64	1	9	165	481
Récapitulation par saisons.						
1re Saison...........	345	325	3	10	695	1,378
2e Saison...........	487	365	4	6	506	1,368
3e Saison...........	731	318	10	13	577	1,649
Année	**1,563**	**1,008**	**17**	**29**	**1,778**	**4,395**

TROUPES EUROPÉENNES : TOTALITÉ.

Les isolés qui ne figurent pas dans les tableaux précédents rentrent dans ces totaux.

	PALUDISME.	DYSENTÉRIE.	CHOLÉRA.	BLESSURES.	MALADIES diverses.	TOTAL.
Janvier.............	255	108	2	5	205	575
Février.............	204	115	»	4	251	574
Mars...............	202	141	»	3	309	655
Avril...............	183	151	1	3	249	587
Mai.................	300	204	3	5	255	767
Juin	423	220	2	»	210	855
Juillet..............	426	139	1	7	174	747
Août................	304	158	»	4	179	645
Septembre..........	315	171	2	3	171	662
Octobre.............	330	175	21	»	211	737
Novembre...........	345	140	4	14	194	697
Décembre...........	424	117	1	24	229	795

	PALUDISME.	DYSENTÉRIE.	CHOLÉRA.	BLESSURES.	AUTRES maladies.	TOTAL.
Récapitulation par saisons.						
1re Saison	844	515	3	15	1,014	2,391
2e Saison	1,453	721	6	16	818	3,014
3e Saison	1,414	603	28	41	805	2,891
ANNÉE	**3,711**	**1,839**	**37**	**72**	**2,637**	**8,296**

c). — TROUPES INDIGÈNES.

	PALUDISME.	DYSENTÉRIE.	CHOLÉRA.	BLESSURES.	MALADIES diverses.	TOTAL.
Janvier	156	21	1	38	330	546
Février	56	29	»	39	354	478
Mars	133	41	»	33	363	570
Avril	190	43	»	41	412	686
Mai	223	56	7	21	359	666
Juin	238	63	1	27	357	686
Juillet	201	43	4	53	306	607
Août	272	38	2	23	381	716
Septembre	190	32	1	13	309	545
Octobre	127	38	3	51	249	468
Novembre	155	25	9	24	304	517
Décembre	189	21	3	57	294	564
Récapitulation par saisons.						
1re Saison	535	134	1	151	1,459	2,280
2e Saison	934	200	14	124	1,403	2,675
3e Saison	661	116	16	145	1,156	2,094
ANNÉE	**2,130**	**450**	**31**	**420**	**4,018**	**7,049**

TABLEAU COMPARATIF DES ENTRÉES DES EUROPÉENS ET DES INDIGÈNES.

	PALUDISME.	DYSENTÉRIE.	CHOLÉRA.	BLESSURES.	MALADIES diverses.	TOTAL.
	Première saison.					
Européens.....	844	515	3	15	1,014	2,391
Indigènes......	535	134	1	151	1,459	2,280
	Deuxième saison.					
Européens.....	1,453	721	6	16	818	3,014
Indigènes......	934	200	14	124	1,403	2,675
	Troisième saison.					
Européens.....	1,414	603	28	41	805	2,891
Indigènes......	661	116	16	145	1,156	2,094

RÉCAPITULATION DES ENTRÉES DES EUROPÉENS ET DES INDIGÈNES PENDANT L'ANNÉE 1890.

	PALUDISME.	DYSENTÉRIE.	CHOLÉRA.	BLESSURES.	MALADIES diverses.	TOTAL.
	ANNÉE.					
Européens.....	**3,711**	**1,839**	**37**	**72**	**2,637**	**8,296**
Indigènes......	**2,130**	**450**	**31**	**420**	**4,018**	**7,049**

Le chiffre moyen des troupes européennes oscille autour de 8,500 hommes; celui des indigènes dépasse 10,500.

Ces résultats sont à beaucoup d'égards comparables à ceux de l'année précédente. Ils sont, proportions gardées, quelque peu plus élevés; la majoration porte sur deux chiffres, celui qui correspond aux entrées par blessures de guerre et celui des admissions pour maladies sporadiques, chirurgicales et autres. Le pourcentage de ce que nous appellerons les maladies ordinaires va en augmentant à mesure que diminue la morbidité endémique. Ce fait est surtout sensible pour les soldats de marine et les Annamites. Il y a lieu également de faire remarquer combien s'accroît, d'année en année, le chiffre des blessures dans le contingent indigène.

MORBIDITÉ COMPARÉE (EUROPÉENS ET INDIGÈNES).

CAS POUR 1000.

	PALUDISME.	DYSENTÉRIE.	CHOLÉRA et blessures.	MALADIES diverses.	TOTAL.
Première saison.					
Européens	98(1)×3=294(2)	58×3=174	2×3= 6	118×3=354	276×3=828
Indigènes	43 ×3=129	11×3= 33	12×3=36	116×3=348	182×3=546
Deuxième saison.					
Européens	169×3=507	84×3=252	2×3= 6	94×3=282	349×3=1,047
Indigènes	86×3=258	18×3= 54	13×3=39	130×3=390	247×3= 741
Troisième saison.					
Européens	174×3=522	74×3=222	9×3=27	99×3=297	356×3=1,068
Indigènes	75×3=225	13×3= 39	19×3=57	131×3=393	238×3= 714
ANNÉE.					
Européens	439	216	13	311	979
Indigènes	199	42	42	375	658

(1) Ce premier chiffre correspond à la notation habituelle.
(2) Ce second, multiple du premier par 3, est particulier à ce mémoire.

On voit que la morbidité entre Européens et Indigènes s'égalise et que la proportion des entrées pour maladies ordinaires tend à devenir plus élevée pour les contingents annamites que pour les troupes venues d'Europe. Un autre fait mérite de retenir l'attention, c'est le chiffre considérable des admissions pour blessures reçues sur le champ de bataille ou plus souvent encore dans la défense des convois sur les routes de Lang-Son, de Cho-Moï, de Lao-Kaï, etc.

MORBIDITÉ COMPARÉE DES GARNISONS DU HAUT-TONKIN ET DU DELTA.

Ces garnisons sont constituées d'une part par les troupes d'Afrique (légion et infanterie légère) et de l'autre par les soldats de marine. Nous n'avons groupé dans le tableau ci-après que les résultats pour les premières troupes réunies. On trouvera le second terme immédiatement au-dessous, dans le premier des tableaux résumant le pourcentage pour 1000 par corps.

TROUPES DU HAUT-TONKIN.

	PALUDISME.	DYSENTÉRIE.	CHOLÉRA et blessures.	MALADIES diverses.	TOTAL.
Régiments étrangers et bataillons d'Afrique.					
1re Saison	139×3=417	51×3=153	2×3= 6	81×3=243	273×3= 819
2e Saison	299×3=897	107×3=321	2×3= 6	94×3=282	502×3=1,506
3e Saison	231×3=693	95×3=285	16×3=48	74×3=222	416×3=1,248
ANNÉE	668	252	19	252	1,191

MORBIDITÉ COMPARÉE PAR CORPS.

	PALUDISME.	DYSENTÉRIE.	CHOLÉRA et blessures.	MALADIES diverses.	TOTAL.
Troupes de marine en garnison dans le Delta.					
1re Saison	69×3=207	65×3=195	3×3= 9	139×3=417	276×3=828
2e Saison	108×3=324	81×3=243	2×3= 6	113×3=339	304×3=912
3e Saison	133×3=399	58×3=174	4×3=12	105×3=315	300×3=900
ANNÉE	303	194	9	344	850
Régiments étrangers en garnison dans le Haut-Tonkin.					
1re Saison	148×3=444	51×3=153	1×3= 3	94×3=282	294×3= 882
2e Saison	280×3=840	106×3=318	3×3= 9	95×3=285	484×3=1,452
3e Saison	230×3=690	92×3=276	11×3=33	76×3=228	409×3=1,227
ANNÉE	658	251	16	266	1,191
Bataillons d'Afrique en garnison dans le Haut-Tonkin.					
1re Saison	117×3= 351	50×3=150	3×3= 9	40×3=120	210×3= 630
2e Saison	392×3=1,176	110×3=330	»	88×3=264	590×3=1,770
3e Saison (2 mois)	288×3= 864	148×3=444	68×3=204	64×3=192	568×3=1,704
ANNÉE (10 mois)	726	264	38	185	1,213

Jusqu'aux derniers jours, la morbidité des bataillons d'Afrique est plus élevée que celle de tous les autres corps ; elle rappelle celle des plus mauvaises années du Tonkin. En 1890, ils n'ont pas eu cependant à concourir à un service qui fût particulièrement pénible. Les postes et places dont l'occupation leur était dévolue ne comptent pas parmi les plus malsains de ce pays. Nous verrons plus loin que la mortalité est également très forte chez eux..... La malchance s'acharne après ce groupe sous forme d'une épidémie de choléra qui les éprouve au moment précis de l'embarquement.

STATISTIQUES DE L'ÉTAT-MAJOR.

Nous les donnons à titre de renseignements complémentaires.

a). — MORBIDITÉ. — ENTRÉES AUX HÔPITAUX.

	CHOLÉRA.		TOUTES AUTRES MALADIES.	
	Européens.	Indigènes.	Européens.	Indigènes.
Janvier	2	1	685	506
Février	2	»	675	467
Mars	3	»	766	561
Avril	5	»	798	650
Mai	9	16	992	681
Juin	12	15	1,065	679
Juillet	1	5	940	527
Août	1	2	769	644
Septembre	1	1	806	502
Octobre	37	3	954	440
Novembre	13	8	891	470
Décembre	2	3	925	473
ANNÉE	**88**	**54**	**10,266**	**6,600**

b). — MORTALITÉ.

	BLESSURES.		CHOLÉRA.		AUTRES maladies.		TOTAUX.	
	Européens.	Indigènes.	Européens.	Indigènes.	Européens.	Indigènes.	Européens.	Indigènes.
Janvier	1	1	2	»	28	12	31	13
Février	2	»	2	»	20	13	24	13
Mars	1	»	3	»	11	14	15	14
Avril	3	9	2	»	21	21	26	30
Mai	3	3	9	12	42	17	54	32
Juin	1	2	12	12	98	22	111	36
Juillet	4	3	1	4	76	19	81	26
Août	2	»	1	2	48	22	51	24
Septembre	1	2	7	1	85	23	93	26
Octobre	3	4	36	2	61	23	100	29
Novembre	2	11	13	8	52	17	67	36
Décembre	7	1	2	2	43	14	52	17
ANNÉE	**30**	**36**	**90**	**43**	**585**	**217**	**705**	**296**

§ 2. — STATISTIQUES DE LA DIRECTION DU SERVICE DE SANTÉ.

RELEVÉS DES CAHIERS DE DÉCÈS.

Ces statistiques comprennent la totalité des décès dans chaque corps, qu'ils se soient produits en dedans ou en dehors des formations hospitalières. Elles sont tenues par corps, de sorte que leur exactitude est complète. A chaque enregistrement le diagnostic est inscrit tel que l'a transmis l'avis de décès. Dans les hôpitaux et ambulances, dans les infirmeries de garnison, l'avis est établi par le médecin, mais il provient des commandants de postes là où il n'en existe pas. Les disparus sont portés comme tués à l'ennemi. On sait que dans cette guerre avec les bandes pirates les blessés ont toujours été achevés.

Nous nous efforcerons, dans une étude d'ensemble reportée à la fin de ce travail, de faire la part qui revient à ces morts survenues en dehors des soins du médecin.

a). — GARNISONS DU HAUT-TONKIN.

1° RÉGIMENTS ÉTRANGERS.

	PALUDISME.	DYSENTÉRIE.	CHOLÉRA.	BLESSURES.	MALADIES diverses.	TOTAL.
Janvier	9	1	»	1	1	12
Février	3	»	»	»	»	3
Mars	4	1	»	1	1	7
Avril	8	2	»	3	2	15
Mai	18	4	»	4	5	31
Juin	50	7	6	1	6	70
Juillet	29	4	»	4	2	39
Août	12	6	»	»	4	22
Septembre	20	12	»	»	2	34
Octobre	12	6	7	2	5	32
Novembre	17	7	»	3	3	30
Décembre	15	5	1	7	»	28
Récapitulation par saisons.						
1re Saison	24	4	»	5	4	37
2e Saison	109	21	6	9	17	162
3e Saison	64	30	8	12	10	124
ANNÉE	**197**	**55**	**14**	**26**	**31**	**323**

La majoration du chiffre des entrées se répercute, en s'exagérant, sur celui des morts. Au reste nous avons à signaler, de mai à octobre de cette année, de nombreux et importants changements de garnisons. Or, toute modification dans la répartition régionale des troupes se traduit par une élévation notable de la mortalité.

Les postes et places que laisse vacants le départ des bataillons d'Afrique sont occupés par les bataillons de la légion. Plusieurs de ces postes sont situés sur la ligne Cho-Chu-Cho-Moï et sont particulièrement malsains. Une modification pareille dans l'assiette des casernements ne peut se faire sans entraîner, par les déplacements qu'elle occasionne, de grandes fatigues, surtout à la saison chaude et pendant les mois qui suivent. Il semble que les nouvelles garnisons aient à subir un véritable acclimatement.

2° BATAILLONS D'AFRIQUE.

(Effectif moyen annuel : 600 hommes).

	PALUDISME.	DYSENTÉRIE.	CHOLÉRA.	BLESSURES.	MALADIES diverses.	TOTAL.
Janvier	4	»	»	»	1	5
Février	1	»	»	1	1	3
Mars	»	»	»	»	»	»
Avril	»	»	»	»	»	»
Mai	2	2	»	»	»	4
Juin	12	6	»	1	1	20
Juillet	11	7	»	»	2	20
Août	14	2	»	5	»	21
Septembre	21	9	9	1	»	40
Octobre	13	5	16	»	2	36
Novembre	4	3	»	»	1	8
Décembre	1	3	»	»	2	6
Récapitulation par saisons.						
1re Saison	5	»	»	1	2	8
2e Saison	39	17	»	6	3	65
3e Saison	39	20	25	1	5	90
ANNÉE	**83**	**37**	**25**	**8**	**10**	**163**

Ces bataillons n'ont présenté à aucune autre époque, sauf en 1885, une mortalité aussi désastreuse.

Les effectifs, avons-nous dit et nous tenons à le répéter ici, ont beaucoup varié dans le courant de l'année. En mars, 500 hommes sont rapatriés; le second groupe embarque en octobre. Il ne reste plus au Tonkin que les malades non transportables et dont plusieurs achèvent de mourir en novembre et décembre. Nous faisons entrer dans la statistique des dix mois ces décès en quelque sorte posthumes. Ce calcul grève, il est vrai, l'obituaire de ce corps d'une quantité que l'on peut qualifier d'anormale, mais que nous ne pouvons faire figurer ailleurs.

b). — GARNISONS DU DELTA.

TROUPES DE MARINE.

	PALUDISME.	DYSENTÉRIE.	CHOLÉRA.	BLESSURES.	MALADIES diverses.	TOTAL.
Janvier	3	2	1	1	»	7
Février	3	2	9	1	6	21
Mars	4	1	2	3	»	10
Avril	2	»	3	»	2	7
Mai	7	4	6	»	1	18
Juin	12	7	»	1	6	26
Juillet	10	2	»	1	2	15
Août	6	1	2	2	2	13
Septembre	5	6	1	»	2	14
Octobre	9	7	10	»	3	29
Novembre	8	4	13	1	1	27
Décembre	15	5	1	6	1	28
Récapitulation par saisons.						
1re Saison	12	5	15	5	8	45
2e Saison	35	14	8	4	11	72
3e Saison	37	22	25	7	7	98
ANNÉE	**84**	**41**	**48**	**16**	**26**	**215**

Les pertes sont plus élevées que l'année précédente, défalcation faite de la mortalité accidentelle et épidémique. Une partie des compagnies d'infanterie est appelée à prendre part aux mutations de garnisons qui s'opèrent et à remplacer dans les postes de la ligne du chemin de fer et du Loch-Nam les troupes d'Afrique qui y cantonnaient.

L'effectif budgétaire de l'infanterie est de 3,695 hommes, cadres compris. Celui de l'artillerie est de 966, soit un total de 4,661 officiers, sous-officiers et soldats.

Cet effectif est quelque peu dépassé à l'époque où s'opèrent les relèves, par suite de la présence simultanée d'une partie des rapatriables et de leurs remplaçants. Pendant la saison chaude il est abaissé ainsi que pendant les premiers mois de l'arrière-saison, les manquants n'étant que tardivement et incomplètement remplacés à ces périodes.

Comme il s'agit surtout de comparaison d'une année à l'autre et que les mêmes causes entraînent annuellement les mêmes effets en se renouvelant et en se répétant, nous avons adopté à partir de 1890 où les effectifs sont restés fixes le total uniforme de 4,700 hommes pour l'année entière.

Il nous reste à fournir un dernier détail qui a son importance dans l'évaluation de la morbidité, dans le calcul des entrées et du pourcentage, à savoir que les cadres européens des troupes indigènes font nombre avec les soldats de marine dont ils proviennent. Toutefois, ils figurent à part dans les statistiques de mortalité.

DÉCÈS DE LA TOTALITÉ DES SOLDATS EUROPÉENS.

	PALUDISME.	DYSENTÉRIE.	CHOLÉRA.	BLESSURES.	MALADIES diverses.	TOTAL.
Janvier	20	4	1	3	4	32
Février	8	2	9	1	7	27
Mars	9	2	2	6	1	20
Avril	12	2	3	4	4	25
Mai	28	8	6	4	6	52
Juin	65	14	6	2	14	101
Juillet	40	6	»	5	5	56
Août	20	7	2	2	6	37
Septembre	49	28	10	1	4	92
Octobre	39	18	35	2	10	104
Novembre	31	15	13	4	5	68
Décembre	31	13	2	14	3	63
Récapitulation par saisons.						
1re Saison	49	10	15	14	16	104
2e Saison	153	35	14	13	31	246
3e Saison	150	74	60	21	22	327
ANNÉE	**352**	**119**	**89**	**48**	**69**	**677**

Les effectifs pour ces diverses périodes de l'année sont représentés par les totaux suivants :

	Hommes.
Première saison	8,600
Deuxième saison	8,600
Arrière saison	8,100
Année	8,450

DÉCÈS DES TROUPES INDIGÈNES.

Leur composition et leur nombre varient beaucoup dans le cours de l'année. Elles sont constituées, en janvier et février, à quatre régiments de tirailleurs et quatre bataillons de chasseurs servant en Annam. Deux de ces quatre bataillons sont licenciés en mars; en avril il n'en existe plus qu'un seul qui, en juillet, est fondu dans les milices locales et ne compte plus dans les forces militaires proprement dites. Le 4e régiment tonkinois est administrativement supprimé en octobre, mais dès avant ces dates officielles chacune de ces unités subit de notables réductions.

Les effectifs, par suite, sont très flottants pour les cadres comme pour les indigènes. Un certain nombre d'officiers et de sous-officiers ont été rapatriés par anticipation. On néglige intentionnellement de pourvoir aux vacances qui se produisent au cours de l'exercice; il est également arrivé qu'un groupe assez nombreux a obtenu la faveur de prolonger de quelques semaines après le renvoi des indigènes le séjour dans la colonie.

1° CADRES EUROPÉENS.

(Effectif moyen pour l'année entière : 1,000 hommes).

	PALUDISME.	DYSENTÉRIE.	CHOLÉRA.	BLESSURES.	MALADIES diverses.	TOTAL.
Janvier	3	1	»	»	»	4
Février	1	»	»	1	»	2
Mars	1	»	»	2	»	3
Avril	2	»	»	1	»	3
1re SAISON	7	1	»	4	»	12

	PALUDISME.	DYSENTÉRIE.	CHOLÉRA.	BLESSURES.	MALADIES diverses.	TOTAL.
Mai	3	»	»	»	»	3
Juin	3	»	»	»	2	5
Juillet	1	»	»	»	1	2
Août	2	»	»	»	»	2
2e SAISON	9	»	»	»	3	12
Septembre	3	1	»	»	»	4
Octobre	5	»	2	»	»	7
Novembre	2	1	»	»	»	3
Décembre	»	»	»	1	»	1
3e SAISON	10	2	2	1	»	15
ANNÉE	26	3	2	5	3	39

2° ANNAMITES.

	PALUDISME.	DYSENTÉRIE.	CHOLÉRA.	BLESSURES.	MALADIES diverses.	TOTAL.
Janvier	5	2	1	1	5	14
Février	3	2	»	1	5	11
Mars	6	1	1	»	2	10
Avril	7	1	»	5	6	19
Mai	8	»	2	1	5	16
Juin	9	4	9	»	5	27
Juillet	8	4	5	»	3	20
Août	10	4	1	»	2	17
Septembre	9	6	»	1	4	20
Octobre	8	2	3	2	5	20
Novembre	7	3	6	10	5	31
Décembre	4	4	1	1	5	15
Récapitulation par saisons.						
1re Saison	21	6	2	7	18	54
2e Saison	35	12	17	1	15	80
3e Saison	28	15	10	14	19	86
ANNÉE	84	33	29	22	52	220

L'effectif des régiments indigènes, qui était de 12,500 pendant la première saison, s'abaisse progressivement à 10,800 et 8,800 pendant les deux dernières, la moyenne annuelle pouvant être évaluée à 10,700.

MORTALITÉ COMPARÉE (EUROPÉENS ET INDIGÈNES).

1° DÉCÈS.

	PALUDISME.	DYSENTÉRIE.	CHOLÉRA.	BLESSURES.	MALADIES diverses.	TOTAUX.
Première saison.						
Européens...........	49	10	15	14	16	104
Indigènes............	21	6	2	7	18	54
Deuxième saison.						
Européens...........	153	35	14	13	31	246
Indigènes............	35	12	17	1	15	80
Troisième saison.						
Européens...........	150	74	60	21	22	327
Indigènes............	28	15	10	14	19	86
ANNÉE.						
Européens...........	352	119	89	48	69	677
Indigènes............	84	33	29	22	52	220

L'effectif des troupes européennes de toutes catégories est d'un quart moins élevé que celui des Annamites et pourtant leurs pertes sont triples de celles des indigènes. Il est vrai que la mortalité accidentelle, au sens que nous avons défini, est très forte parmi le premier groupe : 137 morts sur un total de 677. Il n'en est pas moins exact que cette proportion se retrouve pour les décès endémiques, que nous considérons comme la caractéristique dominante.

EUROPÉENS ET INDIGÈNES.

2° CAS POUR 1000.

	PALUDISME.	DYSENTÉRIE.	CHOLÉRA et blessures.	MALADIES diverses.	TOTAUX.
		Première saison.			
Européens..............	6 (1)×3=18 (2)	1 ×3=3	3 ×3=9	2×3=6	12 ×3=36
Indigènes..............	2 ×3= 6	0.5×3=1.5	0.7×3=2	1×3=3	4.2×3=12.5
		Deuxième saison.			
Européens..............	18×3=54	4×3=12	3 ×3=9	3 ×3=9	28×3=84
Indigènes..............	3×3= 9	1×3= 3	1.7×3=5	1.3×3=4	7×3=21
		Troisième saison.			
Européens..............	18×3=54	9×3=27	10×3=30	3×3=9	40×3=120
Indigènes..............	3×3= 9	2×3= 6	3×3= 9	2×3=6	10×3= 30
		ANNÉE.			
Européens..............	42	14	16	8	80
Indigènes..............	8	3	5	5	21

(1) Ce premier chiffre est la notation de la saison considérée comme un tiers de l'année (quatre mois).
(2) Ce second chiffre, multiple du premier par 3, est la notation de la saison considérée fictivement comme une annuité de douze mois.

La proportion de la mortalité endémique est, dans les années moyennes, de 4 décès européens pour 1 décès indigène. Ici elle atteint le rapport de 5 à 1. En ce qui concerne le choléra, elle est conforme aux observations antérieures. Une seule remarque à formuler en plus, c'est que la mortalité sporadique subit la progression croissante signalée depuis l'année 1889 dans les groupes annamite et européen.

MORTALITÉ COMPARÉE PAR CORPS (1).

	PALUDISME.	DYSENTÉRIE.	CHOLÉRA et blessures.	MALADIES diverses.	TOTAUX.
1° Régiments étrangers.					
1re Saison	9.3×3= 28	1.7×3= 5	2×3= 6	1.7×3= 5	14.7×3= 44
2e Saison	44 ×3=132	8 ×3=24	6×3=18	7 ×3=21	65 ×3=195
3e Saison	26 ×3= 78	12 ×3=36	8×3=24	4 ×3=12	50 ×3=150
Année	79	22	16	13	130
2° Bataillons d'Afrique.					
1re Saison	6×3= 18	»	1.3×3= 4	2.7×3= 8	10×3= 30
2e Saison	78×3=234	34×3=102	12 ×3= 36	6 ×3=18	130×3= 390
3e Saison	140×3=420	80×3=240	100 ×3=300	20 ×3=60	340×3=1,020
Année	166	74	66	20	326
3° Troupes de marine.					
1re Saison	2.6×3= 8	1×3= 3	4 ×3=12	1.7×3=5	9.3×3=28
2e Saison	7.7×3=23	3×3= 9	2.7×3= 8	2.3×3=7	15.7×3=47
3e Saison	8 ×3=24	5×3=15	7 ×3=21	1 ×3=3	21 ×3=63
Année	18	9	14	5	46
4° Cadres européens des troupes indigènes.					
1re Saison	7×3=21	1×3=3	4×3=12	»	12×3=36
2e Saison	9×3=27	»	»	3×3=9	12×3=36
3e Saison	10×3=30	2×3=6	3×3= 9	»	15×3=45
Année	26	3	7	3	39

On peut dire que l'obituaire des bataillons d'Afrique n'est qu'une liquidation du passif accumulé de toute l'année. Les malades graves ont été maintenus dans les hôpitaux de la colonie lors du rapatriement des unités auxquelles ils appartenaient. Ce sont eux qui, en s'ajoutant aux maladies intercurrentes, chargent à ce point le bilan de la mortalité; mais il n'est pas moins vrai qu'en faisant continuer à compter comme présents au Tonkin les 1,000 hommes renvoyés dans les garnisons d'Afrique, ces bataillons n'en présenteraient pas moins une proportion désastreuse de morts. La léthalité s'évaluerait pour l'année

(1) Pour les indigènes, il suffit de se reporter au tableau précédent.

à 163 pour 1000 dont 120 pour 1000 au seul titre des maladies endémiques. Il faut d'ailleurs remarquer que cette dernière moyenne est presque atteinte par la légion qui fournit annuellement une mortalité moins défavorable.

Quoi qu'il en soit, qu'on accepte les chiffres de nos tableaux tels qu'ils se déduisent des données habituelles ou qu'on les amende en partant de considérations que nous avons exposées, cette troupe quitte le Tonkin sur une fâcheuse impression, et du premier jour au dernier cette terre lui aura été fatale.

§ 3. — MORTS VIOLENTES.

	EUROPÉENS.				INDIGÈNES.			
	Tués.	Noyés.	Suicidés.	Totaux.	Tués.	Noyés.	Suicidés	Totaux.
Janvier	2	1	1	4	»	»	»	»
Février	1	2	»	3	»	»	»	»
Mars	6	2	»	8	1	»	»	1
Avril	2	1	»	3	4	»	»	4
Mai	4	»	»	4	»	»	»	»
Juin	1	»	2	3	1	»	»	1
Juillet	5	1	»	6	»	»	»	»
Août	8	1	»	9	»	»	»	»
Septembre	1	1	»	2	»	3	»	3
Octobre	3	2	»	5	1	»	»	1
Novembre	5	»	»	5	10	1	»	11
Décembre	13	»	»	13	2	»	»	2
ANNÉE	**51**	**11**	**3**	**65**	**19**	**4**	»	**23**

§ 4. — RAPATRIEMENTS.

La distinction n'est pas établie entre le personnel militaire et les fonctionnaires civils. Cette confusion porte surtout sur la catégorie d'officiers; elle n'a que très peu d'importance en ce qui concerne les troupes, car la proportion des civils est tout à fait minime pour cette catégorie.

Cette observation s'applique à toutes les statistiques de même nature reproduites plus loin.

MOIS.	OFFICIERS.	TROUPES.	TOTAL.
Janvier	17	184	201
Février	15	176	191
Mars	12	112	124
Avril	21	141	162
Mai	17	189	206
Juin	»	»	»
Juillet	13	348	361
Août	7	191	198
Septembre	»	»	»
Octobre	»	»	»
Novembre	10	282	292
Décembre	11	232	243
TOTAUX	**123**	**1,855**	**1,978**

LIVRE VIII

ANNÉE 1891

ANNÉE 1891

Les effectifs européens demeurent invariables, comme composition et comme fixations budgétaires, de 1891 à 1896.

Il ne reste plus au Tonkin que deux groupes bien distincts au point de vue du recrutement et du rattachement : d'une part les bataillons étrangers auxquels nous joignons une fraction de corps, la compagnie de pontonniers destinée à encadrer des auxiliaires indigènes; d'autre part les soldats de marine.

Les bataillons étrangers sont au nombre de quatre. Leur effectif, officiers et soldats, est réglementairement de 2,552 hommes. La compagnie de pontonniers est prévue à l'effectif de 121 Européens. Le total général, pour ce groupe, serait donc de 2,673 rationnaires.

Ce chiffre n'est en réalité qu'un postulat administratif. Il faut compter qu'en pratique, par suite des décès et des rapatriements anticipés, il se produit un manquant qu'on peut évaluer au minimum à un dixième de l'effectif. A ce titre, il faudrait défalquer du total ci-dessus 267 unités. Mais il faut d'un autre côté envisager qu'au moment des relèves il se produit passagèrement, pendant une période très variable, une majoration relative.

Nous croyons être plus près de la vérité en prenant un chiffre moyen, basé sur des comparaisons répétées, qu'en acceptant les effectifs mensuels fournis par les portions centrales. Ces données ne peuvent, dans cette colonie, être suivies de très près, ni exactement contrôlées en raison de l'éparpillement des groupes et surtout de l'utilisation fréquente d'un certain nombre de gradés et de soldats, en dehors des compagnies, sans que leur rattachement administratif soit toujours bien défini et interprété d'une façon uniforme au point de vue de cette numération des effectifs.

La composition des troupes de marine est fixée comme suit par la loi budgétaire : 2 régiments de marche à 3 bataillons de 600 hommes chacun. Le total annuel, en comprenant les états-majors et le personnel détaché, varie d'une année à l'autre de 3,695 à 3,715. L'artillerie de marine compte 966 hommes. Le total général pour ces deux groupes serait de 4,661 hommes. Pour les calculs de la morbidité, il faut y ajouter les cadres des régiments tonkinois fixés à 768 officiers et gradés européens, soit 5,329 à 5,440.

Nous aurions, pour cette troupe comme pour celle qui relève originellement du Ministère de la guerre, à tenir compte des déchets. Mais il existe un autre élément digne d'entrer dans le calcul : c'est la présence en Annam de deux compagnies de 120 hommes provenant de la Cochinchine et pouvant être considérés comme comblant ces vides éventuels.

Pour ces motifs, nous estimons que l'on peut évaluer à 4,500 hommes en moyenne le nombre total des militaires relevant de la marine.

La flotte n'est pas comprise dans cette numération. L'organisation d'une infirmerie-hôpital à bord de l'*Adour,* les déplacements fréquents et prolongés de quelques-uns des bâtiments de la station navale font qu'on ne peut suivre pour ce corps les mouvements des malades.

§ 1er. — MORBIDITÉ.

ENTRÉES AUX HÔPITAUX.

a). — GARNISONS DU HAUT-TONKIN.

(Troupes de la guerre : 2,500 hommes.)

	PALUDISME.	DYSENTÉRIE.	CHOLÉRA.	BLESSURES.	MALADIES diverses.	TOTAL.
Janvier	232	51	»	4	54	341
Février	163	44	4	3	59	273
Mars	82	26	1	»	50	159
Avril	113	41	»	11	62	227
Mai	194	41	»	2	57	294
Juin	260	62	»	»	38	360
Juillet	228	42	»	1	45	316
Août	209	41	»	»	48	298

	PALUDISME.	DYSENTÉRIE.	CHOLÉRA.	BLESSURES.	MALADIES diverses.	TOTAL.
Septembre	169	27	»	1	47	244
Octobre	155	27	»	3	51	236
Novembre	145	35	1	2	53	236
Décembre	135	35	1	»	80	251
Récapitulation par saisons.						
1re Saison	590	162	5	18	225	1,000
2e Saison	891	186	»	3	188	1,268
3e Saison	604	124	2	6	231	967
ANNÉE	**2,085**	**472**	**7**	**27**	**644**	**3,235**

b). — GARNISONS DU DELTA.

TROUPES DE MARINE.

(5,400 hommes.)

	PALUDISME.	DYSENTÉRIE.	CHOLÉRA.	BLESSURES.	MALADIES diverses.	TOTAL.
Janvier	279	46	6	9	124	464
Février	237	51	»	»	157	445
Mars	214	53	»	14	204	485
Avril	193	63	»	2	143	401
Mai	281	83	»	»	149	513
Juin	286	71	»	»	113	470
Juillet	289	94	»	»	170	553
Août	237	128	»	2	144	511
Septembre	241	87	»	7	138	473
Octobre	186	51	»	»	140	377
Novembre	222	47	1	5	162	437
Décembre	199	52	1	9	107	368
Récapitulation par saisons.						
1re Saison	923	213	6	25	628	1,795
2e Saison	1,093	376	»	2	576	2,047
3e Saison	848	237	2	21	547	1,655
ANNÉE	**2, 864**	**826**	**8**	**48**	**1,751**	**5,497**

c). — TROUPES INDIGÈNES.

(10,200 hommes.)

Les effectifs des troupes annamites ne varient pas plus que les effectifs européens à partir de cette époque. Ils sont constitués par trois régiments de tirailleurs auxquels il faut ajouter les conducteurs auxiliaires d'artillerie, du train, de la remonte et enfin des pontonniers indigènes. Tout cet ensemble, en dehors des tirailleurs, constitue un millier d'hommes.

Aux évaluations budgétaires, les régiments tonkinois sont portés au chiffre de 9,132 hommes.

Les manquants sont peu nombreux dans cette catégorie. Ils sont comblés par les engagements volontaires et nous n'avons à en tenir compte que dans une mesure restreinte.

L'effectif moyen annuel du contingent annamite peut être fixé à 10,200 soldats.

	PALUDISME.	DYSENTÉRIE.	CHOLÉRA.	BLESSURES.	MALADIES diverses.	TOTAL.
Janvier	186	10	4	22	305	527
Février	191	16	»	28	252	487
Mars	142	29	»	29	221	421
Avril	178	18	»	70	268	534
Mai	214	30	»	21	212	477
Juin	250	37	»	26	189	502
Juillet	289	44	»	13	237	583
Août	302	31	»	28	207	568
Septembre	179	29	»	20	362	590
Octobre	317	34	2	22	420	795
Novembre	206	33	4	31	399	673
Décembre	217	41	»	36	403	697
Récapitulation par saisons.						
1re Saison	697	73	4	149	1,046	1,969
2e Saison	1,055	142	»	88	845	2,130
3e Saison	919	137	6	109	1,584	2,755
ANNÉE	**2,671**	**352**	**10**	**346**	**3,475**	**6,854**

MORBIDITÉ COMPARÉE (EUROPÉENS ET INDIGÈNES).

a). — ENTRÉES.

	PALUDISME.	DYSENTÉRIE.	CHOLÉRA.	BLESSURES.	MALADIES diverses.	TOTAUX.
Première saison.						
Européens.....	1,513	375	11	43	853	2,795
Indigènes.....	697	73	4	149	1,046	1,969
Deuxième saison.						
Européens.....	1,984	562	»	5	764	3,315
Indigènes......	1,055	142	»	88	845	2,130
Troisième saison.						
Européens.....	1,452	361	4	27	778	2,622
Indigènes......	919	137	6	109	1,584	2,755
ANNÉE.						
Européens.....	**4,949**	**1,298**	**15**	***75**	**2,395**	**8,732**
Indigènes......	**2,671**	**352**	**10**	**346**	**3,475**	**6,854**

b). — CAS POUR 1000.

	PALUDISME.	DYSENTÉRIE.	CHOLÉRA et blessures.	MALADIES diverses.	TOTAUX.
Première saison.					
Européens.............	192(1) × 3 = 576(2)	47 × 3 = 141	6 × 3 = 18	108 × 3 = 324	353 × 3 = 1,059
Indigènes.............	68 × 3 = 204	7 × 3 = 21	15 × 3 = 45	102 × 3 = 306	192 × 3 = 576
Deuxième saison.					
Européens.............	251 × 3 = 753	71 × 3 = 213	»	97 × 3 = 291	419 × 3 = 1,257
Indigènes.............	103 × 3 = 309	14 × 3 = 42	8 × 3 = 24	83 × 3 = 249	208 × 3 = 624
Troisième saison.					
Européens.............	184 × 3 = 552	46 × 3 = 138	4 × 3 = 12	98 × 3 = 294	332 × 3 = 996
Indigènes.............	90 × 3 = 270	13 × 3 = 39	11 × 3 = 33	155 × 3 = 465	269 × 3 = 807
ANNÉE.					
Européens.............	627	164	11	303	1,105
Indigènes.............	262	34	35	340	671

(1) Ce premier chiffre est la notation de la saison considérée comme un tiers de l'année.
(2) Ce second est la notation de la saison considérée fictivement comme une annuité de douze mois.

Ces moyennes sont plus élevées que celles de l'année précédente, sauf en ce qui concerne la dysentérie. Les proportions sont restées les mêmes pour les affections sporadiques. La morbidité palustre est plus forte, ce qui tient à une cause que nous avons signalée déjà : la pacification se fait du sud au nord, de sorte que les garnisons se reportent progressivement au voisinage des frontières chinoises et deviennent de moins en moins nombreuses au-dessous du Fleuve Rouge.

Ces observations s'appliquent plus particulièrement au contingent européen; mais elles sont exactes pour les soldats indigènes, sans que la morbidité de ce groupe présente une différence notable d'une année à l'autre.

MORBIDITÉ COMPARÉE DES TROUPES EUROPÉENNES PAR CORPS ET PAR RÉGIONS.

a). — ENTRÉES.

	PALUDISME.	DYSENTÉRIE.	CHOLÉRA.	BLESSURES.	MALADIES diverses.	TOTAL.
Première saison.						
Haut-Tonkin....	590	162	5	18	225	1,000
Delta..........	923	213	6	25	628	1,795
Deuxième saison.						
Haut-Tonkin...	891	186	»	3	188	1,268
Delta..........	1,093	376	»	2	576	2,047
Troisième saison.						
Haut-Tonkin...	604	124	2	6	231	967
Delta..........	848	237	2	21	547	1,655
ANNÉE.						
Haut-Tonkin...	**2,085**	**472**	**7**	**27**	**644**	**3,235**
Delta	**2,864**	**826**	**8**	**48**	**1,751**	**5,497**

b). — CAS POUR 1000.

	PALUDISME.	DYSENTÉRIE.	CHOLÉRA et blessures.	MALADIES diverses.	TOTAL.
	1° Haut-Tonkin : Légion.				
1re Saison	236 (1) × 3 = 708 (2)	65 × 3 = 195	9 × 3 = 27	90 × 3 = 270	400 × 3 = 1,200
2e Saison	356 × 3 = 1,068	74 × 3 = 222	1 × 3 = 3	75 × 3 = 225	506 × 3 = 1,518
3e Saison	241 × 3 = 723	49 × 3 = 147	3 × 3 = 9	92 × 3 = 276	385 × 3 = 1,155
ANNÉE	834	188	14	258	1,294
	2° Delta : Soldats de marine.				
1re Saison	171 × 3 = 513	39 × 3 = 117	6 × 3 = 18	116 × 3 = 348	332 × 3 = 996
2e Saison	202 × 3 = 606	70 × 3 = 210	»	107 × 3 = 321	379 × 3 = 1,137
3e Saison	157 × 3 = 471	44 × 3 = 132	4 × 3 = 12	101 × 3 = 303	306 × 3 = 918
ANNÉE	530	153	11	324	1,018

(1) Comme dans tous les tableaux similaires, le premier chiffre est la notation de la saison considérée comme un tiers de l'année.

(2) Le second chiffre, multiple du premier par 3, est la notation de la saison considérée comme une annuité complète (douze mois).

§ 2. — MORTALITÉ.

a). — GARNISONS DU HAUT-TONKIN.

TROUPES DE LA GUERRE.

(Effectif moyen : 2,500 hommes).

	PALUDISME.	DYSENTÉRIE.	CHOLÉRA.	BLESSURES.	MALADIES diverses.	TOTAL.
Janvier	15	8	»	2	3	28
Février	7	5	»	»	1	13
Mars	8	1	»	»	4	13
Avril	5	3	»	5	3	16
Mai	22	3	»	2	5	32
Juin	45	7	»	»	8	60
Juillet	46	7	»	1	2	56
Août	18	12	»	1	1	32
Septembre	15	8	»	»	»	23
Octobre	11	3	»	»	3	17
Novembre	9	2	2	2	»	15
Décembre	5	1	»	1	2	9

	PALUDISME.	DYSENTÉRIE.	CHOLÉRA.	BLESSURES.	MALADIES diverses.	TOTAL.
	Récapitulation par saisons.					
1re Saison.............	35	17	»	7	11	70
2e Saison.............	131	29	»	4	16	180
3e Saison.............	40	14	2	3	5	64
ANNÉE	**206**	**60**	**2**	**14**	**32**	**314**

L'année 1891 peut être considérée comme une année moyenne. Les décès par choléra sont réduits au minimum, les morts par blessures ne sont pas nombreuses. Pour toute la période que nous étudions, c'est une des annuités les moins chargées à ce point de vue. Il y a lieu de retenir que les deux tiers des pertes sont imputables au paludisme, que sur les 108 décès relevant d'une autre étiologie, 60, c'est-à-dire plus de la moitié, sont dus à la dysentérie et que 32 seulement, soit un dixième, ont pour cause les maladies ordinaires.

b). — GARNISONS DU DELTA.

TROUPES DE MARINE.

(Effectif : 4,700 hommes, cadres des tirailleurs non compris.)

	PALUDISME.	DYSENTÉRIE.	CHOLÉRA.	BLESSURES.	MALADIES diverses.	TOTAL.
Janvier.............	9	1	1	4	6	21
Février.............	10	2	1	»	2	15
Mars.............	5	2	»	4	1	12
Avril.............	10	3	»	1	2	16
Mai.............	25	4	»	»	4	33
Juin.............	28	3	»	»	4	35
Juillet.............	26	6	»	»	1	33
Août.............	13	5	»	1	4	23
Septembre.............	12	3	»	3	3	21
Octobre.............	7	4	»	»	2	13
Novembre.............	9	2	»	»	2	13
Décembre.............	8	1	1	5	3	18
	Récapitulation par saisons.					
1re Saison.............	34	8	2	9	11	64
2e Saison.............	92	18	»	1	13	124
3e Saison.............	36	10	1	8	10	65
ANNÉE.........	**162**	**36**	**3**	**18**	**34**	**253**

La mortalité des troupes de marine est beaucoup moins chargée que celle des troupes de la guerre. Le bénéfice est surtout remarquable en ce qui concerne les maladies endémiques et particulièrement les affections palustres.

c). — TROUPES INDIGÈNES.

1° CADRES.

(Effectif : 700 officiers et sous-officiers européens).

	PALUDISME.	DYSENTÉRIE.	CHOLÉRA.	BLESSURES.	MALADIES diverses.	TOTAL.
Janvier	2	1	»	1	1	5
Février	»	»	»	»	»	»
Mars	»	»	»	»	1	1
Avril	2	»	»	»	»	2
Mai	4	»	»	»	1	5
Juin	5	2	»	1	»	8
Juillet	3	1	»	»	»	4
Août	1	1	»	»	»	2
Septembre	2	1	»	»	»	3
Octobre	2	»	»	3	1	6
Novembre	4	»	»	1	»	5
Décembre	2	»	»	»	»	2
Récapitulation par saisons.						
1re Saison	4	1	»	1	2	8
2e Saison	13	4	»	1	1	19
3e Saison	10	1	»	4	1	16
ANNÉE	27	6	»	6	4	43

2° SOLDATS INDIGÈNES.

	PALUDISME.	DYSENTÉRIE.	CHOLÉRA.	BLESSURES.	MALADIES diverses.	TOTAL.
Janvier	8	2	2	6	5	23
Février	7	2	»	»	10	19
Mars	5	2	»	1	5	13
Avril	7	»	»	5	3	15
Mai	3	0	1	»	5	9
Juin	6	2	»	1	2	11
Juillet	15	6	»	1	4	26
Août	6	8	»	1	7	22

	PALUDISME.	DYSENTÉRIE.	CHOLÉRA.	BLESSURES.	MALADIES diverses.	TOTAL.
Septembre	7	10	»	»	3	20
Octobre	8	5	»	3	9	25
Novembre	14	8	2	4	3	31
Décembre	7	2	»	4	12	25
Récapitulation par saisons.						
1re Saison	27	6	2	12	23	70
2e Saison	30	16	1	3	18	68
3e Saison	36	25	2	11	27	101
ANNÉE	**93**	**47**	**5**	**26**	**68**	**239**

La saison d'été est celle où il meurt le moins d'indigènes, non pas que la mortalité endémique se soit abaissée (elle se maintient pendant les deux dernières saisons à un chiffre notablement plus élevé qu'en hiver), mais les pertes par maladies accidentelles et par affections non endémiques sont moins fortes et ce bénéfice est suffisant pour déterminer cette diminution relative.

TABLEAU COMPARATIF DES DÉCÈS.

	Hommes.
Européens	7,900
Indigènes	10,200

	PALUDISME.	DYSENTÉRIE.	CHOLÉRA.	BLESSURES.	MALADIES diverses.	TOTAUX.
Première saison.						
Européens	73	26	2	17	24	142
Indigènes	27	6	2	12	23	70
Deuxième saison.						
Européens	236	51	»	6	30	323
Indigènes	30	16	1	3	18	68

	PALUDISME.	DYSENTÉRIE.	CHOLÉRA.	BLESSURES.	MALADIES diverses.	TOTAUX.
	Troisième saison.					
Européens	86	25	3	15	16	145
Indigènes	36	25	2	11	27	101
	ANNÉE.					
Européens	395	102	5	38	70	610
Indigènes	93	47	5	26	68	239

MORTALITÉ COMPARÉE. — CAS POUR 1000.

a). — EUROPÉENS ET INDIGÈNES.

	PALUDISME.	DYSENTÉRIE.	CHOLÉRA et blessures	MALADIES diverses.	TOTAL.
	Première saison.				
Européens	9 ×3=27	3 ×3=9	2.4×3=7	3 ×3=9	17.4×3=52
Indigènes	2.6×3= 8	0.5×3=1.5	1.3×3=4	2.3×3=7	6.7×3=20
	Deuxième saison.				
Européens	30×3=90	6.5×3=19.5	1 ×3=3	4 ×3=12	41.5×3=124.5
Indigènes	3×3= 9	1.5×3= 4.5	0.4×3=1	1.7×3= 5	6.6×3= 19
	Troisième saison.				
Européens	11 ×3=33	3 ×3=9	2 ×3=6	2 ×3=6	18×3=54
Indigènes	3.5×3=10.5	2.4×3=7	1.3×3=4	2.7×3=8	10×3=30
	ANNÉE.				
Européens	50	13	5	8	77
Indigènes	9	4	3	7	23

La mortalité d'origine palustre est cinq fois et demie plus élevée dans l'année chez les Européens que chez les Indigènes. Cette différence s'exagère à la saison chaude où la proportion atteint 10 pour 1.

L'écart qui, dans les premières années, était plus notable pour les morts par dysentérie, est devenu moins considérable. Les pertes par affections de cette nature ont sensiblement diminué d'importance dans le contingent des troupes françaises et se maintiennent au même taux dans le contingent annamite.

Les déchets par blessures de guerre ont été plus forts chez les Européens que chez les Indigènes. Ce fait est en opposition avec les chiffres constatés l'année précédente.

La mortalité sporadique est équivalente dans les deux races.

b). — GARNISONS DU HAUT-TONKIN ET DU DELTA.

	PALUDISME.	DYSENTÉRIE.	CHOLÉRA et blessures.	MALADIES diverses.	TOTAUX.
			Première saison.		
Légion	14 × 3 = 42	6.8 × 3 = 20.5	3 × 3 = 9	4.4 × 3 = 13	28.2 × 3 = 84.5
Troupes de marine	7 × 3 = 21	1.7 × 3 = 5	2.3 × 3 = 7	2.3 × 3 = 7	13.3 × 3 = 40
			Deuxième saison.		
Légion	52 × 3 = 156	12.5 × 3 = 37.5	1.6 × 3 = 5	6.4 × 3 = 19	72.5 × 3 = 217.5
Troupes de marine	19.5 × 3 = 58.5	4 × 3 = 12	»	3 × 3 = 9	26.5 × 3 = 79.5
			Troisième saison.		
Légion	16 × 3 = 48	5.6 × 3 = 17	2 × 3 = 6	2 × 3 = 6	25.6 × 3 = 77
Troupes de marine	7.7 × 3 = 23	2 × 3 = 6	2 × 3 = 6	2 × 3 = 6	13.7 × 3 = 41
			ANNÉE.		
Légion	82	24	6.5	13	125.5
Troupes de marine	34	8	4	7	53

Les déchets dans le haut pays sont doubles de ceux que l'on constate dans le Delta. Cette proportion se retrouve dans toutes les catégories de maladies, en dehors du choléra et des blessures de guerre. Elle atteint une moyenne plus élevée pour les maladies endémiques : 2.5 légionnaires pour 1 soldat de marine. A la saison chaude elle est de 3 pour 1.

c). — CADRES EUROPÉENS DES TIRAILLEURS.

	PALUDISME.	DYSENTÉRIE.	CHOLÉRA et blessures.	MALADIES diverses.	TOTAUX.
1re Saison	5.7 × 3 = 17	1.4 × 3 = 4	1.1 × 3 = 4	3 × 3 = 9	11.5 × 3 = 34.5
2e Saison	18.5 × 3 = 55.5	6 × 3 = 18	1.4 × 3 = 4	1.4 × 3 = 4	27.3 × 3 = 82
3e Saison	14.3 × 3 = 43	1.4 × 3 = 4	5.7 × 3 = 17	1.4 × 3 = 4	22.8 × 3 = 68.5
Année	38	8.5	8.5	5	60

Rappelons que les chiffres, pour les tirailleurs que commandent ces gradés, sont les suivants :

	Année.
Paludisme	9
Dysentérie	4
Choléra et blessures	3
Maladies diverses	7
TOTAL	23

Ce rapprochement met en relief la différence de réaction des deux races vis-à-vis du climat que nous étudions. Ajoutons pour compléter la comparaison qu'en été la proportion des décès est encore plus considérable, le pourcentage des linh-co étant de 19 pour 1000 et celui des gradés de 82 pour 1000.

STATISTIQUES DE L'ÉTAT-MAJOR.

Nous donnons, à titre de renseignement complémentaire et sous les réserves précisées antérieurement, les statistiques de la morbidité et de la mortalité d'après les bureaux de l'état-major.

a). — ENTRÉES AUX HÔPITAUX.

	CHOLÉRA.		TOTAL DES ENTRANTS.	
	Européens.	Indigènes.	Européens.	Indigènes.
Janvier	7	5	973	473
Février	»	»	831	436
Mars	1	»	829	494
Avril	»	»	871	464
Mai	»	»	954	435
Juin	»	»	1,566	458
Juillet	»	»	1,244	550
Août	»	»	1,070	508
Septembre	»	»	997	552
Octobre	»	1	979	772
Novembre	2	5	898	644
Décembre	1	1	824	673
TOTAUX	11	12	12,036	6,459
TOTAL GÉNÉRAL	23		18,495	

b). — DÉCÈS.

	CHOLÉRA.		BLESSURES.		AUTRES maladies.		TOTAUX.	
	Européens.	Indigènes.	Européens.	Indigènes.	Européens.	Indigènes.	Européens.	Indigènes.
Janvier	2	2	2	3	52	19	56	24
Février	»	»	»	2	33	23	33	25
Mars	»	»	2	»	21	15	23	15
Avril	»	»	5	7	35	13	40	20
Mai	»	»	1	»	64	12	65	12
Juin	»	»	»	2	67	22	67	24
Juillet	»	»	»	»	70	22	70	22
Août	»	»	»	1	48	17	48	18
Septembre	»	»	1	1	44	22	45	23
Octobre	»	1	2	3	34	21	36	25
Novembre	2	2	1	2	23	26	26	30
Décembre	1	1	3	1	20	24	24	26
ANNÉE	**5**	**6**	**17**	**22**	**511**	**236**	**533**	**264**

§ 3. — MORTS VIOLENTES.

Le total en est de 62 dont 46 sur les champs de bataille (28 Européens et 18 Indigènes). Il y a eu par conséquent 16 morts par accidents ou suicides, tous constatés chez des Européens.

Le chiffre global des décès, en dehors des formations hospitalières, comprend 178 Français et 71 Annamites.

§ 4. — RAPATRIEMENTS.

La statistique n'est établie que par mois. La distinction n'est pas faite entre les différents groupes et le diagnostic de la maladie a parfois été omis.

	OFFICIERS.	HOMMES de troupes.	TOTAUX.
Janvier	14	225	239
Février	21	245	266
Mars	26	241	267
Avril	»	»	»
1re Saison	**61**	**711**	**772**
Mai	26	228	254
Juin	24	211	235
Juillet	13	244	257
Août	34	368	402
2e Saison	**97**	**1,051**	**1,148**
Septembre	»	»	»
Octobre	»	»	»
Novembre	12	295	307
Décembre	5	155	160
3e Saison	**17**	**450**	**467**
Année	**175**	**2,212**	**2,387**

Sur un effectif moyen annuel de moins de 8,000 hommes, il a été rapatrié 2,387 malades ou convalescents, soit 300 pour 1000.

Ce chiffre paraîtra exagéré si l'on ne se place pas au même point de vue que les conseils de santé de la colonie. Le rapatriement leur semble indiqué dès que la guérison ne peut être obtenue qu'à très longue échéance ou que la longueur du séjour et l'usure constatée mettent le militaire en imminence de formes graves d'impaludisme et de dysentérie, le rendant ainsi inapte à un service réellement actif.

LIVRE IX

ANNÉE 1892

ANNÉE 1892

§ 1er. — MORBIDITÉ.

STATISTIQUE DE L'ÉTAT-MAJOR.

	CHOLÉRA.		TOTAL DES ENTRÉES.	
	Européens.	Indigènes.	Européens.	Indigènes.
Janvier	»	»	703	636
Février	»	»	628	531
Mars	»	»	652	572
Avril	5	»	793	619
Mai	»	»	1,069	586
Juin	»	»	1,125	599
Juillet	1	»	1,065	529
Août	»	»	921	507
Septembre	»	»	769	518
Octobre	»	»	788	468
Novembre	»	»	805	663
Décembre	»	»	856	699
ANNÉE	6	»	10,174	6,927
TOTAL GÉNÉRAL	6		17,101	

En se reportant aux chiffres donnés par ce bureau pour l'année précédente, on peut se rendre compte que les entrées ont sensiblement diminué de nombre dans le groupe européen, mais sont restées équivalentes dans le groupe indigène.

Nous retrouvons dans ces statistiques comme dans celles de 1891 les deux traits caractéristiques de la morbidité des deux contingents, quand les circonstances de guerre et d'épidémie ne sont pas assez importantes pour fausser les résultats, à savoir : la majoration des hospitalisations en mai, juin et juillet dans les unités venues d'Europe et l'abaissement relatif des admissions indigènes dans les compagnies annamites qui fournissent le plus grand nombre d'invalidations pendant les mois froids et pluvieux de novembre, décembre et janvier.

STATISTIQUES HOSPITALIÈRES.

a). — GARNISONS DU HAUT-TONKIN.

RÉGIMENTS ÉTRANGERS.

(Effectif moyen : 2,500 hommes.)

	PALUDISME.	DYSENTERIE.	CHOLÉRA.	BLESSURES.	MALADIES diverses.	TOTAL.
Janvier	79	23	»	1	74	177
Février	80	42	1	6	65	194
Mars	50	22	»	4	75	151
Avril	87	22	2	15	89	215
Mai	203	48	»	4	102	357
Juin	279	55	»	3	85	422
Juillet	227	74	1	1	77	380
Août	210	72	»	3	52	337
Septembre	171	46	»	5	54	276
Octobre	197	42	»	8	57	304
Novembre	189	32	1	8	45	275
Décembre	186	31	»	8	52	277
Récapitulation par saisons.						
1re Saison	296	109	3	26	303	737
2e Saison	919	249	1	11	316	1,496
3e Saison	743	151	1	29	208	1,132
ANNÉE	**1,958**	**509**	**5**	**66**	**827**	**3,365**

Les entrées augmentent de la première à la deuxième saison dans la proportion de 1 à 2 pour l'ensemble des admissions et dans celle de 1 à 3 pour les paludéens; elles diminuent de moitié pour les blessures de guerre et se maintiennent au même taux pour les maladies endémiques.

b). — GARNISONS DU DELTA.

TROUPES DE MARINE.

(Effectif moyen : 5,400 hommes.)

	PALUDISME.	DYSENTÉRIE.	CHOLÉRA.	BLESSURES.	MALADIES diverses.	TOTAL.
Janvier	168	38	»	4	136	346
Février	130	29	1	3	129	292
Mars	117	24	»	6	153	300
Avril	162	57	1	10	165	395
Mai	352	67	2	4	187	612
Juin	305	57	3	3	116	484
Juillet	284	79	»	5	188	556
Août	231	68	»	»	148	447
Septembre	184	48	»	»	114	346
Octobre	165	57	»	»	92	314
Novembre	255	61	»	5	119	440
Décembre	258	51	»	1	108	418
Récapitulation par saisons.						
1re Saison	577	148	2	23	583	1,333
2e Saison	1,172	271	5	12	639	2,099
3e Saison	862	217	»	6	433	1,518
ANNÉE	**2,611**	**636**	**7**	**41**	**1,655**	**4,950**

La majoration constatée dans les hospitalisations de la saison chaude n'atteint pas le même taux qu'aux régiments étrangers. Elle est à peine doublée pour les maladies endémiques. Le chiffre des entrées pour blessures de guerre est moindre de moitié pour les soldats de marine comme pour les légionnaires. Le climat condamne à cette saison les pirates eux-mêmes à un repos relatif et les actions militaires deviennent beaucoup moins fréquentes.

L'année 1892 est, depuis 1885, celle où les pertes sur le champ de bataille ont été le plus élevées. Le chiffre des hospitalisations n'en donne pas une idée exacte; très nombreux en effet furent ceux qui moururent des suites immédiates de leurs blessures.

c). — TROUPES INDIGÈNES.

(Cadres européens non compris.)

	PALUDISME.	DYSENTÉRIE.	CHOLÉRA.	BLESSURES.	MALADIES diverses.	TOTAL.
Janvier	88	15	»	59	404	566
Février	110	24	»	29	351	514
Mars	135	33	»	48	467	683
Avril	183	20	»	47	469	719
Mai	230	29	»	45	387	691
Juin	305	33	»	25	359	722
Juillet	163	31	»	29	351	574
Août	155	30	»	26	341	552
Septembre	147	23	»	38	346	554
Octobre	148	26	»	12	295	481
Novembre	163	21	»	12	329	525
Décembre	139	54	»	25	414	632
Récapitulation par saisons.						
1re Saison	516	92	»	183	1,691	2,482
2e Saison	853	123	»	125	1,438	2,539
3e Saison	597	124	»	87	1,384	2,192
ANNÉE	1,966	339	»	395	4,513	7,213

L'effectif des troupes indigènes reçoit en 1892 un accroissement sensible; il est porté à 12,580 hommes. En tenant compte des rares vacances qui se produisent et ne sont pas immédiatement remplies on peut fixer le chiffre moyen des présents, auxiliaires compris, à 12,500.

Il est une cause d'erreurs partielles que nous tenons à indiquer : les entrées des miliciens n'ont pas été inscrites à part; elles sont confondues avec celles du groupe militaire. Mais ces soldats de police ne sont admis, sauf rares exceptions, que pour blessures; de telle sorte qu'ils ne modifient sensiblement que ce seul chiffre, le moins chargé de la statistique.

MORBIDITÉ COMPARÉE DES EUROPÉENS ET DES INDIGÈNES.

1° ENTRÉES.

	PALUDISME.	DYSENTÉRIE.	CHOLÉRA.	BLESSURES.	MALADIES diverses.	TOTAUX.
Première saison.						
Européens.....	873	257	5	49	886	2,070
Indigènes......	516	92	»	183	1,691	2,482
Deuxième saison.						
Européens.....	2,091	520	6	23	955	3,595
Indigènes......	853	123	»	125	1,438	2,539
Troisième saison.						
Européens.....	1,605	368	1	35	641	2,650
Indigènes......	597	124	»	87	1,384	2,192
ANNÉE.						
Européens.....	**4,569**	**1,145**	**12**	**107**	**2,482**	**8,315**
Indigènes......	**1,966**	**339**	»	**395**	**4,513**	**7,213**

2° CAS POUR 1000.

	PALUDISME.	DYSENTÉRIE.	CHOLERA et blessures.	MALADIES diverses.	TOTAUX.
Première saison.					
Européens..............	110×3=330	33×3= 99	7×3=21	112×3=336	262×3=786
Indigènes..............	41×3=123	7×3= 21	15×3=45	135×3=405	198×3=594
Deuxième saison.					
Européens..............	265×3=795	66×3=198	4×3=12	120×3=360	455×3=1,365
Indigènes..............	68×3=204	10×3= 30	10×3=30	115×3=345	203×3= 609
Troisième saison.					
Européens..............	203×3=609	47×3=141	4×3=12	81×3=243	335×3=1,005
Indigènes..............	47×3=141	10× = 30	7×3=21	175×3=525	239×3= 717
ANNÉE.					
Européens..............	578	145	15	314	1,052
Indigènes..............	158	27	31	361	577

MORBIDITÉ COMPARÉE DES GARNISONS DU HAUT-TONKIN ET DU DELTA.

LÉGION ET TROUPES DE MARINE.

	PALUDISME.	DYSENTÉRIE.	CHOLÉRA et blessures.	MALADIES diverses.	TOTAUX.
			Première saison.		
Légion	118 × 3 = 354	44 × 3 = 132	12 × 3 = 36	121 × 3 = 363	295 × 3 = 885
Troupes de marine	107 × 3 = 321	27 × 3 = 81	4 × 3 = 12	108 × 3 = 324	246 × 3 = 738
			Deuxième saison.		
Légion	368 × 3 = 1,104	99 × 3 = 297	5 × 3 = 15	127 × 3 = 381	599 × 3 = 1,797
Troupes de marine	217 × 3 = 651	50 × 3 = 150	3 × 3 = 9	118 × 3 = 354	388 × 3 = 1,164
			Troisième saison.		
Légion	297 × 3 = 891	60 × 3 = 180	12 × 3 = 36	83 × 3 = 249	452 × 3 = 1,356
Troupes de marine	160 × 3 = 480	40 × 3 = 120	1 × 3 = 3	80 × 3 = 240	281 × 3 = 843
			ANNÉE.		
Légion	783	204	28	331	1,346
Troupes de marine	483	118	9	206	916

De la première à la deuxième saison, les entrées augmentent dans la proportion de 1 à 2 pour l'ensemble des hospitalisations; elle est de 1 à 3 pour les impaludés. Les admissions diminuent de moitié quant aux blessures de guerre et se maintiennent au même taux en ce qui concerne les maladies non endémiques.

Ces observations, exactes pour les légionnaires, ont besoin de quelques rectifications quand il s'agit des troupes de marine. Pour ces dernières, la majoration des entrées n'atteint pas, à la saison chaude, le même taux que pour les régiments étrangers. Elle est à peine doublée pour les maladies endémiques; mais la proportion des blessés de guerre subit dans les deux groupes la même réduction. L'année 1892 est de toutes celles que nous avons passées en revue celle où les pertes sur le champ de bataille ont été les plus lourdes. Le chiffre des hospitalisations n'en donne pas une idée exacte; très nombreux en effet, comme nous l'avons déjà dit, furent les blessés qui succombèrent aux suites immédiates des coups de feu, ainsi qu'il sera facile de le constater en consultant les tables de mortalité.

§ 2. — MORTALITÉ.

a). — GARNISONS DU HAUT-TONKIN.

RÉGIMENTS ÉTRANGERS.

(Effectif : 2,500 hommes.)

	PALUDISME.	DYSENTÉRIE.	CHOLÉRA.	BLESSURES.	MALADIES diverses.	TOTAL.
Janvier	3	2	»	»	»	5
Février	3	»	»	4	1	8
Mars	»	»	»	18	2	20
Avril	6	1	3	10	13	33
Mai	11	2	»	4	6	23
Juin	34	2	»	»	7	43
Juillet	19	1	»	2	4	26
Août	13	7	»	16	3	39
Septembre	10	3	»	1	2	16
Octobre	8	6	»	5	3	22
Novembre	14	4	»	8	1	27
Décembre	11	4	»	7	2	24
Récapitulation par saisons.						
1re Saison	12	3	3	32	16	66
2e Saison	77	12	»	22	20	131
3e Saison	43	17	»	21	8	89
ANNÉE	**132**	**32**	**3**	**75**	**44**	**286**

Les pertes par blessures de guerre sont assez considérables. Il convient d'ajouter que les morts violentes par sinistres ou suicides atteignent un chiffre très élevé : 24.

99 décès sur 286 rentrent dans la catégorie des morts accidentelles. Cette proportion se retrouve pour les autres corps européens.

13 soldats de marine se noyèrent en mars. Le mois suivant, 12 légionnaires trouvèrent également la mort dans un naufrage. Les décès par accidents, qui ne proviennent pas de l'ennemi, figurent dans la colonne des maladies diverses. Nous remettons à la fin de ce mémoire pour en présenter un tableau d'ensemble.

b). — GARNISONS DU DELTA.

TROUPES DE MARINE.

(Effectif : 4,700 hommes, cadres des tonkinois exceptés.

	PALUDISME.	DYSENTÉRIE.	CHOLÉRA.	BLESSURES.	MALADIES diverses.	TOTAL.
Janvier	4	1	»	»	3	8
Février	5	3	»	2	1	11
Mars	4	3	»	12	13	32
Avril	3	2	1	2	3	11
Mai	9	8	1	2	1	21
Juin	14	3	»	1	1	19
Juillet	5	1	»	9	»	15
Août	11	3	»	»	2	16
Septembre	8	2	»	1	3	14
Octobre	3	»	»	2	1	6
Novembre	5	»	»	1	4	10
Décembre	12	2	»	»	»	14
Récapitulation par saisons.						
1re Saison	16	9	1	16	20	62
2e Saison	39	15	1	12	4	71
3e Saison	28	4	»	4	8	44
ANNÉE	**83**	**28**	**2**	**32**	**32**	**177**

c). — TROUPES INDIGÈNES.

1° TIRAILLEURS ET AUXILIAIRES MILITAIRES.

(Effectif : 12,500 hommes.)

	PALUDISME.	DYSENTÉRIE.	CHOLÉRA.	BLESSURES.	MALADIES diverses.	TOTAL.
Janvier	10	3	»	3	5	21
Février	6	»	»	2	4	12
Mars	6	»	»	3	16	25
Avril	7	1	»	4	10	22
Mai	2	1	»	7	10	20
Juin	15	2	»	»	7	24
Juillet	6	7	»	3	5	21
Août	10	5	»	10	8	33

	PALUDISME.	DYSENTÉRIE.	CHOLÉRA.	BLESSURES.	MALADIES diverses.	TOTAL.
Septembre...........	7	3	»	3	9	22
Octobre.............	7	5	»	»	8	20
Novembre...........	7	2	»	2	8	19
Décembre...........	9	6	»	8	9	32
Récapitulation par saisons.						
1re Saison...........	29	4	»	12	35	80
2e Saison...........	33	15	»	20	30	98
3e Saison...........	30	16	»	13	34	93
ANNÉE..........	**92**	**35**	»	**45**	**99**	**271**

2° CADRES EUROPÉENS DES TONKINOIS.

(700 hommes.)

	PALUDISME.	DYSENTÉRIE.	CHOLÉRA.	BLESSURES.	MALADIES diverses.	TOTAL.
Janvier..............	1	»	»	»	»	1
Février..............	1	»	»	3	»	4
Mars................	»	»	»	1	»	1
Avril................	1	»	»	»	»	1
Mai..................	2	»	»	3	»	5
Juin.................	»	1	»	2	»	3
Juillet..............	2	»	»	4	1	7
Août................	2	»	»	3	»	5
Septembre...........	»	2	»	»	1	3
Octobre.............	1	»	»	1	»	2
Novembre...........	»	»	»	2	1	3
Décembre...........	1	»	»	1	»	2
ANNÉE..........	**11**	**3**	»	**20**	**3**	**37**

TABLEAUX COMPARATIFS DE LA MORTALITÉ DES EUROPÉENS ET DES INDIGÈNES.

1° DÉCÈS.

	PALUDISME.	DYSENTÉRIE.	CHOLÉRA.	BLESSURES.	MALADIES diverses.	TOTAUX.
Première saison.						
Européens...........	31	12	4	52	36	135
Indigènes...........	29	4	»	12	35	80
Deuxième saison.						
Européens...........	122	28	1	46	25	222
Indigènes...........	33	15	»	20	30	98
Troisième saison.						
Européens...........	73	23	»	29	18	143
Indigènes...........	30	16	»	13	34	93
ANNÉE.						
Européens...........	**226**	**63**	**5**	**127**	**79**	**500**
Indigènes...........	**92**	**35**	»	**45**	**99**	**271**

2° CAS POUR 1000.

	PALUDISME.	DYSENTÉRIE.	CHOLÉRA et blessures.	MALADIES diverses.	TOTAUX.
Première saison.					
Européens...........	4 (A) × 3 = 12 (B)	1.5 × 3 = 4.5	7 × 3 = 21	4.5 × 3 = 13.5	17 × 3 = 51
Indigènes...........	2.3 × 3 = 7	0.3 × 3 = 1	1 × 3 = 3	2.8 × 3 = 8	6.4 × 3 = 19
Deuxième saison.					
Européens...........	15.4 × 3 = 46	3.5 × 3 = 10.5	6 × 3 = 18	3 × 3 = 9	27.9 × 3 = 84
Indigènes...........	2.6 × 3 = 8	1.2 × 3 = 3.5	1.6 × 3 = 5	2.4 × 3 = 7	7.8 × 3 = 23

	PALUDISME.	DYSENTÉRIE.	CHOLÉRA et blessures.	MALADIES diverses.	TOTAUX.
		Troisième saison.			
Européens..........	9 ×3=27	3 ×3=9	3.7×3=11	2.3×3=7	18 ×3=54
Indigènes...........	2.4×3= 7	1.3×3=4	1 ×3= 3	2.7×3=8	7.4×3=22
		ANNÉE.			
Européens..........	28	8	17	10	63
Indigènes...........	7	3	4	8	22

(A) Le premier chiffre est la rotation de la saison (quatre mois).
(B) Le second chiffre est une notation fictive, obtenue en multipliant le premier par 3, chaque saison étant considérée comme une annuité de douze mois.

On serait tenté de croire, à un premier examen, que l'écart est moins considérable entre les deux premières saisons qu'il ne l'était les années précédentes. Mais il y a une explication à ce fait qu'il ne faut pas négliger : la mortalité totale de la saison d'hiver, en dehors des blessures de guerre dont le chiffre est presque le même pour l'une et l'autre des deux premières saisons, est grevée au titre de la colonne *Maladies diverses* des noyades survenues dans le Fleuve Rouge et la Rivière Claire. En prenant le soin de se reporter aux maladies endémiques, on verra que rien n'est changé dans la proportion des morts d'une saison à l'autre, comme le montre le tableau ci-après :

PROPORTION RELATIVE DE LA MORTALITÉ ENDÉMIQUE.

	Européens.	Indigènes.
Première saison...........................	2	1
Deuxième saison...........................	5	1
Troisième saison...........................	3	1
ANNÉE.................................	3.6	1

MORTALITÉ ENDÉMIQUE D'UNE SAISON A L'AUTRE DANS LA MÊME RACE.

	Européens.	Indigènes.
Première saison...........................	1	1
Deuxième saison...........................	3.4	1.5
Troisième saison...........................	2.2	1.4

Les tableaux de mortalité ne comprennent que les seuls soldats tonkinois. La distinction, qui n'a pu être établie pour les entrées entre militaires et miliciens, a été faite pour les décès et se retrouve dans tous les tableaux similaires des années précédentes et de celles qui suivent.

MORTALITÉ COMPARÉE DES GARNISONS DU HAUT-TONKIN ET DU DELTA.

	PALUDISME.	DYSENTÉRIE.	CHOLÉRA et blessures.	MALADIES diverses	TOTAUX.
Première saison.					
Légion	4.8×3=14	1×3=3	14 ×3=42	6×3=18	26×3=78
Troupes de marine	3.4×3=10	2×3=6	3.6×3=11	4×3=12	13×3=39
Deuxième saison.					
Légion	31×3=93	5×3=15	9×3=27	8×3=24	53×3=159
Troupes de marine	8×3=24	3×3= 9	3×3= 9	1×3= 3	15×3= 45
Troisième saison.					
Légion	17×3=51	7 ×3=21	8 ×3=24	3 ×3=9	35 ×3=105
Troupes de marine	6×3=18	0.9×3= 3	0.9×3= 3	1.7×3=5	9.5×3= 28.5
ANNÉE.					
Légion	53	13	31	17	114
Troupes de marine	18	6	7	7	38

La différence de mortalité entre ces deux groupes porte, à la saison froide, presque uniquement sur la mortalité accidentelle. On peut dire que la mortalité endémique est équivalente. Mais il n'en est plus de même à la saison d'été. La mortalité de la légion est doublée dans son ensemble et devient pour le paludisme six fois plus forte qu'à la saison précédente. Cette exagération des pertes, qui est en disproportion avec les résultats observés les années antérieures, est due à l'action militaire dont on retrouve les méfaits dans le chiffre des morts enregistrées pour blessures de guerre et qui n'ont jamais atteint un taux aussi élevé à la saison chaude, pas même en l'année 1884.

Ces fatigues anormales de l'été ont leur répercussion sur l'état sanitaire des derniers mois, de telle sorte qu'à la légion les décès annuels sont le triple de ceux que l'on constate parmi les troupes de marine.

MORTALITÉ DES CADRES EUROPÉENS DES TIRAILLEURS.

CAS POUR 1000.

	PALUDISME.	DYSENTÉRIE.	CHOLÉRA et blessures.	MALADIES diverses.	TOTAUX.
1re Saison	4.3×3=13	»	5.7×3=17	»	10 ×3=30
2e Saison	8.6×3=26	1.4×3=4	17 ×3=51	1.4×3=4	28.4×3=85
3e Saison	2.8×3= 8.5	2.8×3=8.5	5.7×3=17	2.8×3=8.5	14 ×3=42
ANNÉE	16	4	29	4	53

Rappelons que les proportions des cas pour 1000 en ce qui concerne la troupe indigène sont les suivantes :

Paludisme	7
Dysentérie	3
Choléra et blessures	4
Maladies diverses	8
TOTAL	22

Malgré le confortable relatif dont jouissent les officiers et les sous-officiers, on voit qu'ils paient à l'endémicité un tribut qui est le double de celui de leurs soldats. Il est vrai que, de leur côté, les Tonkinois subissent de la part des affections communes des déchets plus élevés et dans la même proportion.

§ 3. — MORTS VIOLENTES.

Elles furent très nombreuses. La division d'occupation est fortement éprouvée par des sinistres : naufrages, corps et biens, de bâtiments transportant des détachements de troupes dans le Fleuve Rouge et la Rivière Claire..., pertes sanglantes dans les rencontres avec les pirates.

Les fatigues imposées à certaines unités par les actions poursuivies en plein été contre les bandes rebelles déterminent un véritable surmènement qui pousse les soldats au désespoir et au suicide. L'année 1892 est la seule où les indigènes aient eu recours à ce moyen radical pour se débarrasser d'une existence qui leur paraissait insupportable.

	BLESSURES.		SUICIDES.		SUBMERSIONS.		TOTAUX.	
	Européens.	Indigènes.	Européens.	Indigènes.	Européens.	Indigènes.	Européens.	Indigènes.
Janvier	»	»	»	»	»	»	»	»
Février	9	1	»	1	»	»	9	1
Mars	30	2	»	»	13	»	43	2
Avril	11	4	1	»	15	»	27	4
Mai	7	7	3	2	»	»	10	9
Juin	3	»	3	»	1	»	7	»
Juillet	13	3	3	1	2	»	18	4
Août	18	»	3	»	2	»	23	»
Septembre	2	»	2	»	1	»	5	»
Octobre	11	1	2	»	»	»	13	2
Novembre	11	1	2	»	»	»	13	1
Décembre	6	»	1	»	»	»	7	»
Année	**121**	**19**	**20**	**4**	**34**	»	**175**	**23**
Totaux	**140**		**24**		**34**		**198**	

§ 4. — RAPATRIEMENTS.

MOIS.	OFFICIERS.	HOMMES de troupe.	TOTAL.
Janvier	18	182	200
Février	»	»	»
Mars	»	»	»
Avril	22	156	178
Mai	25	160	185
Juin	»	»	»
Juillet	25	484	509
Août	3	81	84
Septembre	»	»	»
Octobre	10	265	275
Novembre	5	135	140
Décembre	»	»	»
Totaux	**108**	**1,463**	**1,571**

LIVRE X

TROISIÈME PÉRIODE
(1893-1896)

OU

PÉRIODE COLONIALE

ANNÉE 1893

ANNÉE 1893

Si l'année précédente, que nous venons d'étudier, se caractérise par un passif très considérable au double point de vue de la mortalité et de la morbidité, l'année 1893 est en revanche la plus favorisée de celles dont nous aurons eu à établir les statistiques. Les faits de guerre sont peu nombreux, les pertes sur les champs de bataille très réduites. Le choléra ne cause aucun décès. Après les années de deuil semble luire une ère nouvelle, moins sombre, où les chances de santé normale s'ouvrent à tous les occupants.

§ 1er — MORBIDITÉ.

STATISTIQUE DE L'ÉTAT-MAJOR.

ENTRÉES.

	EUROPÉENS.	INDIGÈNES.	TOTAL.
Janvier	557	450	1,007
Février	471	437	908
Mars	482	407	889
Avril	606	485	1,091
Mai	720	494	1,214
Juin	883	621	1,504
Juillet	743	549	1,292
Août	728	626	1,354
Septembre	615	521	1,136
Octobre	612	543	1,155
Novembre	613	556	1,169
Décembre	624	559	1,183
ANNÉE	**7,654**	**6,248**	**13,902**

16.

STATISTIQUES HOSPITALIÈRES.

Les effectifs ne varient pas et sont d'ailleurs maintenus au même chiffre pendant les années qui suivent. La répartition des garnisons n'est pas sensiblement modifiée. On peut et on doit pourtant noter une grande différence entre cette annuité et la précédente : c'est que l'action militaire, très active et presque constante en 1892, est beaucoup moins soutenue en 1893. Il y a pendant toute l'année un répit très marqué dont bénéficient les troupes et particulièrement celles sur lesquelles porte le principal effort de la lutte contre les grandes bandes de pirates organisées dans les régions-frontières.

Les grosses expéditions sont remplacées par de petites escarmouches qui, en raison de leur fréquence, des surprises qu'elles occasionnent, coûtent la vie à de nombreux soldats indigènes.

1° GARNISONS DU HAUT-TONKIN.

TROUPES DE LA GUERRE.

(Effectif : 2,500 hommes.)

	PALUDISME.	DYSENTÉRIE.	CHOLÉRA.	BLESSURES.	MALADIES diverses.	TOTAL.
Janvier	94	11	»	»	69	174
Février	65	23	»	»	43	131
Mars	52	21	»	7	86	166
Avril	101	44	»	11	80	236
Mai	119	59	»	»	84	262
Juin	104	68	»	2	84	258
Juillet	138	66	»	1	79	284
Août	157	43	»	»	62	262
Septembre	125	40	»	2	51	218
Octobre	68	49	»	4	28	149
Novembre	94	37	»	5	40	176
Décembre	86	27	»	4	36	153
Récapitulation par saisons.						
1re Saison	312	99	»	18	278	707
2e Saison	518	236	»	3	309	1,066
3e Saison	373	153	»	15	155	696
ANNÉE	**1,203**	**488**	»	**36**	**742**	**2,469**

2° GARNISONS DU DELTA.

TROUPES DE MARINE.

(Effectif, cadres européens des tirailleurs compris : 5.100 hommes.)

	PALUDISME.	DYSENTÉRIE.	CHOLÉRA.	BLESSURES.	MALADIES diverses.	TOTAL.
Janvier	138	35	»	»	94	267
Février	78	26	»	»	93	197
Mars	68	27	»	1	111	207
Avril	64	39	2	1	137	243
Mai	156	39	»	»	152	347
Juin	209	50	»	»	104	363
Juillet	151	34	»	»	148	333
Août	126	34	1	1	145	307
Septembre	129	33	»	3	166	331
Octobre	134	47	»	1	126	308
Novembre	213	30	»	1	109	353
Décembre	180	18	»	1	96	295
Récapitulation par saisons.						
1re Saison	348	127	2	2	435	914
2e Saison	642	157	1	1	549	1,350
3e Saison	656	128	»	6	497	1,287
ANNÉE	**1,646**	**412**	**3**	**9**	**1,481**	**3,551**

En 1892, la morbidité s'élevait pour la légion au chiffre de 3,365 entrées et à celui de 4,950 pour les soldats de marine. On voit quel est le bénéfice réalisé d'une année à l'autre.

On s'en rendra encore mieux compte en consultant les données comparatives enregistrées pour les maladies endémiques qui constituent la caractéristique vraie de l'état sanitaire et l'élément sur lequel le commandement peut réellement exercer une action efficace.

MALADIES ENDÉMIQUES.

	Année 1892.	Année 1893.
Légion	2,467	1,691
Troupes de marine	3,247	2,058
TOTAUX	**5,714**	**3,749**

Soit, en moyenne, un abaissement d'un tiers dans le chiffre des hospitalisations.

La diminution du nombre des entrées est corrélative pour les blessures de guerre. Elle est surtout évidente à la saison chaude pendant laquelle le repos le plus complet a été accordé aux troupes: 23 en 1892, 4 en 1893.

Nous retrouverons dans les tableaux de mortalité l'heureuse influence de cette mesure, la plus importante que l'on puisse prendre dans l'intérêt du groupe militaire européen.

Les fatigues de la saison malsaine entraînent non seulement une répercussion immédiate sur les déchets des mois correspondants, mais encore elles font ressentir leur effet jusqu'aux dernières semaines de l'année. Nous l'avons déjà dit et nous ne pouvons que le répéter : les décédés de l'arrière-saison ne sont en majeure partie que des malades frappés par l'endémicité en mai, juin, juillet et qui achèvent de mourir avant la fin de l'année.

3° TIRAILLEURS ET AUXILIAIRES INDIGÈNES.

(Effectif: 12,500 hommes.)

	PALUDISME.	DYSENTERIE.	CHOLÉRA.	BLESSURES.	MALADIES diverses.	TOTAL.
Janvier	94	25	»	15	319	453
Février	95	19	»	30	302	446
Mars	115	30	»	13	317	475
Avril	206	22	»	26	265	519
Mai	200	42	»	8	255	505
Juin	280	4	»	13	357	654
Juillet	267	31	3	11	282	594
Août	320	43	»	10	276	649
Septembre	205	37	2	13	290	547
Octobre	268	40	»	12	320	640
Novembre	270	53	»	20	332	675
Décembre	250	37	»	16	296	599
Récapitulation par saisons.						
1re Saison	510	96	»	84	1,203	1,893
2e Saison	1,067	120	3	42	1,170	2,402
3e Saison	993	167	2	61	1,238	2,461
ANNÉE	**2,570**	**383**	**5**	**187**	**3,611**	**6,756**

En nous reportant, comme nous l'avons fait pour les Européens, à la statistique de l'année précédente, nous trouvons les termes suivants de comparaison :

	Entrées en 1892.	Entrées en 1893.
Maladies endémiques	2,305	2,953
Blessures	395	187
Toutes autre maladies	4,513	3,616
TOTALITÉ	7,213	6,756

L'amélioration constatée d'une année à l'autre ne porte que sur les blessés du champ de bataille, au moins en ce qui concerne la morbidité.

En consultant les tableaux de mortalité, on s'apercevra que les bénéfices sont plus grands qu'ils ne le paraissent ici. Contentons-nous de faire observer en ce moment que si, pour l'année entière, le chiffre des affections endémiques est plutôt au désavantage de l'annuité que nous étudions, il est exact de dire que les rôles sont renversés quand on compare les saisons d'été et qu'en réalité les résultats sont plus favorables en 1893 qu'en 1892.

TABLEAUX COMPARATIFS DE LA MORBIDITÉ DES EUROPÉENS ET DES INDIGÈNES.

1o ENTRÉES.

	PALUDISME.	DYSENTÉRIE.	CHOLÉRA.	BLESSURES.	MALADIES diverses.	TOTAL.
Première saison.						
Européens	660	226	2	20	713	1,621
Indigènes	510	96	»	84	1,203	1,893
Deuxième saison.						
Européens	1,160	393	1	4	858	2,416
Indigènes	1,067	120	3	42	1,170	2,402
Troisième saison.						
Européens	1,029	281	»	21	652	1,983
Indigènes	993	167	2	61	1,238	2,461
ANNÉE.						
Européens	2,849	900	3	45	2,223	6,020
Indigènes	2,570	383	5	187	3,611	6,756

2° CAS POUR 1000.

	PALUDISME.	DYSENTÉRIE.	CHOLÉRA et blessures.	MALADIES diverses.	TOTAUX.
			Première saison.		
Européens	83$\times$3=249	29$\times$3=87	3$\times$3= 9	90$\times$3=270	205$\times$3=615
Indigènes	40$\times$3=120	8$\times$3=24	7$\times$3=21	96$\times$3=288	151$\times$3=453
			Deuxième saison.		
Européens	147$\times$3=441	50$\times$3=150	1$\times$3= 3	108$\times$3=324	306$\times$3=918
Indigènes	85$\times$3=255	9$\times$3= 27	4$\times$3=12	93$\times$3=279	191$\times$3=573
			Troisième saison.		
Européens	130$\times$3=390	36$\times$3=108	3$\times$3= 9	82$\times$3=246	251$\times$3=753
Indigènes	79$\times$3=237	13$\times$3= 39	5$\times$3=15	99$\times$3=297	196$\times$3=588
			ANNÉE.		
Européens	360	114	7	281	762
Indigènes	205	30	15	288	538

C'est la première fois que nous avons l'occasion de constater un pareil abaissement de la morbidité des groupes européens. Ce bénéfice est surtout marqué à la saison chaude. Il est intéressant de comparer ces chiffres avec ceux qui résument la même situation pour l'année précédente.

ANNÉE 1892 ENTIÈRE.

CAS POUR 1000.

	Européens.	Indigènes.
Paludisme	578	158
Dysentérie	145	27
Choléra et blessures	15	31
Maladies diverses	314	361
TOTAUX	**1,052**	**577**

ANNÉE 1892 ; SAISON D'ÉTÉ.

CAS POUR 1000.

	Européens.	Indigènes.
Paludisme	795	204
Dysentérie	198	30
Choléra et blessures	12	30
Maladies diverses	360	345
TOTAUX	1,365	609

Cette notation, comme nous l'avons indiqué à plusieurs reprises, considère chaque saison comme constituant une annuité complète et indépendante. Elle a été adoptée pour mettre en relief les différences qui existent entre les diverses périodes de l'année et cette année elle-même.

La morbidité endémique tombe, d'une saison d'été à l'autre, de 993 pour 1000 à 591 et de 723 à 474 pour les douze mois, en ce qui concerne les soldats européens. Le bénéfice porte presque exclusivement sur cette fraction de la morbidité générale : considérable pour les deux races, elle est surtout évidente chez les troupes blanches.

MORBIDITÉ COMPARÉE DES GARNISONS DU HAUT-TONKIN ET DE CELLES DU DELTA.

CAS POUR 1000.

	PALUDISME.	DYSENTÉRIE.	CHOLÉRA et blessures.	MALADIES diverses.	TOTAUX.
		Première saison.			
Légion	125 × 3 = 375	40 × 3 = 120	7 × 3 = 21	111 × 3 = 333	283 × 3 = 849
Troupes de marine	64 × 3 = 192	23 × 3 = 69	»	80 × 3 = 240	167 × 3 = 501
		Deuxième saison.			
Légion	207 × 3 = 621	94 × 3 = 282	1 × 3 = 3	124 × 3 = 372	426 × 3 = 1,278
Troupes de marine	119 × 3 = 357	29 × 3 = 87	»	102 × 3 = 306	250 × 3 = 750
		Troisième saison.			
Légion	149 × 3 = 447	61 × 3 = 183	6 × 3 = 18	62 × 3 = 186	278 × 3 = 834
Troupes de marine	121 × 3 = 363	23 × 3 = 69	1 × 3 = 3	92 × 3 = 276	237 × 3 = 711
		ANNÉE 1893.			
Légion	481	195	14	297	987
Troupes de marine	304	76	»	274	654
		ANNÉE 1892.			
Légion	783	204	28	331	1,346
Troupes de marine	483	118	9	306	916

L'amélioration est très notable d'une année à l'autre. Elle est de moitié pour les troupes de marine et de plus d'un tiers pour la légion. Il est vrai de dire que l'année 1892 est l'une des plus sombres en ce qui concerne cette histoire médicale du Tonkin, tandis que l'année 1893 est particulièrement favorisée et même mieux partagée que celles qui suivent. Nous verrons que la courbe de la morbidité et celle de la mortalité reprennent une marche ascendante. Ce n'est qu'en 1897 qu'on peut refaire des constatations plus heureuses.

§ 2. — MORTALITE.

a). — GARNISONS DU HAUT-TONKIN.

TROUPES DE LA GUERRE.

	PALUDISME.	DYSENTÉRIE.	CHOLÉRA.	BLESSURES.	MALADIES diverses.	TOTAL.
Janvier	3	6	»	3	2	14
Février	»	»	»	1	2	3
Mars	3	1	»	2	1	7
Avril	3	3	»	1	2	9
Mai	7	1	»	3	2	13
Juin	12	3	»	2	5	22
Juillet	13	3	»	»	3	19
Août	5	6	»	»	6	17
Septembre	5	2	»	1	5	13
Octobre	5	1	»	1	2	9
Novembre	6	3	»	1	2	12
Décembre	6	3	»	2	2	13
Récapitulation par saisons.						
1re Saison	9	10	»	7	7	33
2e Saison	37	13	»	5	16	71
3e Saison	22	9	»	5	11	47
ANNÉE	**68**	**32**	»	**17**	**34**	**151**

b). — GARNISONS DU DELTA.

TROUPES DE MARINE.

	PALUDISME.	DYSENTÉRIE.	CHOLÉRA.	BLESSURES.	MALADIES diverses.	TOTAL.
Janvier	3	2	»	»	»	5
Février	»	1	»	»	2	3
Mars	1	»	»	»	3	4
Avril	1	»	»	»	3	4
Mai	4	1	»	»	1	6
Juin	13	2	»	»	3	18
Juillet	3	»	»	»	»	3
Août	2	2	»	»	»	4
Septembre	»	3	»	»	»	3
Octobre	3	3	»	»	1	7
Novembre	9	2	»	»	»	11
Décembre	4	2	»	2	3	11
Récapitulation par saisons.						
1re Saison	5	3	»	»	8	16
2e Saison	22	5	»	»	4	31
3e Saison	16	10	»	2	4	32
ANNÉE	**43**	**18**	»	**2**	**16**	**79**

c). — CADRES EUROPÉENS DES TIRAILLEURS TONKINOIS.

	PALUDISME.	DYSENTÉRIE.	CHOLÉRA.	BLESSURES.	MALADIES diverses.	TOTAL.
Janvier	»	»	»	»	»	»
Février	»	»	»	»	»	»
Mars	»	»	»	»	»	»
Avril	»	»	»	»	»	»
Mai	»	»	»	»	1	1
Juin	1	»	»	»	»	1
Juillet	3	»	»	»	»	3
Août	3	»	»	»	»	3
Septembre	3	»	»	»	1	4
Octobre	»	1	»	2	2	5
Novembre	1	»	»	»	1	2
Décembre	1	1	»	»	»	2

	PALUDISME.	DYSENTÉRIE.	CHOLÉRA.	BLESSURES.	MALADIES diverses.	TOTAL.
	Récapitulation par saisons.					
1re Saison	»	»	»	»	»	»
2e Saison	7	»	»	»	1	8
3e Saison	5	2	»	2	4	13
ANNÉE	**12**	**2**	»	**2**	**5**	**21**

Malgré l'absence totale de décès pendant les quatre premiers mois, circonstance heureuse que nous n'avons pas encore eu l'occasion de constater et qui ne se représente plus dans les trois années suivantes, le chiffre annuel de décès est relativement élevé. Toutefois, ce groupe doit être considéré comme assez favorisé si on le compare aux légionnaires qui assurent le même service. Ces derniers paient au climat du Tonkin un tribut double de celui prélevé sur les gradés des régiments de tirailleurs.

d). — TROUPES INDIGÈNES.

	PALUDISME.	DYSENTÉRIE.	CHOLÉRA.	BLESSURES.	MALADIES diverses.	TOTAL.
Janvier	7	»	»	»	5	12
Février	4	1	»	1	10	16
Mars	5	1	»	»	12	18
Avril	8	»	»	»	11	19
Mai	9	1	»	2	1	13
Juin	10	4	»	»	6	20
Juillet	14	2	»	2	9	27
Août	12	»	»	»	4	16
Septembre	11	3	»	3	5	22
Octobre	13	2	»	7	7	29
Novembre	19	2	»	3	6	30
Décembre	14	3	»	4	10	31
	Récapitulation par saisons.					
1re Saison	24	2	»	1	38	65
2e Saison	45	7	»	4	20	76
3e Saison	57	10	»	17	28	112
ANNÉE	**126**	**19**	»	**22**	**86**	**253**

MORTALITÉ COMPARÉE DES EUROPÉENS ET DES INDIGÈNES.

1° DÉCÈS.

	PALUDISME.	DYSENTÉRIE.	CHOLÉRA.	BLESSURES.	MALADIES diverses.	TOTAUX.
Première saison.						
Européens.....	14	13	»	7	15	49
Indigènes......	24	2	»	1	38	65
Deuxième saison.						
Européens.....	66	18	»	5	21	110
Indigènes......	45	7	»	4	20	76
Troisième saison.						
Européens.....	43	21	»	9	19	92
Indigènes......	57	10	»	17	28	112
ANNÉE.						
Européens.....	**123**	**52**	»	**21**	**55**	**251**
Indigènes......	**126**	**19**	»	**22**	**86**	**253**

Deux faits importants caractérisent ce résumé de la mortalité militaire en 1893 : 1° l'absence totale de décès par choléra ; 2° l'équivalence du chiffre des pertes pour les deux races.

Jusqu'à cette époque les Européens ont toujours présenté, malgré la prédominance des effectifs indigènes, un chiffre de morts plus élevé que celui des Annamites. La proportion des décès ne varie que très peu pour les soldats indigènes, et cela depuis les premières années de l'occupation. En revanche l'amélioration de l'état sanitaire est très accusée pour tout le groupe européen.

Nous verrons qu'à la date actuelle l'hygiène des troupes blanches a fait assez de progrès pour que les deux contingents soient devenus égaux devant la mort.

2° CAS POUR 1000.

	PALUDISME.	DYSENTÉRIE.	CHOLÉRA et blessures.	MALADIES diverses.	TOTAUX.
Première saison.					
Européens	1.7×3=5	1.6×3=5	1×3=3	2×3=6	6.3×3=19
Indigènes	2 ×3=6	»	»	3×3=9	5 ×3=15
Deuxième saison.					
Européens	8.3×3=25	2 ×3=6	0.6×3=2	2.6×3=8	13.5×3=40.5
Indigènes	3.6×3=11	0.5×3=1.5	0.3×3=1	1.5×3=4.5	6 ×3=18
Troisième saison.					
Européens	5.4×3=16	2.7×3=8	1 ×3=3	2.4×3=7	11.5×3=34.5
Indigènes	4.5×3=13.5	0.8×3=2.5	1.3×3=4	2.3×3=7	9 ×3=27
ANNÉE.					
Européens	15	6	3	7	31
Indigènes	10	1	2	7	20

Nous donnons à titre de comparaison les résultats enregistrés pour l'année qui a précédé.

	Européens. — Pour 1000.	Indigènes. — Pour 1000.
Paludisme	28	7
Dysentérie	8	3
Choléra et blessures	17	4
Maladies diverses	10	8
TOTAUX	63	22

Pour les indigènes, la différence ne porte que sur les pertes par blessures, tandis que les Européens voient diminuer les chances de mort pour toutes les affections.

MORTALITÉ COMPARÉE DES GARNISONS DU HAUT-TONKIN ET DU DELTA.

1° ENTRÉES.

Elles ont été données plus haut.

2° CAS POUR 1000.

	PALUDISME.	DYSENTÉRIE.	CHOLÉRA et blessures.	MALADIES diverses.	TOTAUX.
			Première saison.		
Légion	3.6×3=11	4 ×3=12	2.8×3=8.5	2.8×3=8.5	13.2×3=39.5
Troupes de marine	1 ×3= 3	0.7×3= 2	»	1.7×3=5	3.4×3=10
			Deuxième saison.		
Légion	15 ×3=45	5×3=15	2×3=6	6.4×3=19	28.4×3=85
Troupes de marine	4.7×3=14	1×3= 3	»	0.8×3= 2.5	6.5×3=19.5
			Troisième saison.		
Légion	9 ×3=27	3.6×3=11	2 ×3=6	4.4×3=13	19 ×3=57
Troupes de marine	3.4×3=10	2 ×3= 6	0.5×3=1.5	1 ×3= 3	6.9×3=20.5
			ANNÉE.		
Légion	27	13	7	13	60
Troupes de marine	9	4	0.5	3.5	17

Pour l'année 1892, les chiffres sont les suivants :

	Légion.	Troupes de marine.
	Pour 1000.	Pour 1000.
Paludisme	53	18
Dysentérie	13	6
Choléra et blessures	31	7
Maladies diverses	17	7
TOTAUX	114	38

On voit que la proportion des morts est réduite de moitié pour les deux groupes d'une année à l'autre.

CAS POUR 1000 DES CADRES DES TIRAILLEURS TONKINOIS.

	PALUDISME.	DYSENTÉRIE.	CHOLÉRA et blessures.	MALADIES diverses.	TOTAUX.
1re Saison	»	»	»	»	»
2e Saison	10×3=30	»	»	1 ×3= 3	11 ×3=33
3e Saison	7×3=21	2.8 ×3=8.5	2.8×3=8.5	5.7×3=17	18.3×3=55
ANNÉE	17	2.5	2.5	7	29

Chiffres comparatifs de l'année précédente :

	Pour 1000.
Paludisme	16
Dysentérie	4
Choléra et blessures	29
Maladies diverses	4
TOTAUX	53

Il n'y a de différences notables que pour les morts par épidémie et blessures.

§ 3. — MORTS VIOLENTES.

	TUÉS à l'ennemi.	SUICIDES.	ACCIDENTS.	TOTAL.
Européens	23	11	5	39
Indigènes	17	»	2	19
TOTAUX	40	11	7	58

§ 4. — RAPATRIEMENTS.

MOIS.	OFFICIERS.	HOMMES de troupe.	TOTAL.
Janvier	6	251	257
Février	2	5	7
Mars	15	214	229
Avril	2	13	15
Mai	10	142	152
Juin	5	25	30
Juillet	10	152	162
Août	17	227	244
Septembre	»	»	»
Octobre	9	141	150
Novembre	6	167	173
Décembre	»	27	27
TOTAUX	82	1,364	1,446

LIVRE XI

ANNÉE 1894

ANNÉE 1894

§ 1er. — MORBIDITÉ.

STATISTIQUE DE L'ÉTAT-MAJOR.

	TOTAL DES ENTRÉES.		ENTRÉES POUR CHOLÉRA.	
	Européens.	Indigènes.	Européens.	Indigènes.
Janvier	423	415	»	»
Février	504	397	»	»
Mars	545	408	»	»
Avril	666	459	»	2
Mai	1,014	651	»	»
Juin	892	659	»	1
Juillet	887	578	»	»
Août	912	624	»	»
Septembre	733	502	»	»
Octobre	752	390	»	»
Novembre	663	466	»	»
Décembre	682	404	»	»
Année	**8,673**	**5,953**	»	**3**
Total général	**14,626**			

17.

STATISTIQUES HOSPITALIÈRES.

a). — GARNISONS DU HAUT-TONKIN.

LÉGION ÉTRANGÈRE.

	PALUDISME.	DYSENTÉRIE.	CHOLÉRA.	BLESSURES.	MALADIES diverses.	TOTAL.
Janvier	75	22	»	1	44	142
Février	63	39	»	»	55	157
Mars	82	39	»	3	51	175
Avril	82	38	»	1	71	192
Mai	241	46	»	1	79	367
Juin	222	38	»	4	86	350
Juillet	216	46	»	»	83	345
Août	212	48	»	»	102	362
Septembre	154	31	»	»	55	240
Octobre	159	41	»	1	64	265
Novembre	179	34	»	6	38	257
Décembre	132	44	»	»	74	250
Récapitulation par saisons.						
1re Saison	302	138	»	5	221	666
2e Saison	891	178	»	5	350	1,424
3e Saison	624	150	»	7	231	1,012
ANNÉE	**1,817**	**466**	»	**17**	**802**	**3,102**

b). — GARNISONS DU DELTA.

TROUPES DE MARINE ET CADRES EUROPÉENS DES TIRAILLEURS TONKINOIS.

	PALUDISME.	DYSENTÉRIE.	CHOLÉRA.	BLESSURES.	MALADIES diverses.	TOTAL.
Janvier	127	35	»	1	209	372
Février	110	24	»	»	139	273
Mars	98	29	»	»	191	318
Avril	138	42	»	»	224	404
Mai	254	67	»	6	173	500
Juin	243	70	»	4	130	447
Juillet	232	90	»	2	103	427
Août	220	53	»	»	166	439

	PALUDISME.	DYSENTÉRIE.	CHOLÉRA.	BLESSURES.	MALADIES diverses.	TOTAL.
Septembre	197	52	»	»	151	400
Octobre	205	41	»	»	143	389
Novembre	162	40	»	»	132	334
Décembre	161	44	»	»	142	347
Récapitulation par saisons.						
1re Saison	473	130	»	1	763	1,367
2e Saison	949	280	»	12	572	1,813
3e Saison	725	177	»	»	568	1,470
ANNÉE	**2,147**	**587**	»	**13**	**1,903**	**4,650**

c). — TROUPES INDIGÈNES.

	PALUDISME.	DYSENTÉRIE.	CHOLÉRA.	BLESSURES.	MALADIES diverses.	TOTAL.
Janvier	160	27	1	14	295	497
Février	140	19	»	8	241	408
Mars	146	16	1	19	251	433
Avril	209	14	3	11	250	487
Mai	325	41	»	17	202	585
Juin	320	45	2	18	303	688
Juillet	289	32	»	8	249	578
Août	328	35	1	11	248	623
Septembre	146	36	1	9	310	502
Octobre	172	36	1	9	310	528
Novembre	197	19	»	11	239	466
Décembre	174	16	»	8	206	404
Récapitulation par saisons.						
1re Saison	655	76	5	52	1,037	1,825
2e Saison	1,262	153	3	54	1,002	2,474
3e Saison	689	107	2	37	1,065	1,900
ANNÉE	**2,606**	**336**	**10**	**143**	**3,104**	**6,199**

MORBIDITÉ COMPARÉE DES EUROPÉENS ET DES INDIGÈNES.

1° ENTRÉES.

	PALUDISME.	DYSENTÉRIE.	CHOLÉRA.	BLESSURES.	MALADIES diverses.	TOTAUX.
Première saison.						
Européens.....	775	268	»	6	984	2,033
Indigènes......	655	76	5	52	1,037	1,825
Deuxième saison.						
Européens.....	1,840	458	»	17	922	3,237
Indigènes......	1,262	153	3	54	1,002	2,474
Troisième saison.						
Européens.....	1,349	327	»	7	799	2,482
Indigènes......	689	107	2	37	1,065	1,900
ANNÉE.						
Européens.....	**3,964**	**1,053**	»	**30**	**2,705**	**7,752**
Indigènes......	**2,606**	**336**	**10**	**143**	**3,104**	**6,199**

2° CAS POUR 1000.

	PALUDISME.	DYSENTÉRIE.	CHOLÉRA et blessures.	MALADIES diverses.	TOTAUX.
Première saison.					
Européens..............	98×3=294	34×3=102	1×3= 3	124×3=372	257×3=771
Indigènes..............	52×3=156	6×3= 18	4×3=12	83×3=249	145×3=435
Deuxième saison.					
Européens..............	233×3=699	58×3=174	2×3= 6	116×3=348	409×3=1,227
Indigènes..............	101×3=303	12×3= 36	4×3=12	80×3=240	197×3= 591
Troisième saion.					
Européens..............	171×3=513	41 ×3=123	1×3=3	101×3=303	314 ×3=942
Indigènes..............	55×3=165	8.5×3= 25.5	3×3=9	85×3=255	151.5×3=454.5
ANNÉE.					
Européens..............	502	133	4	342	981
Indigènes..............	208	26	12	248	494

MORBIDITÉ COMPARÉE DES GARNISONS DU HAUT-TONKIN ET DU DELTA.

1° ENTRÉES.

Elles ont été données précédemment.

2° CAS POUR 1000.

	PALUDISME.	DYSENTÉRIE.	CHOLÉRA et blessures.	MALADIES diverses.	TOTAUX.
			Première saion.		
Légion	121×3=363	55×3=165	2×3=6	88×3=264	266×3=798
Troupes de marine	88×3=264	24×3= 72	»	141×3=423	253×3=759
			Deuxième saison.		
Légion	356×3=1,068	71×3=213	2×3=6	140×3=420	569×3=1,707
Troupes de marine	176×3= 528	52×3=156	2×3=6	106×3=318	336×3=1,008
			Troisième saison.		
Légion	249×3=747	60×3=180	3×3=9	92×3=276	404×3=1,212
Troupes de marine	134×3=402	33×3= 99	»	105×3=315	272×3= 816
			ANNÉE.		
Légion	726	186	7	320	1,239
Troupes de marine	398	109	2	352	861

Nous donnons à titre de comparaison les résultats enregistrés pour l'année précédente :

ANNÉE 1893.

	PALUDISME.	DYSENTÉRIE.	CHOLÉRA et blessures.	MALADIES diverses.	TOTAL.
	Pour 1000.	Pour 1000.	Pour 1000.	Pour 1000.	Pour 1000.
Légion	481	195	14	297	987
Troupes de marine	304	76	»	274	654
Européens	**360**	**114**	**7**	**281**	**762**
Indigènes	**205**	**30**	**15**	**288**	**538**

La situation sanitaire, dans son ensemble, est beaucoup plus chargée en 1894 qu'en 1893. Les circonstances suivantes expliquent cette augmentation notable du chiffre des malades :

Les mouvements de troupes ont été incessants pendant l'année que nous passons actuellement en revue, mouvements nécessités par les opérations militaires. Ils ont amené des changements fréquents dans les effectifs des places et des postes de la frontière. Ces opérations militaires n'ont pu être interrompues à la fin de la saison d'hiver et ont dû être continuées pendant tout l'été, de mai à octobre, les troupes ne cessant pas de faire colonne.

Les contingents restés au casernement et dont le nombre était très réduit ont eu à subir un surcroît de fatigues, le service de place restant très chargé et le service de garde étant particulièrement pénible.

§ 2. — MORTALITÉ.

1° GARNISONS DU HAUT-TONKIN.

	PALUDISME.	DYSENTERIE.	CHOLÉRA.	BLESSURES.	MALADIES diverses.	TOTAL.
Janvier	2	»	»	»	1	3
Février	1	1	»	»	»	2
Mars	3	1	»	1	2	7
Avril	5	4	»	»	5	14
Mai	12	2	»	1	7	22
Juin	14	2	»	»	1	17
Juillet	13	1	»	»	5	19
Août	8	6	»	»	7	21
Septembre	11	2	»	»	2	15
Octobre	11	2	»	3	4	20
Novembre	6	3	»	1	3	13
Décembre	4	4	»	»	5	13
Récapitulation par saisons.						
1re Saison	11	6	»	1	8	26
2e Saison	47	11	»	1	20	79
3e Saison	32	11	»	4	14	61
ANNÉE	90	28	»	6	42	166

2° GARNISONS DU DELTA.

TROUPES DE MARINE, CADRES EUROPÉENS DES TIRAILLEURS NON COMPRIS.

	PALUDISME.	DYSENTÉRIE.	CHOLÉRA.	BLESSURES.	MALADIES diverses.	TOTAL.
Janvier	6	3	»	»	3	12
Février	»	1	»	»	3	4
Mars	3	»	»	»	2	5
Avril	5	1	»	»	1	7
Mai	9	3	»	»	2	14
Juin	9	1	»	2	5	17
Juillet	5	2	»	»	1	8
Août	12	3	»	1	2	18
Septembre	7	3	»	»	3	13
Octobre	9	2	»	»	»	11
Novembre	1	»	»	»	»	1
Décembre	4	1	»	»	1	6
Récapitulation par saisons.						
1re Saison	14	5	»	»	9	28
2e Saison	35	9	»	3	10	57
3e Saison	21	6	»	»	4	31
ANNÉE	**70**	**20**	»	**3**	**23**	**116**

3° TROUPES INDIGÈNES.

a). — CADRES EUROPÉENS.

	PALUDISME.	DYSENTÉRIE.	CHOLÉRA.	BLESSURES.	MALADIES diverses.	TOTAL.
Janvier	»	»	»	»	»	»
Février	»	»	»	»	1	1
Mars	»	»	»	»	»	»
Avril	»	»	»	1	1	2
Mai	2	»	»	1	»	3
Juin	2	»	»	»	»	2
Juillet	1	»	»	»	»	1
Août	3	»	»	»	»	3

	PALUDISME.	DYSENTÉRIE.	CHOLÉRA.	BLESSURES.	MALADIES diverses.	TOTAL.
Septembre	3	»	»	1	»	4
Octobre	1	»	»	»	»	1
Novembre	1	»	»	»	»	1
Décembre	»	»	»	»	»	»
Récapitulation par saisons.						
1re Saison	»	»	»	1	2	3
2e Saison	8	»	»	1	»	9
3e Saison	5	»	»	1	»	6
ANNÉE	**13**	»	»	**3**	**2**	**18**

b). — TIRAILLEURS ET AUXILIAIRES INDIGÈNES.

	PALUDISME.	DYSENTÉRIE.	CHOLÉRA.	BLESSURES.	MALADIES diverses.	TOTAL.
Janvier	8	3	»	1	15	27
Février	4	2	»	»	5	11
Mars	8	1	»	1	12	22
Avril	8	1	»	2	8	19
Mai	10	2	»	3	9	24
Juin	24	2	1	3	13	43
Juillet	13	5	»	5	10	33
Août	21	2	»	1	9	33
Septembre	14	3	»	1	7	25
Octobre	10	4	»	2	5	21
Novembre	10	1	»	5	4	20
Décembre	7	1	»	2	9	19
Récapitulation par saisons.						
1re Saison	28	7	»	4	40	79
2e Saison	68	11	1	12	41	133
3e Saison	41	9	»	10	25	85
ANNÉE	**137**	**27**	**1**	**26**	**106**	**297**

MORTALITÉ COMPARÉE DES EUROPÉENS ET DES INDIGÈNES.

1° ENTRÉES.

	PALUDISME.	DYSENTÉRIE.	CHOLÉRA.	BLESSURES.	MALADIES diverses.	TOTAUX.
Première saison.						
Européens.....	25	11	»	2	19	57
Indigènes......	28	7	»	4	40	79
Deuxième saison.						
Européens.....	90	20	»	5	30	145
Indigènes......	68	11	1	12	41	133
Troisième saison.						
Européens.....	58	17	»	5	18	98
Indigènes......	41	9	»	10	25	85
ANNÉE.						
Européens.....	**173**	**48**	»	**12**	**67**	**300**
Indigènes......	**137**	**27**	**1**	**26**	**106**	**297**

2° CAS POUR 1,000.

	PALUDISME.	DYSENTÉRIE.	CHOLÉRA et blessures.	MALADIES diverses.	TOTAUX.
Première saison.					
Européens..............	3 ×3=9	1.3×3=4	0.3×3=1	2.4×3=7	7 ×3=21
Indigènes..............	2.3×3=7	0.6×3=1.8	0.3×3=1	3 ×3=9	6.2×3=18.5
Deuxième saison.					
Européens..............	11 ×3=33	2.5×3=7.5	0.6×3=1.8	3.8×3=11.5	18 ×3=54
Indigènes..............	5.3×3=16	0.8×3=2.4	1 ×3=3	3.3×3=10	10.4×3=31
Troisième saison.					
Européens..............	7.3×3=22	2 ×3=6	0.6×3=1.8	2.3×3=7	12.2×3=36.5
Indigènes..............	3.2×3= 9.6	0.7×3=2	0.8×3=2.4	2 ×3=6	6.7×3=20
ANNÉE.					
Européens,..............	22	6	1.5	8	37.5
Indigènes,..............	11	2	2	8	23

Rappelons, pour permettre la comparaison d'une année à l'autre, quels sont les chiffres enregistrés en 1893 :

	Européens. — Pour 1000.	Indigènes. — Pour 1000.
Paludisme	15	10
Dysentérie	6	1
Choléra et blessures	3	2
Maladies diverses	7	7
TOTAUX	**31**	**20**

MORTALITÉ COMPARÉE DES GARNISONS DU HAUT-TONKIN ET DU DELTA.

1° DÉCÈS.

Ils ont été donnés ci-dessus.

2° CAS POUR 1,000.

	PALUDISME.	DYSENTÉRIE.	CHOLÉRA et blessures.	MALADIES diverses.	TOTAUX.
		Première saison.			
Légion	4.4×3=13	2.4×3=7	0.4×3=1	3.2×3=9.5	10.4×3=31
Troupes de marine	3 ×3= 9	1 ×3=3	»	2 ×3=6	6 ×3=18
		Deuxième saison.			
Légion	19 ×3=57	4.4×3=13	0.4×3 1	8×3=24	31.8×3=95.5
Troupes de marine	7.4×3=22	2 ×3= 6	0.6×3 2	2×3= 6	12 ×3=36
		Troisième saison.			
Légion	13 ×3=39	4.4×3=13	1.6×3=5	5.6×3=17	24.6×3=74
Troupes de marine	4.4×3=13	1.3×3= 4	»	1 ×3= 3	6.7×3=20
		ANNÉE.			
Légion	36	11	2	17	66
Troupes de marine	15	4	1	4	24

Les moyennes ci-après, réalisées en 1893, étaient beaucoup plus favorables :

	Légion. — Pour 1000.	Troupes de marine — Pour 1000.
Paludisme	27	9
Dysentérie	13	4
Choléra et blessures	7	0.5
Maladies diverses	13	3.5
TOTAUX	**60**	**17**

MORTALITÉ COMPARÉE DES CADRES DES TIRAILLEURS ET DES INDIGÈNES.

ANNÉE.	Cadres européens. — Pour 1000.	Indigènes. — Pour 1000.
Paludisme	18.5	11
Dysentérie	»	2
Blessures	4.5	2
Maladies diverses	3	8
TOTAUX	**26**	**23**

§ 3. — MORTS ACCIDENTELLES

EN DEHORS DES BLESSURES DE GUERRE.

	TROUPES de marine.	LÉGION.	CADRES européens.	TOTAL des décès européens.	INDIGÈNES.
Janvier	2	»	1	3	»
Février	»	»	»	»	»
Mars	1	»	»	1	1
Avril	»	2	»	2	»
Mai	»	2	»	2	»
Juin	1	»	»	1	2
Juillet	1	1	»	2	4
Août	»	1	»	1	1
Septembre	2	4	»	6	»
Octobre	»	»	»	»	»
Novembre	»	1	»	1	2
Décembre	»	»	»	»	1
TOTAUX	**7**	**11**	**1**	**19**	**11**

§ 4. — MORTALITÉ SUR LE CHAMP DE BATAILLE.

Tous les décès par blessures constatés dans le groupe européen sont survenus comme suite immédiate du coup de feu : 6 à la légion, 3 aux troupes de marine et 3 parmi les gradés des régiments de tirailleurs indigènes. On ne s'étonnera par conséquent pas que le contingent annamite ait perdu en tués ou disparus 19 tirailleurs sur 26 morts enregistrées au titre des blessures de guerre.

§ 5. — RAPATRIEMENTS.

MOIS.	OFFICIERS.	HOMMES de troupe.	TOTAL.
Janvier	8	147	155
Février	5	29	34
Mars	7	27	34
Avril	9	95	104
Mai	18	224	242
Juin	7	217	224
Juillet	8	182	190
Août	16	161	177
Septembre	14	121	135
Octobre	10	90	100
Novembre	3	81	84
Décembre	3	6	9
TOTAUX	**108**	**1,380**	**1,488**

LIVRE XII

ANNÉE 1895

ANNÉE 1895

§ 1er. — MORBIDITÉ.

a). — GARNISONS DU HAUT-TONKIN.

LÉGION ÉTRANGÈRE.

	PALUDISME.	DYSENTÉRIE.	CHOLÉRA.	BLESSURES.	MALADIES diverses.	TOTAL.
Janvier	121	24	»	8	70	223
Février	71	25	»	»	49	145
Mars	66	17	»	1	59	143
Avril	104	19	»	»	38	161
Mai	208	63	1	»	64	336
Juin	195	59	»	»	79	333
Juillet	194	26	»	1	70	291
Août	207	45	1	4	39	296
Septembre	142	40	»	»	26	208
Octobre	186	38	5	»	44	273
Novembre	115	27	1	»	47	190
Décembre	201	27	3	1	62	294
Récapitulation par saisons.						
1re Saison	362	85	»	9	216	672
2e Saison	804	193	2	5	252	1,256
3e Saison	644	132	9	1	179	965
ANNÉE	1,810	410	11	15	647	2,893

Le choléra, que l'on n'avait pas observé les deux années précédentes, refait son apparition à la saison habituelle, vers le mois d'avril. Il est très répandu et assez meurtrier dans la population des villes et des villages, véritables foyers de peu de durée mais qui n'occasionnent pas moins une mortalité considérable relativement au nombre des atteintes.

Les cas sont également assez nombreux dans les petits postes. Ils ne figurent pas dans les statistiques des entrées aux hôpitaux, ayant été soignés sur place dans les infirmeries et les postes. Toutefois nous en retrouverons la trace dans les relevés de décès.

b'. — GARNISONS DU DELTA.

TROUPES DE MARINE.

	PALUDISME.	DYSENTÉRIE.	CHOLÉRA.	BLESSURES.	MALADIES diverses.	TOTAL.
Janvier	125	31	»	»	167	323
Février	92	31	»	»	145	268
Mars	117	46	»	»	190	353
Avril	112	41	»	1	169	323
Mai	279	95	»	1	78	453
Juin	268	60	9	»	75	412
Juillet	260	45	1	6	165	477
Août	305	61	1	1	97	465
Septembre	206	54	1	»	113	374
Octobre	173	52	3	»	112	340
Novembre	195	35	»	1	120	351
Décembre	189	27	»	3	91	310
Récapitulation par saisons.						
1re Saison	446	149	»	1	671	1,267
2e Saison	1,112	261	11	8	415	1,807
3e Saison	763	168	4	4	436	1,375
ANNÉE	**2,321**	**578**	**15**	**13**	**1,522**	**4,449**

c). — TROUPES INDIGÈNES.

TIRAILLEURS ET AUXILIAIRES INDIGÈNES.

	PALUDISME.	DYSENTÉRIE.	CHOLÉRA.	BLESSURES.	MALADIES diverses.	TOTAL.
Janvier	131	26	»	29	216	402
Février	147	24	»	4	240	415
Mars	125	18	»	8	233	384
Avril	145	15	»	3	281	444

	PALUDISME.	DYSENTÉRIE.	CHOLÉRA.	BLESSURES.	MALADIES diverses.	TOTAL.
Mai	205	39	1	7	237	489
Juin	206	42	»	»	157	405
Juillet	199	29	1	22	172	423
Août	238	47	»	8	181	474
Septembre	209	22	2	5	178	416
Octobre	188	32	2	11	239	472
Novembre	186	39	2	34	206	467
Décembre	160	15	»	7	236	418
Récapitulation par saisons.						
1re Saison	548	83	»	44	970	1,645
2e Saison	848	157	2	37	747	1,791
3e Saison	743	108	6	57	859	1,773
ANNÉE	**2,139**	**348**	**8**	**138**	**2,576**	**5,209**

MORBIDITÉ COMPARÉE DES EUROPÉENS ET DES INDIGÈNES.

1° ENTRÉES.

	PALUDISME.	DYSENTÉRIE.	CHOLÉRA.	BLESSURES.	MALADIES diverses.	TOTAUX.
Première saison.						
Européens	808	234	»	10	887	1,939
Indigènes	548	83	»	44	970	1,645
Deuxième saison.						
Européens	1,916	454	13	13	667	3,063
Indigènes	848	157	2	37	747	1,791
Troisième saison.						
Européens	1,407	300	13	5	615	2,340
Indigènes	743	108	6	57	859	1,773
ANNÉE.						
Européens	**4,131**	**988**	**26**	**28**	**2,169**	**7,342**
Indigènes	**2,139**	**348**	**8**	**138**	**2,576**	**5,209**

2° CAS POUR 1000

	PALUDISME.	DYSENTÉRIE.	CHOLÉRA. et blessures.	MALADIES diverses.	TOTAUX.
		Première saison.			
Européens..............	102 × 3 = 306	30 × 3 = 90	1 × 3 = 3	112 × 3 = 336	245 × 3 = 735
Indigènes..............	44 × 3 = 132	7 × 3 = 21	3 × 3 = 9	78 × 3 = 234	132 × 3 = 306
		Deuxième saison.			
Européens..............	243 × 3 = 729	57 × 3 = 171	3 × 3 = 9	84 × 3 = 252	387 × 3 = 1,161
Indigènes..............	68 × 3 = 204	13 × 3 = 39	3 × 3 = 9	60 × 3 = 180	144 × 3 = 432
		Troisième saison.			
Européens..............	178 × 3 = 534	38 × 3 = 114	2 × 3 = 6	78 × 3 = 234	296 × 3 = 888
Indigènes..............	59 × 3 = 177	9 × 3 = 27	5 × 3 = 15	69 × 3 = 207	142 × 3 = 426
		ANNÉE.			
Européens..............	523	125	7	274	929
Indigènes..............	171	28	12	206	417

Les chiffres sont très voisins de ceux que nous avons enregistrés l'année précédente et qui sont les suivants :

ANNÉE 1894.

	Européens.	Indigènes.
	Pour 1000.	Pour 1000.
Paludisme................................	502	208
Dysentérie................................	133	26
Choléra et blessures......................	4	12
Maladies diverses.........................	342	248
TOTAUX....................	981	494

Cette morbidité semble indiquer une amélioration de l'état sanitaire pour l'année 1895, mais il n'en est rien. L'abaissement relatif du nombre des malades tient à ce que beaucoup d'entre eux n'ont pu rejoindre les formations hospitalières et ont succombé en dehors de ces établissements.

La mortalité est notablement plus élevée pour les deux contingents en 1895 qu'en 1894.

MORBIDITÉ COMPARÉE DES GARNISONS DU HAUT-TONKIN ET DU DELTA.

1° ENTRÉES.

Elles ont été données plus haut.

2° CAS POUR 1000.

	PALUDISME.	DYSENTÉRIE.	CHOLÉRA et blessures.	MALADIES diverses.	TOTAUX.
			Première saison.		
Légion................	145 × 3 = 435	34 × 3 = 102	4 × 3 = 12	86 × 3 = 258	269 × 3 = 807
Troupes de marine......	82 × 3 = 246	27 × 3 = 81	»	124 × 3 = 372	233 × 3 = 699
			Deuxième saison.		
Légion................	322 × 3 = 966	77 × 3 = 231	3 × 3 = 9	101 × 3 = 303	503 × 3 = 1,509
Troupes de marine......	206 × 3 = 618	48 × 3 = 144	3 × 3 = 9	77 × 3 = 231	334 × 3 = 1,002
			Troisième saison.		
Légion................	258 × 3 = 774	53 × 3 = 159	4 × 3 = 12	71 × 3 = 213	386 × 3 = 1,158
Troupes de marine......	141 × 3 = 423	31 × 3 = 93	1 × 3 = 3	81 × 3 = 243	254 × 3 = 762
			ANNÉE.		
Légion................	724	164	10	258	1,156
Troupes de marine......	429	106	5	282	822

Quand on compare ces proportions à celles observées l'année qui précède, on se rend compte que la diminution des entrées constatée pour les groupes réunis se retrouve pour chacun d'eux. Nous verrons en effet que les circonstances qui l'ont déterminée ont eu une action parallèle sur les deux groupes. A mesure que l'occupation du haut pays devient plus étroite et plus complète, les soldats de marine sont appelés à tenir garnison dans les places que la légion abandonne pour se porter toujours plus en avant. Ces places sont en dehors du Delta et souvent en communication difficile avec les centres.

MORBIDITÉ COMPARÉE DE LA LÉGION ET DES TROUPES DE MARINE EN 1894.

ANNÉE 1894.

	Légion. — Pour 1000.	Troupes de marine. — Pour 1000.
Paludisme..............................	726	398
Dysentérie..............................	186	109
Choléra et blessures.......................	7	2
Maladies diverses.........................	320	352
TOTAUX...............	**1,239**	**861**

§ 2. — MORTALITÉ.

a). — TROUPES DU HAUT-TONKIN.

RÉGIMENTS ÉTRANGERS.

	PALUDISME.	DYSENTÉRIE.	CHOLÉRA.	BLESSURES.	MALADIES diverses.	TOTAL.
Janvier	5	3	»	6	1	15
Février	3	2	»	»	3	8
Mars	1	1	»	1	1	4
Avril	3	4	»	1	6	14
Mai	15	2	»	»	1	18
Juin	16	2	1	»	5	24
Juillet	14	2	2	2	1	21
Août	4	2	2	3	2	13
Septembre	4	1	9	»	1	15
Octobre	7	2	6	»	2	17
Novembre	11	1	1	»	3	16
Décembre	10	1	2	1	4	18
Récapitulation par saisons.						
1re Saison	12	10	»	8	11	41
2e Saison	49	8	5	5	9	76
3e Saison	32	5	18	1	10	66
ANNÉE	**93**	**23**	**23**	**14**	**30**	**183**

Un fait caractérise ce bilan obituaire, c'est l'élévation du chiffre des décès que nous résumons sous une désignation commune : les *morts accidentelles,* qu'elles proviennent des épidémies, des blessures, des sinistres ou des morts violentes. En comptant ces dernières qui, dans le tableau ci-dessus, sont confondues dans la colonne des maladies diverses, le total à défalquer de ce qu'on peut considérer comme la mortalité *normale* serait de 23+14+18=55. Le tiers des déchets est imputable à cette origine.

b). — GARNISONS DU DELTA.

SOLDATS DE MARINE.

	PALUDISME.	DYSENTÉRIE.	CHOLÉRA.	BLESSURES.	MALADIES diverses.	TOTAL.
Janvier	2	1	»	»	2	5
Février	»	1	»	»	3	4
Mars	1	1	»	1	2	5
Avril	2	1	»	3	6	12
Mai	11	6	»	»	5	22
Juin	31	4	7	2	5	49
Juillet	35	4	4	2	3	48
Août	13	4	3	4	3	27
Septembre	11	5	2	»	2	20
Octobre	8	3	4	»	1	16
Novembre	5	1	2	»	1	9
Décembre	5	»	2	»	»	7
Récapitulation par saisons.						
1re Saison	5	4	»	4	13	26
2e Saison	90	18	14	8	16	146
3e Saison	29	9	10	»	4	52
ANNÉE	**124**	**31**	**24**	**12**	**33**	**224**

La mortalité observée dans ce groupe des soldats de marine est anormale, particulièrement en ce qui concerne la saison chaude. Le chiffre des décès pendant les mois d'été n'est que de 57 en 1894; il s'était abaissé à 31 en 1893. Il est triplé en 1895.

Sur les 146 décès constatés pendant cette saison 22 sont, il est vrai, imputables à l'épidémie de choléra et au feu de l'ennemi; d'autre part il faudrait défalquer du total 16 cas mortels qui proviennent de causes accidentelles. Mais il n'en reste pas moins à enregistrer 108 décès au seul titre des maladies endémiques.

Cette élévation du taux de la mortalité tient à l'obligation dans laquelle a été le commandement d'organiser contre les bandes pirates une action militaire importante qui, commencée en juin, s'est continuée en juillet et août. Une fraction notable des troupes de marine a été appelée à y prendre part.

Les résultats que nous constatons prouvent une fois de plus combien la colonie du Tonkin est meurtrière pour les groupes européens que les circonstances condamnent, en plein été, aux fatigues du service en campagne et des combats sous un soleil brûlant. Le danger vient bien moins des balles de l'ennemi que des atteintes de l'*endémie*.

c). — TROUPES INDIGÈNES.

Les troupes indigènes, comme les soldats de marine, ont marché en pleines chaleurs. Les gradés européens paient au climat le même tribut.

1° CADRES EUROPÉENS DES RÉGIMENTS DE TIRAILLEURS.

	PALUDISME.	DYSENTÉRIE.	CHOLÉRA.	BLESSURES.	MALADIES diverses.	TOTAL.
Janvier	»	»	»	»	»	»
Février	1	»	»	»	»	1
Mars	1	»	»	»	»	1
Avril	1	»	»	1	1	3
Mai	»	»	»	»	»	»
Juin	2	»	1	1	1	5
Juillet	5	»	»	1	1	7
Août	4	»	»	»	»	4
Septembre	3	»	»	»	»	3
Octobre	1	»	»	»	»	1
Novembre	2	»	»	1	1	4
Décembre	1	»	»	»	»	1
Récapitulation par saisons.						
1re Saison	3	»	»	1	1	5
2e Saison	11	»	1	2	2	16
3e Saison	7	»	»	1	1	9
ANNÉE	21	»	1	4	4	30

2° TIRAILLEURS ET AUXILIAIRES ANNAMITES.

	PALUDISME.	DYSENTÉRIE.	CHOLÉRA.	BLESSURES.	MALADIES diverses.	TOTAL.
Janvier	22	2	»	3	13	44
Février	20	3	»	7	12	38
Mars	12	2	»	2	9	25
Avril	14	»	»	6	5	25

	PALUDISME.	DYSENTÉRIE.	CHOLÉRA.	BLESSURES.	MALADIES diverses.	TOTAL.
Mai	5	2	»	»	6	13
Juin	22	2	»	»	5	29
Juillet	26	7	2	5	7	47
Août	21	13	2	2	9	47
Septembre	24	2	1	2	11	40
Octobre	28	4	5	»	6	43
Novembre	17	3	1	5	12	38
Décembre	23	1	»	»	10	34
Récapitulation par saisons.						
1re Saison	68	7	»	18	39	132
2e Saison	74	24	4	7	27	136
3e Saison	92	10	7	7	39	155
ANNÉE	**234**	**41**	**11**	**32**	**105**	**423**

TABLEAU COMPARATIF DE LA MORTALITÉ DES EUROPÉENS ET DES INDIGÈNES.

1° DÉCÈS.

	PALUDISME.	DYSENTÉRIE.	CHOLÉRA.	BLESSURES.	MALADIES diverses.	TOTAUX.
Première saison.						
Européens	20	14	»	13	25	72
Indigènes	68	7	»	18	39	132
Deuxième saison.						
Européens	150	26	20	15	27	238
Indigènes	74	24	4	7	27	136
Troisième saison.						
Européens	68	14	28	2	15	127
Indigènes	92	10	7	7	39	155
ANNÉE.						
Européens	**238**	**54**	**48**	**30**	**67**	**437**
Indigènes	**234**	**41**	**11**	**32**	**105**	**423**

Deux faits sont à retenir de cette statistique comparative de la mortalité des deux contingents : d'une part, le maintien au même taux des déchets annamites pendant la saison chaude, malgré la fatigue occasionnée par les marches et les combats auxquels les tirailleurs ont été exposés autant que l'élément européen; d'autre part, l'exagération, pendant ces mêmes mois, du chiffre des morts par dysentérie. Nous aurons occasion d'en reparler; contentons-nous pour l'instant de signaler que le total des décès de cette origine constatés dans les hôpitaux est sensiblement inférieur et que le surplus provient de la colonne expéditionnaire dans laquelle le choléra sévissait à cette époque.

2° CAS POUR 1000.

	PALUDISME.	DYSENTÉRIE.	CHOLÉRA et blessures.	MALADIES diverses.	TOTAUX.
			Première saison.		
Européens	2.5×3= 7.5	1.7×3=5	1.6×3=5	3×3=9	8.8×3=26.5
Indigènes	5.4×3=16	0.6×3=2	1.4×3=4	3×3=9	10.4×3=31
			Deuxième saison.		
Européens	19×3=57	3.3×3=10	4.4×3=13	3.4×3=10	30 ×3=90
Indigènes	6×3=18	1.9×3= 5.5	0.8×3= 2.5	2 ×3= 6	10.7×3=32
			Troisième saison.		
Européens	8.6×3=26	1.7×3=5	3.8×3=11.5	2×3=6	16 ×3=48
Indigènes	7.3×3=22	0.8×3=2.5	1.2×3= 3.5	3×3=9	12.3×3=37
			ANNÉE.		
Européens	30	7	10	8	55
Indigènes	19	3	3	8	33

MORTALITÉ COMPARÉE DES GARNISONS DU HAUT-TONKIN ET DU DELTA.

	PALUDISME.	DYSENTÉRIE.	CHOLÉRA.	BLESSURES.	MALADIES diverses.	TOTAUX.
			Première saison.			
Légion	4.8×3=14.5	4 ×3=12	»	3.2×3=9.5	4.4×3=13	10.4×3=40
Troupes de marine	1 ×3= 3	0.8×3= 2.5	»	0.8×3=2.5	2.7×3= 8	5.3×3=16

	PALUDISME.	DYSENTÉRIE.	CHOLÉRA	BLESSURES.	MALADIES diverses.	TOTAUX.
			Deuxième saison.			
Légion...........	19.6×3=59	3.2×3= 9.5	2 ×3=6	2 ×3=6	3.6×3=11	30.4×3=91
Troupes de marine..	19 ×3=57	4 ×3=12	3.2×3=9.5	1.8×3=5.5	3.4×3=10	31.4×3=94
			Troisième saison.			
Légion...........	12.8×3=38.5	2×3=6	7.2×3=21.5	0.4×3=1	4×3=12	26.4×3=79
Troupes de marine..	6 ×3=18	2×3=6	2.3×3× 7	»	1×3= 3	11.3×3=34
			ANNÉE.			
Légion...........	37	9	9	5.6	12	72.6
Troupes de marine..	27	7	5	2.5	7	48.5

L'année 1895 est la seule où la mortalité des troupes de marine dépasse pendant la saison chaude, toujours meurtrière pour les bataillons qui sont aux postes les plus avancés, celle des régiments étrangers.

Nous avons dit que cette proportion élevée de déchets était due à l'action militaire commencée et achevée en pleine saison chaude à la frontière chinoise, du côté de Moncay, campagne à laquelle les soldats de marine ont pris une part prépondérante.

Comparée aux statistiques de l'année précédente, l'annuité que nous étudions accuse un bilan de morts très élevé dans tous les groupes et particulièrement dans le contingent européen.

L'action militaire ne s'est pas bornée aux opérations du côté de Moncay. Elle a été incessante presque toute l'année et a eu pour objet de pourchasser les bandes pirates installées à la limite des 2e et 3e territoires. Ces dernières opérations ont été effectuées dans les premiers et les derniers mois de l'année.

En dehors des indigènes qui formaient le groupe principal, les colonnes constituées dans ce but comprenaient en majeure partie des unités appartenant à la légion. Les soldats de marine y étaient en nombre moindre; de plus et surtout, ils n'ont pas eu à tenir garnison dans les postes de nouvelle création nécessités par l'extension d'une occupation militaire effective des hauts pays. Cette charge a été confiée aux bataillons étrangers, concurremment avec les tirailleurs tonkinois. De ce fait découle la majoration constatée dans les déchets du premier de ces corps à la saison d'hiver et à l'arrière-saison.

MORTALITÉ DES CADRES EUROPÉENS DES TIRAILLEURS.

CAS POUR 1000.

	PALUDISME.	DYSENTÉRIE.	CHOLÉRA.	BLESSURES.	MALADIES diverses.	TOTAL.
1re Saison	4.3 × 3 = 13	»	»	1.4 × 3 = 4	1.4 × 3 = 4	7 × 3 = 21
2e Saison	15.7 × 3 = 47	»	1.4 × 3 = 4	2.8 × 3 = 8.5	2.8 × 3 = 8.5	22.7 × 3 = 68
3e Saison	10 × 3 = 30	»	»	1.4 × 3 = 4	1.4 × 3 = 4	12.8 × 3 = 38.5
ANNÉE	30	»	1	5.5	5.5	42

Rappelons à titre de comparaison les chiffres enregistrés pour les indigènes :

	Tirailleurs. — Pour 1000.
Paludisme	19
Dysentérie	3
Choléra	»
Blessures	3
Maladies diverses	8
TOTAL	33

Les gradés européens des régiments annamites ont moins à souffrir des affections de la pathologie courante que les indigènes qu'ils commandent, mais ils paient au paludisme un tribut notablement plus lourd. On peut toutefois se rendre compte que les chances de mort s'égalisent d'un groupe à l'autre et, dans le même groupe, entre les fractions d'origine différente.

Ce résultat est dû à un double fait : 1° l'abaissement de la mortalité dans les groupes les plus mal partagés et, circonstance moins favorable, à l'élévation de la proportion des décès dans le contingent indigène.

§ 3. — MORTS VIOLENTES.

	EUROPÉENS.	INDIGÈNES.	TOTAL.
Tués à l'ennemi	27	15	42
Accidents et submersion	35	14	49
TOTAUX	62	29	91

§ 4. — RAPATRIEMENTS.

MOIS.	OFFICIERS.	HOMMES de troupe.	TOTAL.
Janvier	9	183	192
Février	8	15	23
Mars	16	16	32
Avril	23	128	151
Mai	8	82	90
Juin	19	74	93
Juillet	28	287	315
Août	13	330	343
Septembre	9	25	34
Octobre	19	219	238
Novembre	4	108	112
Décembre	13	70	83
TOTAUX	169	1,537	1,706

LIVRE XIII

ANNÉE 1896

ANNÉE 1896

Les opérations de police en cours d'exécution dans la haute Rivière Claire pendant les derniers mois de l'année 1895 se continuent et s'achèvent dans les premiers mois de l'année 1896.

Les déplacements de garnisons qui sont la conséquence forcée de cette marche en avant sont encore fréquents durant ces douze mois.

On installe dans une des régions les plus malsaines du Tonkin, dans le cercle de Ha-Giang, des postes de nouvelle création. Les bataillons de la légion étrangère quittent les places de la province de Lang-Son pour être reportés dans le secteur compris entre Cao-Bang et Tuyen-Quan. On construit le long de la frontière chinoise une série presque ininterrompue de postes et de blockhaus. Dans les points importants, la défense est assurée par un contingent mixte d'Européens et d'Annamites; les petits postes sont occupés uniquement par des tirailleurs.

Les soldats de marine sont appelés à surveiller la partie de frontière qui va de la mer à Dong-Dang, au nord de Lang-Son. La légion monte la garde de Dong-Dang à Lao-Kay et au delà, tout le long de la frontière du Yunnam et du Kouang-Si.

§ 1er. — MORBIDITÉ.

a). — TROUPES DE LA GUERRE.

LÉGION.

	PALUDISME.	DYSENTÉRIE.	CHOLÉRA.	BLESSURES.	MALADIES diverses.	TOTAL.
Janvier	122	30	»	9	62	223
Février	83	13	»	1	37	134
Mars	87	23	»	1	40	151
Avril	86	20	»	»	37	143

	PALUDISME.	DYSENTÉRIE.	CHOLÉRA.	BLESSURES.	MALADIES diverses.	TOTAUX.
Mai	168	24	4	»	42	238
Juin	252	26	»	1	40	319
Juillet	219	18	3	2	39	281
Août	172	29	8	»	39	248
Septembre	122	16	8	»	34	180
Octobre	101	26	»	2	33	162
Novembre	104	17	»	1	39	161
Décembre	100	17	1	1	53	172
Récapitulation par saisons.						
1re Saison	378	86	»	11	176	651
2e Saison	811	97	15	3	160	1,086
3e Saison	427	76	9	4	159	675
ANNÉE	**1,616**	**259**	**24**	**18**	**495**	**2,412**

b). — TROUPES DE MARINE.

	PALUDISME.	DYSENTÉRIE.	CHOLÉRA.	BLESSURES.	MALADIES diverses.	TOTAL.
Janvier	183	28	»	1	96	308
Février	142	37	»	»	163	342
Mars	89	11	»	»	114	214
Avril	92	29	»	»	162	283
Mai	149	58	5	1	171	384
Juin	146	73	10	»	143	372
Juillet	179	63	2	»	163	407
Août	162	58	5	1	118	344
Septembre	112	40	4	»	96	252
Octobre	131	30	2	»	91	254
Novembre	159	41	»	»	100	300
Décembre	123	30	»	»	114	267
Récapitulation par saisons.						
1re Saison	506	105	»	1	535	1,147
2e Saison	636	252	22	2	595	1,507
3e Saison	525	141	6	»	401	1,073
ANNÉE	**1,667**	**498**	**28**	**3**	**1,531**	**3,727**

La part prise par les soldats d'infanterie de marine aux opérations actives contre les pirates est moins considérable que l'année précédente. En 1896, l'effort est accompli presque totalement par les régiments étrangers. Aussi la morbidité par blessures de guerre n'est-elle que de 0.6 pour 1000 chez les premiers et dépasse 7 pour 1000 à la légion.

c). — TROUPES INDIGÈNES.

Au moment où nous terminons ce mémoire, nous ne possédons pas les renseignements nécessaires pour établir, comme nous l'avons fait jusqu'ici, la proportion des entrées par mois. Nous ne pouvons donner que des chiffres globaux.

ANNÉE 1896.

Paludisme	2,288
Dysentérie	205
Choléra	155
Blessures	106
Maladies diverses	2,542
TOTAL	5,296

Ces résultats sont de tous points comparables à ceux de l'annuité précédente, sauf en ce qui concerne le choléra. Les indigènes n'avaient fourni que huit admissions pour cette maladie en 1895 tandis qu'en 1896 les hospitalisations constatées de ce chef sont aussi élevées pour le contingent annamite que lors des grandes épidémies.

MORBIDITÉ COMPARÉE DES GROUPES EUROPÉENS

GARNISONS DU HAUT-TONKIN ET DU DELTA.

CAS POUR 1000.

	PALUDISME.	DYSENTÉRIE.	CHOLÉRA.	BLESSURES.	MALADIES diverses.	TOTAUX.
			Première saison.			
Légion	151 ×3=453	34×3=102	»	4×3=12	70.4×3=211	259.4×3=778
Troupes de marine	94 ×3=282	19×3= 57	»	»	99 ×3=297	212 ×3=636
			Deuxième saison.			
Légion	324×3=972	39×3=117	6×3=18	1×3=3	64×3=192	434×3=1302
Troupes de marine	118×3=354	47×3=141	4×3=12	»	110×3=330	279×3= 837

	PALUDISME.	DYSENTÉRIE.	CHOLÉRA.	BLESSURES.	MALADIES diverses.	TOTAUX.
			Troisième saison.			
Légion	171×3=513	30×3=90	4×3=12	1.6×3=5	63.6×3=191	270×3=810
Troupes de marine	97×3=291	26×3=78	1×3= 3	»	74 ×3=222	168×3×504
			ANNÉE.			
Légion	646	104	9	7	198	964
Troupes de marine	309	92	5	»	284	690

MORBIDITÉ DU CONTINGENT EUROPÉEN DANS SON ENSEMBLE.

	PALUDISME.	DYSENTÉRIE.	CHOLÉRA.	BLESSURES.	MALADIES diverses.	TOTAUX.
1re Saison	112×3=336	24×3= 72	»	1×3=3	90×3=270	227×3=681
2e Saison	183×3=549	44×3=132	5×3=15	1×3=3	95×3=285	328×3=984
3e Saison	121×3=363	27×3= 81	2×3= 6	»	71×3=213	221×3=663
Année	416	96	7	3	255	777

MORBIDITÉ DU CONTINGENT INDIGÈNE.

ANNÉE.

	Pour 1000.
Paludisme	176
Dysentérie	16
Choléra	11
Blessures	8
Maladies diverses	196
Total	407

Comparativement à la morbidité des Européens, la pathologie des indigènes semble présenter les mêmes caractéristiques, en cette année 1896, qu'au cours des premières années de l'occupation. Il y a cependant un trait distinctif à signaler, c'est que la morbidité par blessures dépasse de beaucoup celle des Européens. Voilà une preuve de l'utilisation de jour en jour plus grande de ce contingent annamite pour assurer la police militaire du pays. Toutefois, en ce qui concerne les endémies et les maladies ordinaires, les circonstances paraissent rester les mêmes. Les entrées pour affections palustres continuent à être près de trois fois plus nombreuses du côté des Européens. Cette proportion est doublée pour la dysentérie, car on enregistre

6 admissions d'Européens contre 1 hospitalisation d'Indigènes. En revanche, le choléra frappe moins fréquemment les premiers, de sorte que la morbidité épidémique est relativement plus élevée dans le groupe annamite. Nous ferons d'ailleurs remarquer une fois de plus que la morbidité hospitalière, en ces dernières années, donne de la morbidité totale et réelle une appréciation inexacte.

A l'inverse de ce qui s'observe dans les autres pays, à l'inverse de ce qui se passait de 1884 à 1893, la morbidité hospitalière tend annuellement à diminuer par rapport à la morbidité totale. Cela tient à ce que l'organisation médicale a été faussée : l'admission aux hôpitaux est rendue de plus en plus difficultueuse, malgré la facilité des relations et des transports. Les formations sanitaires de l'avant et les postes sans médecin conservent un nombre considérable de malades graves. On peut en juger par les chiffres de la mortalité.

§ 2. — MORTALITÉ.

a). — RÉGIMENTS ÉTRANGERS ET SECTION DE PONTONNIERS.

	PALUDISME.	DYSENTÉRIE.	CHOLÉRA.	BLESSURES.	MALADIES diverses.	TOTAL.
Janvier	10	»	»	9	1	20
Février	6	2	»	3	4	15
Mars	2	2	»	»	2	6
Avril	7	2	»	»	7	16
Mai	13	5	3	»	8	29
Juin	16	3	2	»	3	24
Juillet	19	»	1	»	3	23
Août	10	3	10	»	3	26
Septembre	16	2	5	»	3	26
Octobre	7	3	7	»	4	21
Novembre	9	5	»	»	2	16
Décembre	4	»	1	»	1	6
Récapitulation par saisons.						
1re Saison	25	6	»	12	14	57
2e Saison	58	11	16	»	17	102
3e Saison	36	10	13	»	10	69
ANNÉE	**119**	**27**	**29**	**12**	**41**	**228**

b). — TROUPES DE MARINE.

	PALUDISME.	DYSENTÉRIE.	CHOLÉRA.	BLESSURES.	MALADIES diverses.	TOTAL.
Janvier	3	2	»	»	2	7
Février	4	»	»	»	»	4
Mars	1	1	»	»	2	4
Avril	4	»	»	»	1	5
Mai	5	2	4	»	4	15
Juin	22	2	9	»	13	46
Juillet	17	1	8	»	4	30
Août	12	5	7	»	2	26
Septembre	5	5	8	»	4	22
Octobre	8	»	»	»	2	10
Novembre	9	1	»	»	»	10
Décembre	3	»	»	»	1	4
Récapitulation par saisons.						
1re Saison	12	3	»	»	5	20
2e Saison	56	10	28	»	23	117
3e Saison	25	6	8	»	7	46
ANNÉE	**93**	**19**	**36**	»	**35**	**183**

Ces tableaux donnent lieu à une double remarque : 1° les troupes de marine, pour la première fois depuis 1883, ne subissent aucune perte du fait de l'ennemi. L'action militaire, pour la légion elle-même, est limitée aux deux premiers mois; 2° la poussée épidémique de choléra, pour ne pas être très répandue et n'atteindre qu'un nombre très faible de malades, se traduit par des pertes sensibles dans les deux groupes européens.

Il est une autre remarque, d'ordre plus général, qui trouvera mieux son étude dans les considérations placées à la fin de ce mémoire et que nous nous contentons de signaler ici sans y autrement insister : sur les 228 décès enregistrés à la légion étrangère, 146 seulement ont été constatés dans les formations hospitalières; les autres se sont produits en dehors..... Au total, 165 soldats européens sont décédés en dehors des formations sanitaires, dont 82 appartiennent à la légion; le surplus, soit un chiffre égal de 83 morts, représente le bilan de cette mortalité anormale pour les troupes de marine et les gradés européens des tirailleurs qui proviennent de la même arme. Ce fait n'est pas dû à l'action militaire qui a été suspendue dès le mois de mars.

c). — TROUPES INDIGÈNES.

1° CADRES EUROPÉENS.

	PALUDISME.	DYSENTÉRIE.	CHOLÉRA.	BLESSURES.	MALADIES diverses.	TOTAL.
Janvier	»	1	»	1	»	2
Février	»	»	»	»	»	»
Mars	»	»	»	1	»	1
Avril	»	1	»	»	»	1
Mai	2	»	»	»	»	2
Juin	2	1	1	»	»	4
Juillet	5	1	»	»	2	8
Août	»	»	»	»	»	»
Septembre	2	»	»	»	»	2
Octobre	2	»	1	»	2	5
Novembre	4	»	»	»	»	4
Décembre	1	»	»	1	»	2
Récapitulation par saisons.						
1re Saison	»	2	»	2	»	4
2e Saison	9	2	1	»	2	14
3e Saison	9	»	1	1	2	13
ANNÉE	18	4	2	3	4	31

2° TIRAILLEURS ET AUXILIAIRES INDIGÈNES.

	PALUDISME.	DYSENTÉRIE.	CHOLÉRA.	BLESSURES.	MALADIES diverses.	TOTAL.
Janvier	18	6	»	»	11	35
Février	17	2	»	10	12	41
Mars	26	3	»	2	9	40
Avril	16	»	2	»	17	35
Mai	28	»	7	1	19	55
Juin	31	3	13	3	15	65
Juillet	53	6	8	»	31	98
Août	55	5	7	»	21	88
Septembre	44	18	6	»	1	69
Octobre	28	8	5	2	18	61
Novembre	20	1	2	1	23	47
Décembre	24	2	»	8	13	47

	PALUDISME.	DYSENTÉRIE.	CHOLÉRA.	BLESSURES.	MALADIES diverses.	TOTAL.
Récapitulation par saisons.						
1re Saison............	77	11	2	12	49	151
2e Saison............	167	14	35	4	86	306
3e Saison............	116	29	13	11	55	224
ANNÉE	**360**	**54**	**50**	**27**	**190**	**681**

L'effectif des troupes indigènes a été augmenté d'une unité pendant cette année 1896 : un bataillon à 4 compagnies de 250 hommes. On peut évaluer le chiffre moyen de ce contingent, pour l'année, à 13,000 présents.

Sur ces 681 décès, 325 se rapportent à des hommes qui n'ont pas été admis dans les formations hospitalières. 29 indigènes sont tombés sous les coups des pirates ou ont été victimes de sinistres ou d'accidents, 300 d'entre eux ont succombé à des maladies endémiques ou sporadiques sans avoir atteint l'hôpital en vue d'y recevoir les soins que nécessitait la gravité de leur état. Cette proportion n'a jamais été constatée, même au début de l'occupation des hauts plateaux, c'est-à-dire à une époque où les moyens de transport étaient rudimentaires.

MORTALITÉ COMPARÉE DES DEUX GROUPES, EUROPÉEN ET INDIGÈNE.

1° DÉCÈS.

	PALUDISME.	DYSENTÉRIE.	CHOLÉRA.	BLESSURES.	MALADIES diverses.	TOTAUX.
Première saison.						
Européens...........	37	11	»	14	19	81
Indigènes..	77	11	2	12	49	151

	PALUDISME.	DYSENTÉRIE.	CHOLÉRA.	BLESSURES.	MALADIES diverses.	TOTAUX.
Deuxième saison.						
Européens	123	23	45	»	42	233
Indigènes	167	14	35	4	86	306
Troisième saison.						
Européens	70	16	22	1	19	128
Indigènes	116	29	13	11	55	224
ANNÉE.						
Européens	**230**	**50**	**67**	**15**	**80**	**442**
Indigènes	**360**	**54**	**50**	**27**	**190**	**681**

2° CAS POUR 1000.

	PALUDISME.	DYSENTÉRIE.	CHOLÉRA.	BLESSURES.	MALADIES diverses.	TOTAUX.
Première saison.						
Européens	4.7×3=14	1.3×3=4	»	1.7×3=5	2.3×3=7	10 ×3=30
Indigènes	5.8×3=17.4	0.8×3=2.4	0.2×3=0.6	1 ×3=3	3.7×3=11	11.5×3=34.5
Deuxième saison.						
Européens	15.5×3=46 5	3×3=9	5.7×3=17	»	5 ×3=15	29.2×3=87.6
Indigènes	13 ×3=39	1×3=3	2.7×3= 8	0.3×3=1	6.3×3=19	23.3×3=70
Troisième saison.						
Européens	8.8×3=26.5	2 ×3=6	2.8×3=8.4	0.2×3=0.6	2.3×3=7	16×3=48
Indigènes	9 ×3=27	2.3×3=7	1 ×3=3	0.7×3=2	4 ×3=12	17×3=51
ANNÉE.						
Européens	29	6	8	2	10	55
Indigènes	28	4	4	2	14	52

MORTALITÉ COMPARÉE DES GROUPES EUROPÉENS.

	PALUDISME.	DYSENTÉRIE.	CHOLÉRA.	BLESSURES.	MALADIES diverses.	TOTAUX.
Première saison.						
Légion	10 ×3=30	2.4×3=7	»	4.8×3=14.4	5.6×3=16.8	22.8×3=68.4
Troupes de marine	2.5×3= 7.5	0.7×3=2	»	»	1 ×3=3	4.2×3=12.6
Deuxième saison.						
Légion	23.2×3=69.6	4.4×3=13	6.4×3=19	»	6.8×3=20.4	40.8×3=122.4
Troupes de marine	12 ×3=36	2 ×3= 6	6 ×3=18	»	4.8×3=14.4	24.8×3= 74.4
Troisième saison.						
Légion	14.4×3=43	4 ×3=12	5.2×3=15.6	»	4 ×3=12	27.6×3=82.8
Troupes de marine	5.3×3=16	1.2×3= 3.6	1.7×3= 5	»	1.5×3= 4.5	9.7×3=29
ANNÉE.						
Légion	48	11	12	4	16	91
Troupes de marine	20	4	7	»	7	38

MORTALITÉ DES CADRES EUROPÉENS DES TIRAILLEURS.

	PALUDISME.	DYSENTÉRIE.	CHOLÉRA.	BLESSURES.	MALADIES diverses.	TOTAL.
1re Saison	»	2.8×3=8.4	»	2.7×3=8	»	5.5×3=16.5
2e Saison	13×3=39	2.8×3=8.4	1.4×3=4.2	»	2.7×3=8	20 ×3=60
3e Saison	13×3=39	»	1.4×3=4.2	1.4×3=4.2	2.7×3=8	18.5×3=55.5
ANNÉE	26	5	3	4	5	43

La mortalité de la légion se rapproche de celle de l'année 1892; elle est notablement plus chargée que les années précédentes. En dehors du choléra et des blessures de guerre dont le bilan se chiffre par 16 pour 1000, les pertes par maladies endémiques ont subi une élévation notable (15 pour 1000) sur la moyenne des trois dernières années. Il y a pour ce groupe un véritable recul qui trouve sa raison d'être dans l'occupation par ces unités de postes de nouvelle création situés dans des régions particulièrement malsaines et éloignées des centres.

Ce fait n'est pas pour nous surprendre. Nous avons eu occasion de le constater toutes les fois que les troupes ont accentué la marche en avant, au voisinage de la frontière de Chine. Mais cette année 1896 présente une autre caractéristique qu'on peut à bon droit considérer comme une anomalie véritable en se plaçant au point de vue des déductions qui découlent de l'étude des statistiques de toute cette longue période :

C'est la première fois, depuis l'occupation, qu'il nous est donné d'enregistrer une mortalité aussi lourde dans les groupes indigènes. Elle est telle qu'on peut faire remarquer la contradiction qu'elle offre avec les observations antérieures. D'une année à l'autre la proportion des décès s'élève d'un chiffre égal à celui de la légion. La mortalité de ce dernier groupe reste sensiblement supérieure. En revanche, celle des soldats de marine et des gradés européens des régiments de tirailleurs est inférieure. Or, jusqu'en 1895 le pourcentage était, en ce qui concerne le contingent indigène, de 1/3 plus faible que celui noté pour le groupe européen le mieux partagé. En 1896 les rôles sont renversés : il est de 1/3 plus fort que celui qui a été inscrit pour les troupes de marine, même en ne tenant compte que de la proportion enregistrée au titre des seules maladies endémiques.

Pour ce contingent comme pour le contingent français, l'endémie est devenue la cause morbide hautement prédominante ; la saison chaude double les pertes des tirailleurs qui paraissent avoir ainsi perdu l'immunité relative dont le bénéfice leur semblait assuré.

Cette donnée n'est exacte qu'en faisant état de la totalité des décès, en dedans comme en dehors des formations hospitalières; car si l'on se reporte aux chiffres fournis par l'enregistrement des décès aux hôpitaux les proportions deviennent les suivantes : 27 pour 1000 au titre des troupes annamites, 24 pour 1000 pour les groupes appartenant au recrutement maritime.

C'est un côté de la question qu'il importe de ne pas perdre de vue : au cours de cette annuité, 14 pour 1000 des soldats de marine décédés meurent avant de parvenir aux hôpitaux; quant aux indigènes, cette proportion atteint le chiffre de 25 pour 1000, soit près d'une moitié en sus.

§ 3. — RAPATRIEMENTS.

MOIS.	OFFICIERS.	HOMMES DE TROUPE.		TOTAL.
		Alités.	Non alités.	
Janvier	8	15	»	23
Février	19	87	69	175
Mars	28	65	36	129
Avril	27	67	62	156
Mai	13	63	»	76
Juin	24	108	97	229
Juillet	21	86	72	179
Août	10	78	»	88
Septembre	9	90	75	174
Octobre	8	63	»	71
Novembre	9	45	55	109
Décembre	6	67	»	73
TOTAUX	**182**	**834**	**466**	**1,482**
		1,300		

STATISTIQUES D'ENSEMBLE

GRAPHIQUES

CONCLUSIONS

CHAPITRE PREMIER

MORTALITÉ

§ 1er. — MORTALITÉ TOTALE

(1884-1896.)

a). — CORPS EUROPÉENS.

1° CHIFFRES DES DÉCÈS.

ANNÉES.	PALUDISME.	DYSENTÉRIE.	CHOLÉRA.	BLESSURES de guerre.	MALADIES ordinaires.	TOTAL.
1884	291	195	»	108	72	666
1885	759	690	1,852	360	176	3,837
1886	456	407	221	50	107	1,241
1887	418	344	342	12	90	1,206
1888	587	342	698	23	106	1,756
1889	355	127	4	47	80	613
1890	352	119	89	48	69	677
1891	395	102	5	38	70	610
1892	226	63	5	127	79	500
1893	123	52	»	21	55	251
1894	173	48	»	12	67	300
1895	238	54	48	30	67	437
1896	230	50	67	15	80	442
Récapitulation par périodes.						
1884	291	195	»	108	72	666
1re Période (1885-1888)	2,220	1,783	3,113	445	479	8,040
2e Période (1889-1892)	1,328	411	103	260	298	2,400
3e Période (1893-1896)	764	204	115	78	269	1,430
TOTAUX	**4,603**	**2,593**	**3,331**	**891**	**1,118**	**12,536**

2° CAS POUR 1,000 HOMMES D'EFFECTIF.

EFFECTIFS.	PALUDISME.	DYSENTÉRIE.	CHOLÉRA.	BLESSURES.	AUTRES maladies.	TOTAL.
1884. — 10,500 hommes..	28	18	»	10	7	63
1885. — 15,000 — ..	51	46	123	24	12	256
1886. — 13,200 — ..	35	31	16	4	8	94
1887. — 11,500 — ..	36	30	30	1	8	105
1888. — 11,500 — ..	51	30	60	2	9	152
1889. — 10,100 — ..	35	12	»	5	8	60
1890. — 8,500 — ..	41	14	10	5	8	78
1891. — 7,900 — ..	50	13	»	5	9	77
1892. — 7,900 — ..	28	8	»	16	10	62
1893. — 7,900 — ..	15	6	»	3	7	31
1894. — 7,900 — ..	22	6	»	1	8	37
1895. — 7,900 — ..	30	7	6	4	8	55
1896. — 7,900 — ..	29	6	8	2	10	55

CONSIDÉRATIONS GÉNÉRALES SUR LA MORTALITÉ DES GROUPES EUROPÉENS.

Elle représente une sommation très complexe faite de l'addition de quantités très différentes et qui ne sont pas assimilables.

De 1885 à 1888, elle est la moyenne de la mortalité de trois groupes bien distincts au point de vue des réactions pathologiques : 1° les garnisons de l'Annam; 2° celles du Delta du Tonkin; 3° celles du Haut-Tonkin aux confins presque immédiats du Delta.

Les troupes de l'Annam sont trop réduites à partir de 1888 pour influencer le résultat total. Nous ne trouvons plus que deux facteurs bien à part l'un de l'autre : les troupes de marine (garnisons du bas pays) et les régiments étrangers cantonnés dans le haut pays. Cette observation est surtout exacte à partir de 1890, époque à laquelle ont été rapatriées les autres fractions de corps dépendant du Ministère de la guerre.

Il convient cependant de formuler cette restriction que, dans le cours des années 1895 et 1896, une portion importante des régiments de marine sort du Delta pour aller camper dans le premier territoire.

Mais il n'est pas moins vrai de dire que cette moitié des troupes européennes continue dans son ensemble à représenter les garnisons du bas pays, par opposition à la légion refoulée tout entière aux frontières de Chine.

Il nous sera permis d'ajouter, pour compléter cette comparaison et mettre face à face des résultats strictement assimilables, que les places et postes occupés à la date actuelle par les soldats de marine correspondent aux cantonnements de la totalité du corps expéditionnaire en 1885.

L'occupation effective du haut pays n'a commencé qu'en 1886 pour se continuer par élans successifs, les grandes étapes ayant eu lieu en 1888, 1890, 1895 et s'étant achevées en 1896.

De telle sorte qu'on est autorisé à mettre en parallèle avec le corps du général de Courcy, non pas la brigade actuelle d'occupation dans son entier, mais celle de ses fractions qui, de même que les troupes en 1885, réside dans le centre du pays tonkinois.

On voit, par suite, combien on doit se féliciter du résultat déjà obtenu et quelles sont les espérances que l'on peut fonder sur un avenir prochain. En effet, la moyenne de la mortalité n'a été pour ces groupes que de 32 pour 1000 pendant les quatre dernières années alors qu'en 1886 elle s'élevait pour l'ensemble des troupes européennes à 94 pour 1000 et qu'en 1885 elle avait dépassé 250 pour 1000.

En 1897 et dans la période qui va s'ouvrir, le bénéfice sera plus appréciable. Les expéditions armées et les déplacements de garnisons cesseront de s'imposer au commandement. En ce qui concerne les troupes de marine, le pourcentage est tombé l'année dernière à 16 pour 1000, chiffre inférieur à celui que nous avons eu l'occasion de constater en 1893, année la plus favorisée jusqu'à présent. Cette proportion n'est pas plus forte que celle que l'on enregistre pour les troupes d'Afrique en 1894 et 1895.

Les pertes par blessures de guerre ont été particulièrement lourdes pendant la seconde période, de 1888 à 1892, abstraction faite de la lutte déclarée contre la Chine. Les engagements avec la piraterie, toujours renaissante dans le Delta et le haut pays, ont été incessants.

Ces pertes ont subi une atténuation notable pendant la 3e période, malgré l'effort militaire qui s'est imposé pour refouler hors des frontières les bandes chinoises qui y avaient élu domicile.

MOYENNES PAR PÉRIODES.

CAS POUR 1000.

	PALUDISME.	DYSENTERIE.	CHOLÉRA.	BLESSURES.	AUTRES maladies.	TOTAL.
1884	28	18	»	10	7	63
1re Période	43	34	61	8	9	155
2e Période	38	12	3	8	8	69
3e Période	24	6	3.5	2.5	8	44
MOYENNE DES 13 ANNÉES	36	20	26	7	8.5	97.5

b). — GROUPES INDIGÈNES.

1° CHIFFRES DES DÉCÈS.

ANNÉES.	PALUDISME.	DYSENTERIE.	CHOLÉRA.	BLESSURES.	AUTRES maladies.	TOTAL.
1886	185	87	58	22	46	398
1887	291	68	180	45	72	656
1888	329	89	135	15	74	642
1889	168	61	11	34	76	350
1890	84	33	29	22	52	220
1891	93	47	5	26	68	239
1892	92	35	»	45	99	271
1893	126	19	»	22	86	253
1894	137	27	1	26	106	297
1895	234	41	11	32	105	423
1896	360	54	50	27	190	681
Récapitulation par périodes.						
1re Période	805	244	373	82	192	1,696
2e Période	437	176	45	127	295	1,080
3e Période	857	141	62	107	487	1,654
TOTAUX	2,099	561	480	316	974	4,430

2° CAS POUR 1,000 HOMMES D'EFFECTIF.

ANNÉES.	PALUDISME.	DYSENTERIE.	CHOLÉRA.	BLESSURES.	AUTRES maladies.	TOTAL.
1886. — 14,500 hommes..	12.5	6	4	1.5	3	27
1887. — 18,500 — ..	15.5	3.5	9.5	2.5	4	35
1888. — 15,300 — ..	21.5	5.8	8.8	1	4.8	42
1889. — 15,300 — ..	11	4	1	2	5	23
1890. — 10,500 — ..	8	3	3	2	5	21
1891. — 10,200 — ..	9	4	0.5	2.5	7	23
1892. — 12,500 — ..	7	3	»	4	8	22
1893. — 12,500 — ..	10	1	»	2	7	20
1894. — 12,500 — ..	11	2	»	2	8	23
1895. — 12,500 — ..	19	3	1	3	8	34
1896. — 13,000 — ..	28	4	4	2	14	52

MOYENNES PAR PÉRIODES. — CAS POUR 1000.

	PALUDISME.	DYSENTERIE.	CHOLÉRA.	BLESSURES.	AUTRES maladies.	TOTAL.
1re Période...........	16.5	5	7.7	1.8	4	35
2e Période...........	9	3.5	1	2.5	6	22
3e Période...........	17	2.5	1.2	2	9.6	32.3
MOYENNE DES 11 ANNÉES...	**14.2**	**3.8**	**3.3**	**2**	**6.5**	**29.8**

Soit, par groupes de maladies :

	Européens.	Indigènes.
	—	—
	Pour 1000.	Pour 1000.
Maladies endémiques........................	56	18
Maladies accidentelles........................	33	5.3
Maladies ordinaires........................	8.5	6.5
TOTAUX....................	**97.5**	**29.8**

§ 2. — MORTALITÉ COMPARÉE DES DEUX CONTINGENTS, EUROPÉEN ET INDIGÈNE.

Les tableaux et le graphique précédents résument la situation sanitaire du corps d'occupation depuis la conquête jusqu'à la date actuelle.

Un examen attentif permettrait d'y trouver les données nécessaires pour établir l'étude comparative de la mortalité des deux contingents, européen et indigène, et faire porter cette analyse non seulement sur l'ensemble des résultats constatés, mais aussi sur les principaux termes de cette sommation.

Nous estimons cependant que les renseignements qui ressortent de cette lecture ne sont pas suffisamment explicites. Il nous paraît utile de reprendre isolément chacun de ces facteurs et de rapprocher, par groupe pathologique, les éléments de comparaison de manière à mettre nettement en relief la différence de réceptivité morbide et de résistance de chacune des deux races, représentées l'une par les groupes venus d'Europe et l'autre par les unités fournies par le recrutement local.

a). — MORTALITÉ ENDÉMIQUE : PALUDISME ET DYSENTÉRIES.

1o DÉCÈS.

		EFFECTIFS.		PALUDISME.		DYSENTÉRIES.		TOTAL.	
		Européens.	Indigènes.	Européens.	Indigènes.	Européens.	Indigènes.	Européens.	Indigènes.
1884....	Européens..... Indigènes......	10,500	?	291	?	195	?	486	?
1885....	Européens..... Indigènes.....	15,000	?	759	?	690	?	1,449	?
1886....	Européens..... Indigènes.....	13,200	14,500	456	185	407	87	863	272
1887....	Européens..... Indigènes.....	11,500	18,500	418	291	344	68	762	359

	Effectifs. Européens.	Effectifs. Indigènes.	Paludisme. Européens.	Paludisme. Indigènes.	Dysentéries. Européens.	Dysentéries. Indigènes.	Total. Européens.	Total. Indigènes.
1888.... Européens..... / Indigènes.....	11,500	15,300	587	329	342	89	929	418
1889.... Européens..... / Indigènes.....	10,100	15,300	355	168	127	61	482	229
1890.... Européens..... / Indigènes.....	8,500	10,500	352	84	119	33	471	117
1891.... Européens..... / Indigènes.....	7,900	10,200	395	93	102	47	497	140
1892.... Européens..... / Indigènes.....	7,900	12,500	226	92	63	35	289	127
1893.... Européens..... / Indigènes.....	7,900	12,500	123	126	52	19	175	145
1894.... Européens..... / Indigènes.....	7,900	12,500	173	137	48	27	221	164
1895.... Européens .... / Indigènes......	7,900	12,500	238	234	54	41	292	275
1896.... Européens..... / Indigènes......	7,900	13,000	230	360	50	54	280	414

2° cas pour 1,000 hommes d'effectif.

	Paludisme. Européens.	Paludisme. Indigènes.	Dysentéries. Européens.	Dysentéries. Indigènes.	Total. Européens.	Total. Indigènes.
1884 ..... Européens......... / Indigènes..........	28	?	18	?	46	?
1885 ..... Européens......... / Indigènes.........	51	?	46	?	97	?
1886 ..... Européens......... / Indigènes..........	35	12.5	31	6	66	18.5

		BLESSURES.		DYSENTÉRIES.		TOTAL.	
		Européens.	Indigènes.	Européens.	Indigènes.	Européens.	Indigènes.
1887	Européens	36		30		66	
	Indigènes		15.5		3.5		19
1888	Européens	51		30		81	
	Indigènes		21.5		5.8		27.3
1889	Européens	35		12		47	
	Indigènes		11		4		15
1890	Européens	41		14		55	
	Indigènes		8		3		11
1891	Européens	50		13		63	
	Indigènes		9		4		13
1892	Européens	28		8		36	
	Indigènes		7		3		10
1893	Européens	15		6		21	
	Indigènes		10		1		11
1894	Européens	22		6		28	
	Indigènes		11		2		13
1895	Européens	30		7		37	
	Indigènes		19		3		22
1896	Européens	29		6		35	
	Indigènes		28		4		32

Récapitulation par périodes.

		BLESSURES. Européens.	BLESSURES. Indigènes.	DYSENTÉRIES. Européens.	DYSENTÉRIES. Indigènes.	TOTAL. Européens.	TOTAL. Indigènes.
1884	Européens	28		18		46	
	Indigènes		?		?		?
1re Période.	Européens	43		34		77	
	Indigènes		16.5		5		21.5
2e Période.	Européens	38		12		50	
	Indigènes		9		3.5		12.5
3e Période.	Européens	24		6		30	
	Indigènes		17		2.5		19.5
MOYENNE DE 13 ANNÉES. — EUROPÉENS		**36**		**20**		**56**	
MOYENNE DE 11 ANNÉES. — INDIGÈNES			**14.2**		**3.8**		**18**

Graphique 2

MORTALITÉ PAR MALADIES ENDÉMIQUES

PALUDISME ET DYSENTERIE

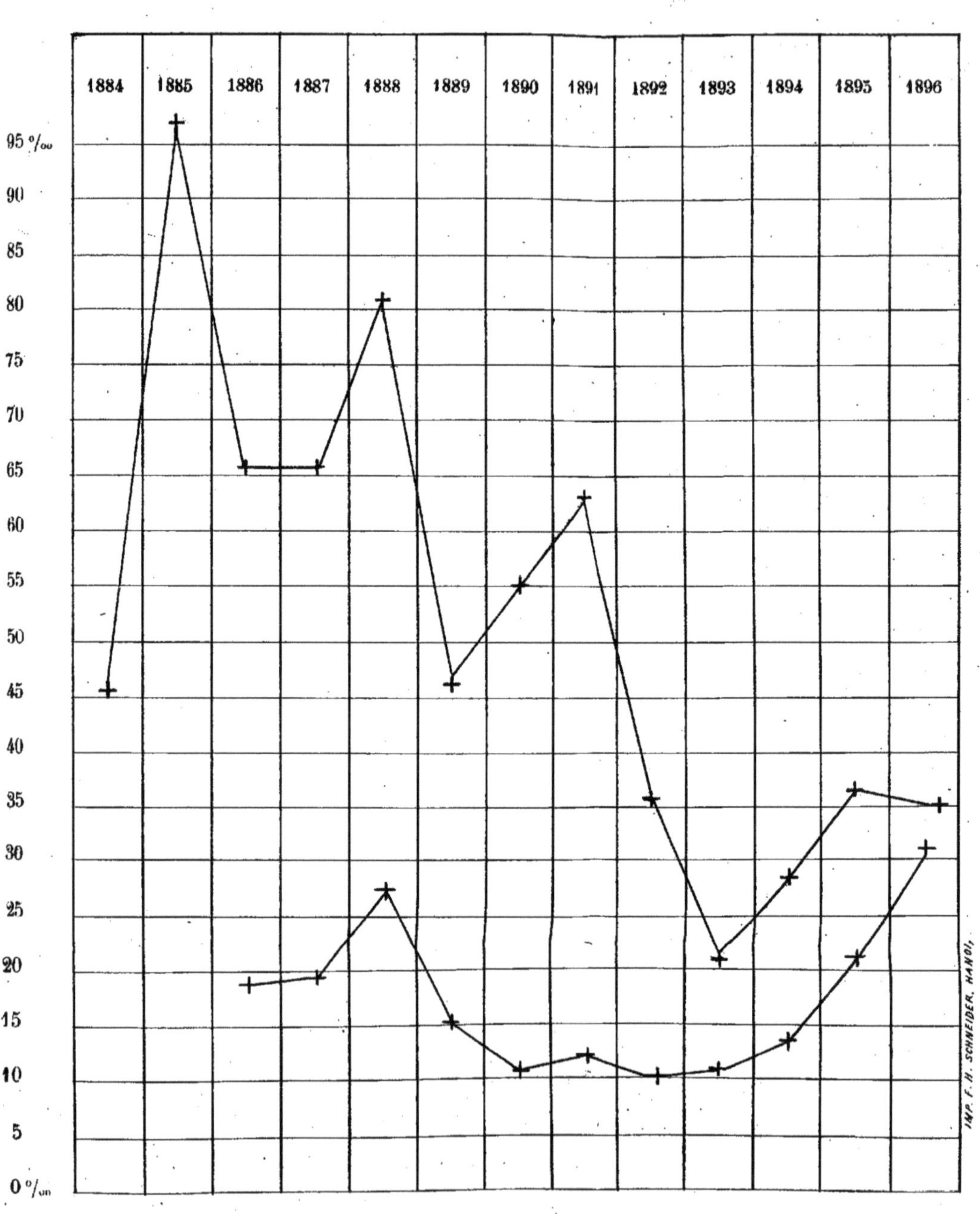

Européens ------------------ traits rouges

Indigènes ------------------ traits bleus

Graphique 2 *Bis*

MORTALITÉ PAR CATÉGORIES DE MALADIES

MALADIES ENDÉMIQUES

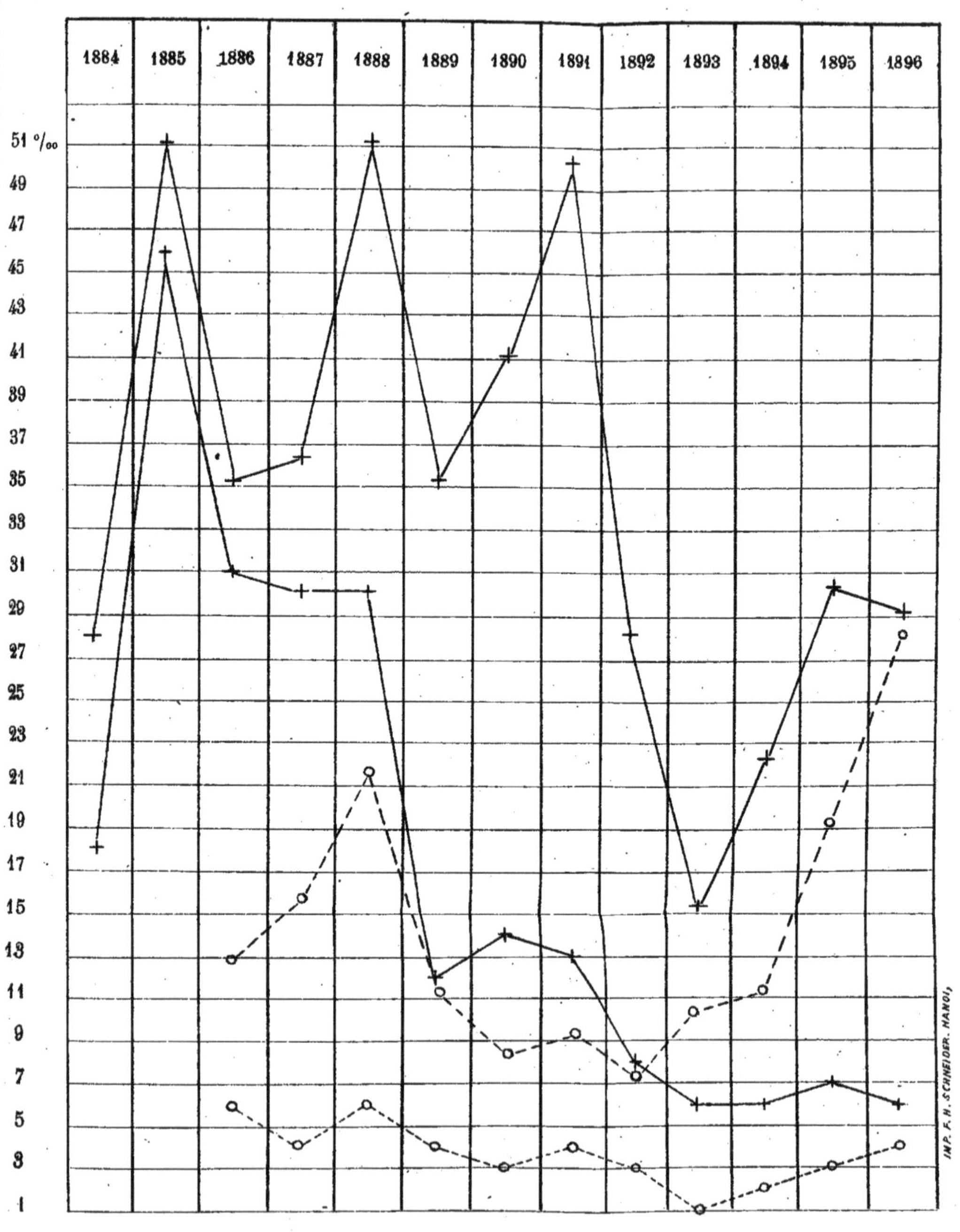

Paludisme .... traits rouges
Dysentérie _ _ _ _ _ _ traits bleus

Européens ———— traits pleins
Indigènes _ _ _ _ _ _ _ traits ponctués

Il ressort de l'examen de ces tableaux que la mortalité endémique observée dans le groupe européen est triple de celle que l'on enregistre pendant le même laps de temps dans le groupe indigène.

Cette disproportion a été plus accusée au cours des dix premières années. Elle est en 1885, 1886 et 1887 de 3.5 décès européens pour 1 décès indigène. Pendant la seconde période elle monte à 4 décès européens pour 1 décès indigène. Ce chiffre s'abaisse, les dernières années, à moins de 2 décès européens pour 1 décès annamite.

Il est facile de se rendre compte que le nivellement qui tend à s'établir dans le taux de la mortalité entre les deux races tient à un double fait : d'une part à l'abaissement du nombre des morts dans les bataillons européens et de l'autre à l'élévation relative des pertes dans les régiments indigènes.

Groupes européens. — Le bénéfice considérable en ce qui touche le paludisme, le pourcentage tombant de 43 à 28 pour 1000, est encore plus sensible pour les affections dysentériques. Le taux de la mortalité, peu différent pour ces deux endémies à la période de début (dysentérie 46 pour 1000, paludisme 51 pour 1000 en 1885), s'est abaissé pour la première de ces affections au point de n'être plus que le quart de la mortalité palustre.

Mais il y a dans cette apparence quelque chose de fictif. En effet, le bénéfice en ce qui concerne le paludisme est plus considérable qu'on ne serait tenté de le croire d'après ces chiffres bruts, car il faut tenir compte d'une considération sur laquelle nous aurons à revenir et qui est la suivante : un nombre toujours croissant de militaires français a été appelé à cantonner dans les pays de la Fièvre; par opposition, ces unités ont diminué de nombre dans les foyers de la Dysentérie.

Pour s'en convaincre, que l'on veuille bien se reporter aux lignes où nous résumons à cet égard les données qui ressortent de l'étude des statistiques obituaires, dans chaque groupe, pendant les années où les garnisons de l'Annam sont restées nombreuses et distinctes.

Groupes indigènes. — La situation sanitaire, qui s'était beaucoup améliorée pour les Annamites pendant la seconde période, s'aggrave notablement dans les dernières années, à l'inverse de ce que nous avons constaté du côté des soldats européens.

Cette anomalie trouve son explication dans l'éloignement toujours croissant du Delta des indigènes et dans leur échelonnement le long des frontières chinoises. Il en résulte pour ces auxiliaires cette conséquence qu'ils sont appelés à tenir garnison, pendant toute la durée de leur service, dans des régions malsaines, d'un accès difficile, qui retarde et empêche quelquefois l'évacuation des malades sur les formations hospitalières. Ajoutons que souvent cette hospitalisation tardive provient d'une interprétation erronée de la réglementation de ce service des évacuations.

On a cru devoir rompre avec les errements acceptés précédemment et qui n'étaient que l'exécution des instructions si sages données par M. le médecin-inspecteur Dujardin-Baumetz à l'époque où il exerçait les fonctions de directeur du service de santé du corps d'occupation.

Il n'en reste pas moins établi, et ce fait mérite qu'on y insiste, qu'en treize années d'occupation et d'action militaire effective, les contingents européens ont vu, du fait de l'endémicité, leurs pertes atteindre des proportions toujours très élevées et qui, à certaines dates, ont atteint le taux de 1 décès sur 10 hommes de l'effectif, tandis que dans les mêmes circonstances les unités indigènes, malgré des fatigues plus continues et un moindre confortable, ont vu leurs déchets se limiter à un chiffre bien inférieur, peu variable d'une année à l'autre et qui, dans les années les plus mal partagées, n'a pas dépassé la proportion de 1 décès sur 30 présents.

b). — MORTALITÉ ACCIDENTELLE : CHOLÉRA ET BLESSURES DE GUERRE.

L'Européen présente devant l'épidémie cholérique la même infériorité de résistance que devant l'endémie.

1° DÉCÈS.

		CHOLÉRA.		BLESSURES.		TOTAL.	
		Européens.	Indigènes.	Européens.	Indigènes.	Européens.	Indigènes.
1884	Européens	»		108		108	
	Indigènes		?		?		?
1885	Européens	1,852		360		2,212	
	Indigènes		?		?		?
1886	Européens	221		50		271	
	Indigènes		58		22		80

		CHOLÉRA.		BLESSURES.		TOTAL.	
		Européens.	Indigènes.	Européens.	Indigènes.	Européens.	Indigènes.
1887	Européens.........	342		12		354	
	Indigènes..........		180		45		225
1888	Européens.........	698		23		721	
	Indigènes..........		135		15		150
1889	Européens.........	4		47		51	
	Indigènes..........		11		34		45
1890	Européens.........	89		48		137	
	Indigènes..........		29		22		51
1891	Européens.........	5		38		43	
	Indigènes..........		5		26		31
1892	Européens.........	5		127		132	
	Indigènes..........		»		45		45
1893	Européens.........	»		21		21	
	Indigènes..........		»		22		22
1894	Européens.........	»		12		12	
	Indigènes..........		1		26		27
1895	Européens.........	48		30		78	
	Indigènes..........		11		32		43
1896	Européens.........	67		15		82	
	Indigènes..........		50		27		77
	Récapitulation par périodes.						
1884	Européens.........	»		108		108	
	Indigènes..........		?		?		?
1re Période.	Européens.........	3,113		445		3,558	
	Indigènes..........		373		82		455
2e Période.	Européens.........	103		260		363	
	Indigènes..........		45		127		172
3e Période.	Européens.........	115		78		193	
	Indigènes..........		62		107		169
ENSEMBLE..	Européens.........	3,331		891		4,222	
	Indigènes..........		480		316		796

2° CAS POUR 1000 HOMMES D'EFFECTIF.

		CHOLÉRA.		BLESSURES.		TOTAL.	
		Européens.	Indigènes.	Européens.	Indigènes.	Européens.	Indigènes.
1884	Européens	»	?	10	?	10	?
1re Période	Européens	61		8		69	
	Indigènes		7.7		1.8		9.5
2e Période	Européens	3		8		11	
	Indigènes		1		2.5		3.5
3e Période	Européens	3.5		2.5		6	
	Indigènes		1.2		2		3.2
Moyenne de 13 années	Européens	26		7		33	
Moyenne de 11 années	Indigènes		3.3		2		5.3

Nous avons vu plus haut que le chiffre proportionnel des décès occasionnés par le paludisme et la dysentérie était trois fois plus élevé chez les Européens que chez les indigènes. La différence est encore plus accentuée quand il s'agit du choléra ; il ne meurt de cette maladie que 1 Annamite pour 7 Européens. Ajoutons que cette proportion n'est qu'une moyenne et que certaines années, comme en 1888 et en 1895, elle est dépassée.

En ce qui concerne les morts par blessures de guerre, les chiffres de comparaison sont de 3.5 Européens pour 1 Annamite. Mais il faut s'empresser de faire remarquer que pour les morts accidentelles de même que pour les décès par endémies, cette disproportion n'est exacte que pour les deux premières périodes et que la mortalité des deux contingents tend progressivement à s'égaliser par suite de l'abaissement constant du chiffre des pertes dans les groupes venus d'Europe.

GRAPHIQUES.

MORTALITÉ ACCIDENTELLE

CHOLÉRA ET BLESSURES DE GUERRE

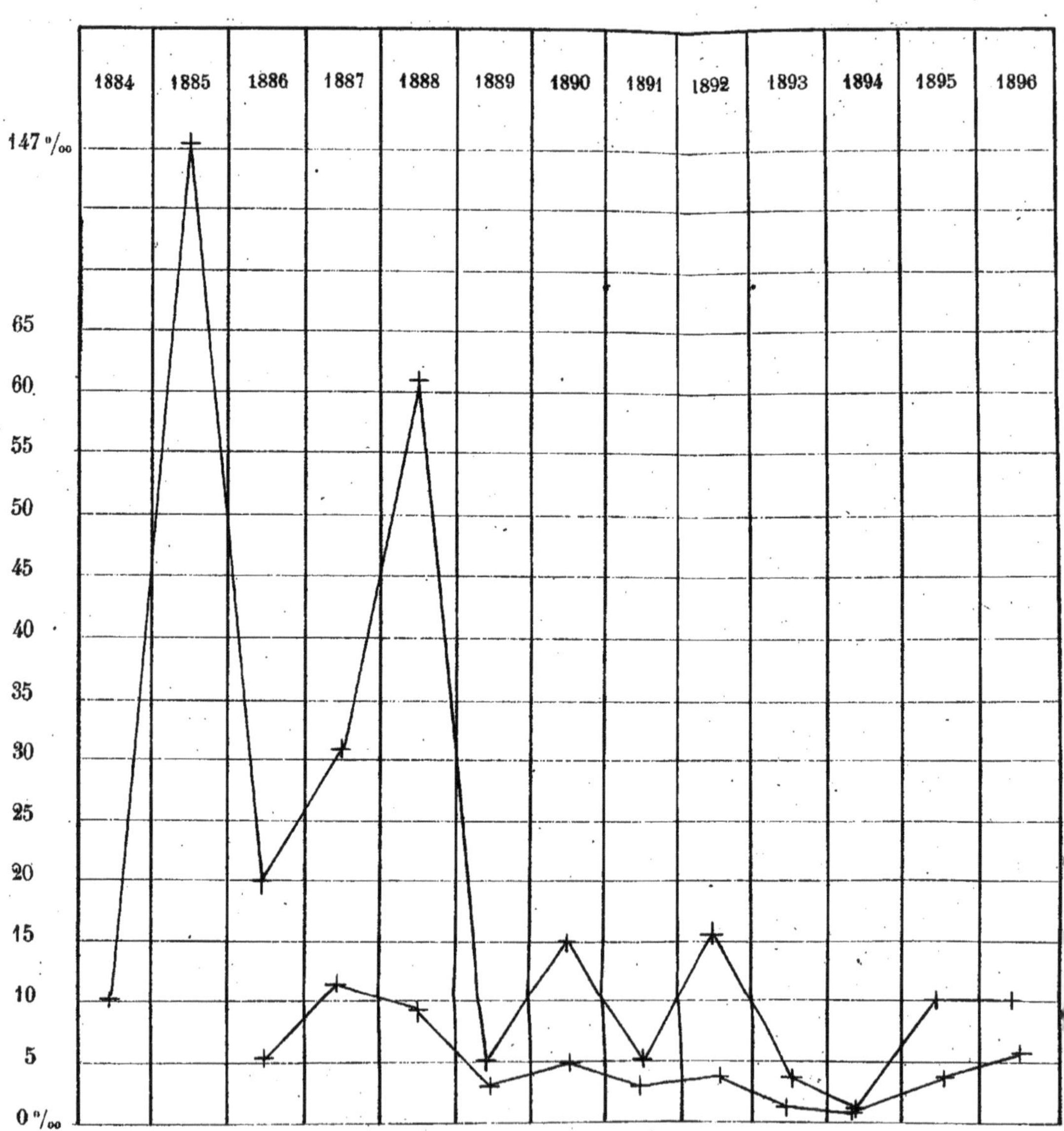

Européens ——— traits rouges

Graphique 3 bis

MORTALITÉ ACCIDENTELLE

CHOLÉRA ET BLESSURES DE GUERRE

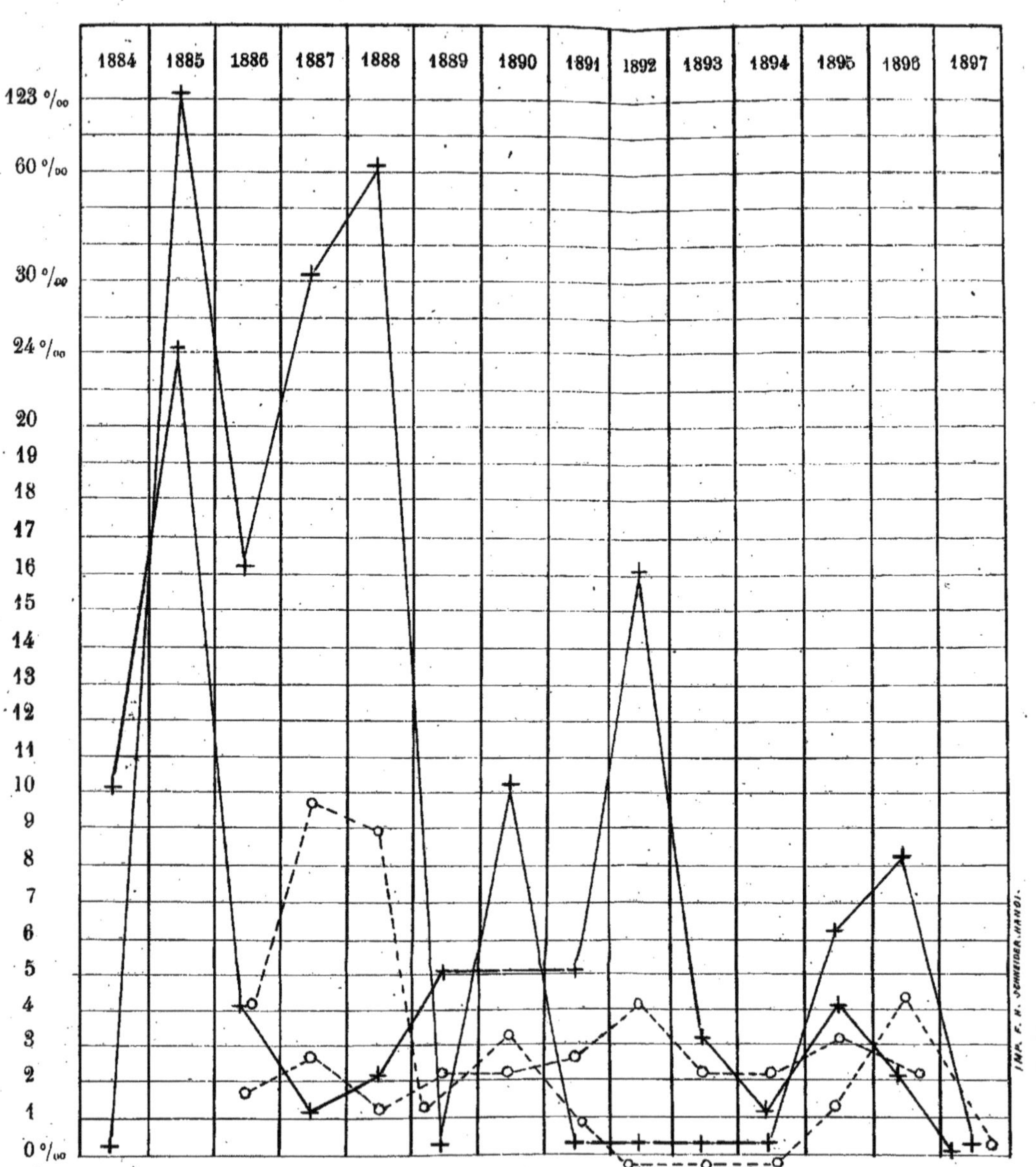

Choléra ———— traits rouges Européens———— traits pleins

c). — MORTALITÉ SPORADIQUE ET CHIRURGICALE.

		1° DÉCÈS.	
		Européens.	Indigènes.
1884	Européens........................	72	
	Indigènes........................		?
1885	Européens........................	176	
	Indigènes........................		?
1886	Européens........................	107	
	Indigènes........................		46
1887	Européens........................	90	
	Indigènes........................		72
1888	Européens........................	106	
	Indigènes........................		74
1889	Européens........................	80	
	Indigènes........................		76
1890	Européens........................	69	
	Indigènes........................		52
1891	Européens........................	70	
	Indigènes........................		68
1892	Européens........................	79	
	Indigènes........................		99
1893	Européens........................	55	
	Indigènes........................		86
1894	Européens........................	67	
	Indigènes........................		106
1895	Européens........................	67	
	Indigènes........................		105
1896	Européens........................	80	
	Indigènes........................		190
	Récapitulation par périodes (l'année 1884 exceptée).		
1re Période.	Européens........................	479	
	Indigènes........................		192
2e Période.	Européens........................	298	
	Indigènes........................		295
3e Période.	Européens........................	269	
	Indigènes........................		487
ENSEMBLE.	Européens........................	**1,046**	
	Indigènes........................		**974**

c). — MORTALITÉ SPORADIQUE ET CHIRURGICALE *(suite)*.

		2e CAS POUR 1000 HOMMES.	
		Européens.	Indigènes.
1884	Européens	7	
	Indigènes		?
1885	Européens	12	
	Indigènes		?
1886	Européens	8	
	Indigènes		3
1887	Européens	8	
	Indigènes		4
1888	Européens	9	
	Indigènes		4.8
1889	Européens	8	
	Indigènes		5
1890	Européens	8	
	Indigènes		5
1891	Européens	9	
	Indigènes		7
1892	Européens	10	
	Indigènes		8
1893	Européens	7	
	Indigènes		7
1894	Européens	8	
	Indigènes		8
1895	Européens	8	
	Indigènes		8
1896	Européens	10	
	Indigènes		14
Récapitulation par périodes (l'année 1884 exceptée).			
1re Période.	Européens	9	
	Indigènes		4
2e Période.	Européens	8	
	Indigènes		6
3e Période.	Européens	8	
	Indigènes		9.6
MOYENNE DES 13 ANNÉES		8.5	
MOYENNE DES 11 ANNÉES			6.5

MORTALITÉ ORDINAIRE

MALADIES SPORADIQUES ET CHIRURGICALES

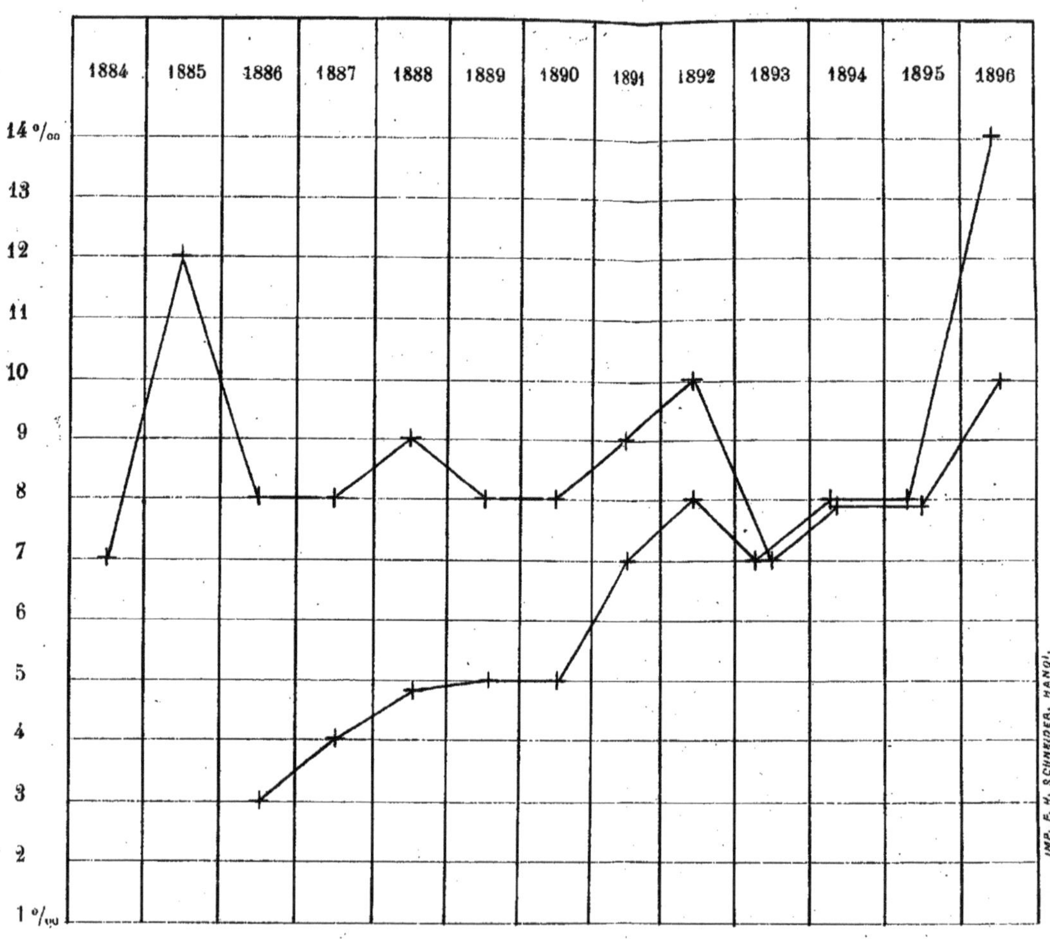

Groupes européens — traits rouges

De 1885 à 1888, même sous cette forme, les Européens payaient à la mort un tribut double de celui des indigènes.

A la période actuelle, les deux races sont égales devant ce que nous avons appelé la mortalité ordinaire. Nous constatons même en 1896 une tendance inverse à celle du début de l'occupation; le taux des pertes indigènes imputables à cette cause s'est notablement accru et a dépassé celui que l'on a enregistré pour les soldats français : Européens 10 pour 1000, Annamites 14 pour 1000.

TROUPES DU TONKIN

Mortalité pour 1,000 hommes d'effectif (1884 à 1896)

1884 1885 1886 1887 1888 1889 1890 1891 1892 1893 1894 1895 1896 1897

Troupes européennes — traits rouges
— tonkinoises — — bleus

A. **Mortalité des Européens.**

1re période (1885-1888). Moyenne : 155 ‰
2e période (1889-1892). — 69 ‰
3e période (1894-1896). — 44 ‰
Année 1897 .... 24 ‰

B. **Mortalité des Indigènes**

1re période (1886-1888). Moyenne : 35 ‰
2e période (1889-1892). — 22 ‰
3e période (1893-1896). — 32 ‰
Année 1897 .... 20 ‰

TOTAL DES DÉCÈS

Européens (1884 à 1896).......... 12.536
Moyenne de la mortalité pour 1.000 H. : 97 ‰

TOTAL DES DÉCÈS

Indigènes (1886 à 1896).......... 4.430
Moyenne de la mortalité pour 1.000 H. : 30 ‰

HANOI IMP. F.-H. SCHNEIDER

CHAPITRE II

MORTALITÉ COMPARÉE

DES

DIFFÉRENTES GARNISONS EUROPÉENNES

§ 1er. — MORTALITÉ DES DIFFÉRENTES ZONES.

Nous pouvons, dans cet examen comparatif de la mortalité des différents groupes européens, faire abstraction : d'une part de la mortalité accidentelle et épidémique, d'autre part de celle que nous avons appelée et que nous continuerons à appeler *la mortalité ordinaire*.

En conséquence, nous ne ferons état que de la mortalité endémique, distinguant entre le paludisme et la dysentérie. Ce sont les seuls facteurs sur lesquels le climat et le sol aient une action constante et incontestée, à l'inverse des autres causes de mort qui dépendent de l'individu ou de circonstances contingentes et fortuites.

PREMIÈRE PÉRIODE.

***3 Zones :* Annam, Delta, Haut-Tonkin.**

MORTALITÉ ENDÉMIQUE.

CAS POUR 1000 HOMMES DE L'EFFECTIF.

		ANNAM.		DELTA.		HAUT-TONKIN.	
		Paludisme.	Dysentérie.	Paludisme.	Dysentérie.	Paludisme.	Dysentérie.
1886	Paludisme	13		25		71	
	Dysentérie		22		24		55
1887	Paludisme	12		26		61	
	Dysentérie		13		24		47
1888	Paludisme	»		37		83	
	Dysentérie		»		25		41
MOYENNES	Paludisme	13		31		72	
	Dysentérie		17		25		47

Du rapprochement de ces chiffres nous paraissent découler les aperçus suivants :

1° L'Annam présente une mortalité bien inférieure à celle des deux autres subdivisions. Dans cette région, la plus meurtrière des deux maladies endémiques est la dysentérie. Il y succombe en moyenne 3.5 dysentériques pour 2.5 palustres.

2° Dans le Delta, les pertes du corps expéditionnaire sont plus lourdes qu'en Annam. Le paludisme y est plus meurtrier et s'y observe plus souvent que la dysentérie, sans que l'écart soit considérable entre ces deux facteurs morbides.

3° Dans le haut pays, les déchets de cette origine sont plus considérables que dans les autres subdivisions; mais tandis que dans le Delta les deux endémies arrivent à être équivalentes à quelques millièmes près, ici la part du paludisme est d'un tiers plus forte.

La proportion relative des décès est exprimée, pour les trois régions, par les chiffres ci-après :

	Paludisme.	Dysentérie.
	—	—
Annam	1	1
Delta	2.4	1.4
Haut-Tonkin	5	2.7

DEUXIÈME PÉRIODE.

2 Zones : Delta-Annam, Haut-Tonkin.

		DELTA-ANNAM.		HAUT-TONKIN.	
		Paludisme.	Dysentérie.	Paludisme.	Dysentérie.
1889	Paludisme	18		66	
	Dysentérie		8		20
1890	Paludisme	18		93	
	Dysentérie		9		31
1891	Paludisme	24		82	
	Dysentérie		8		24
1892	Paludisme	18		53	
	Dysentérie		6		13
MOYENNES	Paludisme	19		73	
	Dysentérie		8		22

Graphique 6

Mortalité de la Légion et des Troupes de Marine

Cas ‰

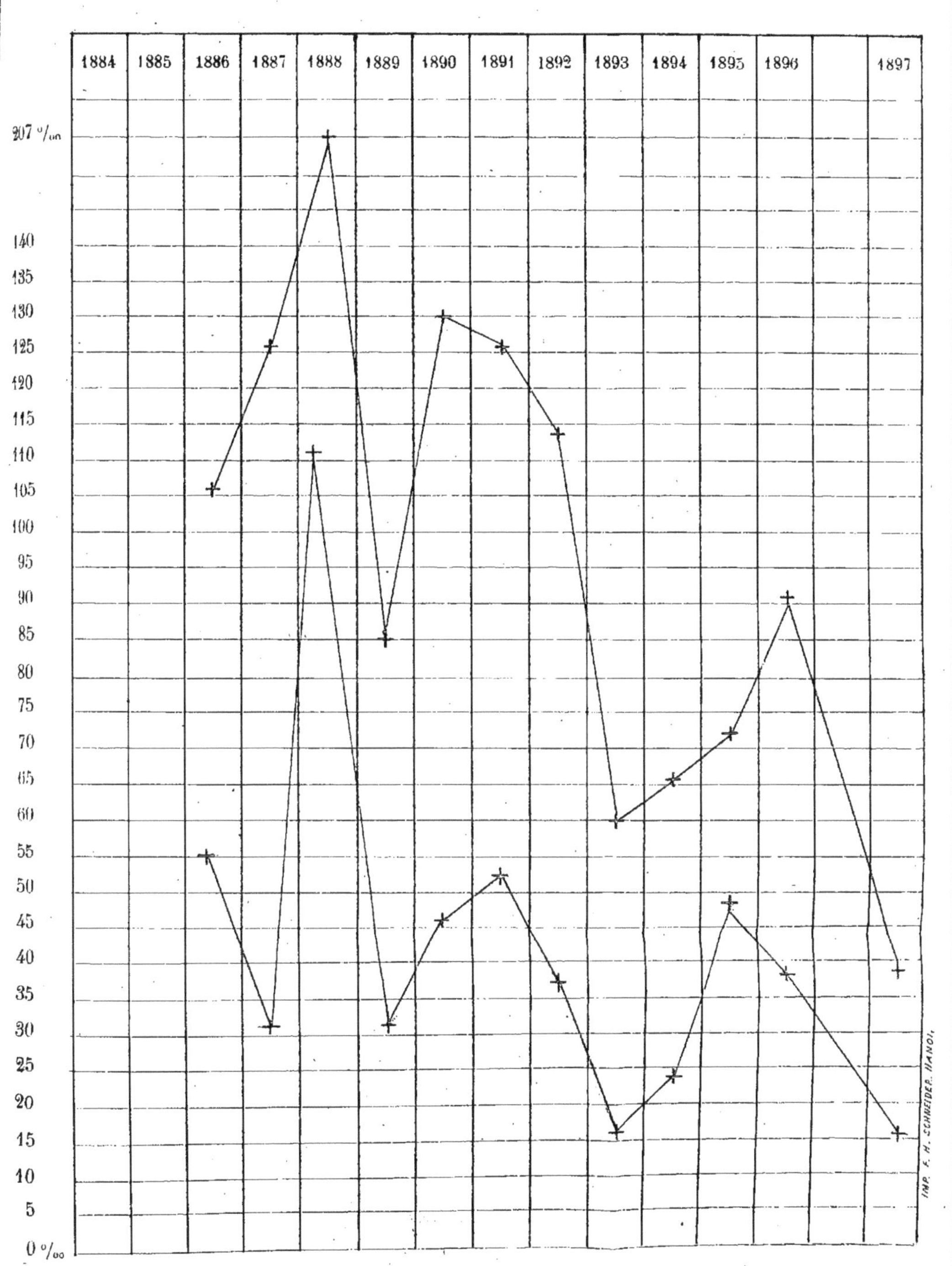

Traits rouges ———————— Légion étrangère

Traits bleus ———————— Troupes de marine

Graphique 7

MORTALITÉ COMPARÉE

des Régiments Étrangers et des Troupes de Marine

A. MORTALITÉ ENDÉMIQUE

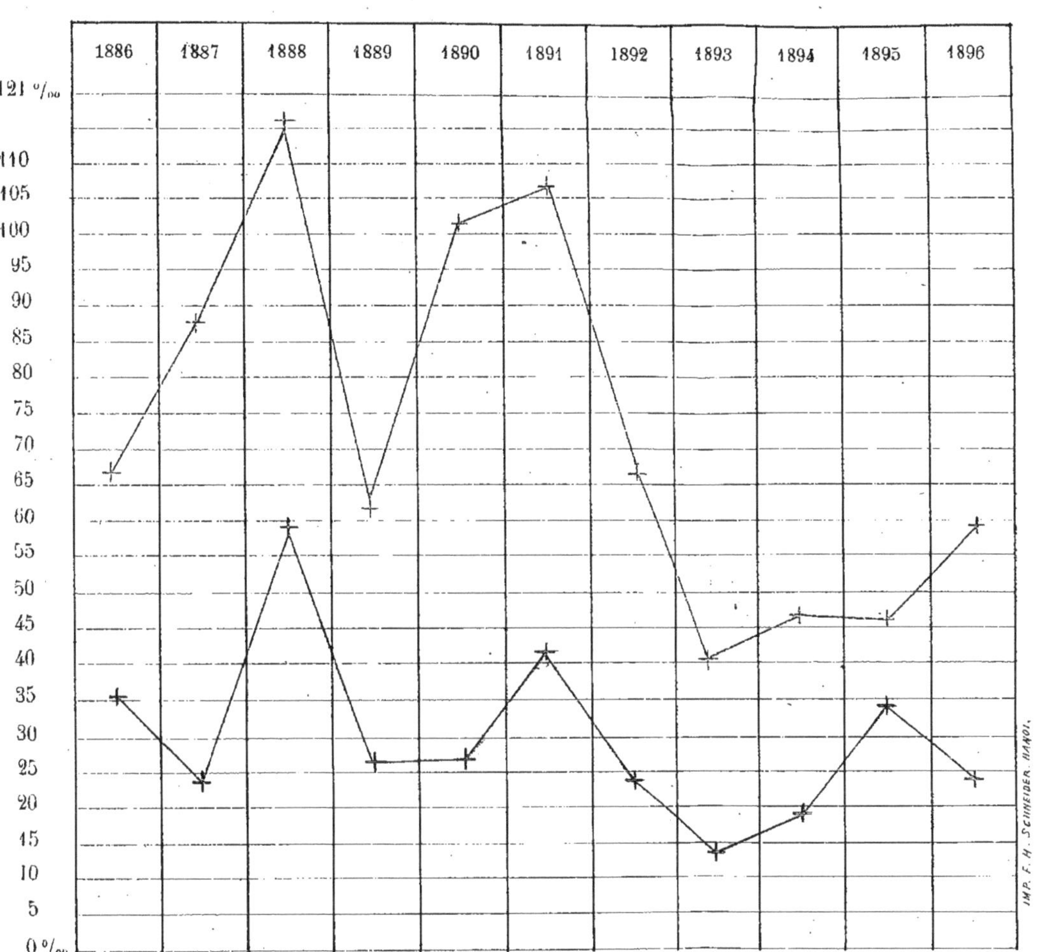

Traits rouges —————— Légion étrangère

Traits bleus —————— Troupes de marine

La Légion étrangère occupe les places et postes des hautes régions. Les soldats de Marine sont cantonnés dans le Delta ou à son voisinage immédiat.

Graphique 8

B. MORTALITÉ ACCIDENTELLE

ÉPIDÉMIES ET BLESSURES DE GUERRE

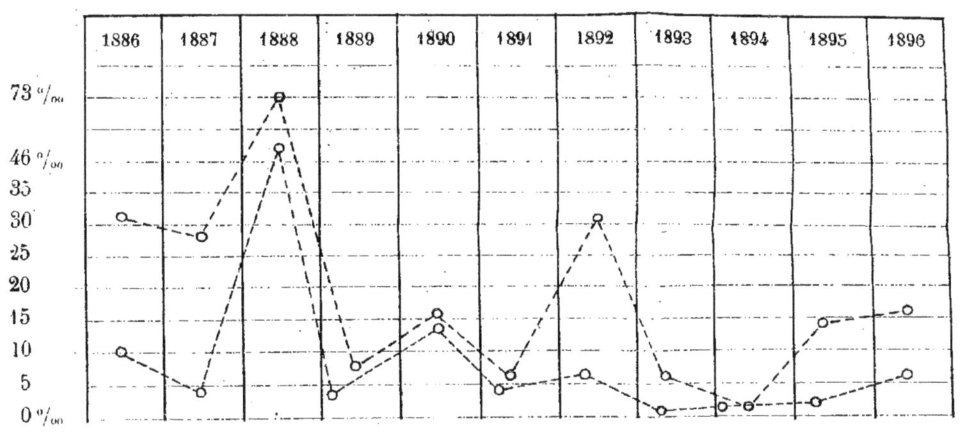

Graphique 9

C. Mortalité sporadique et chirurgicale

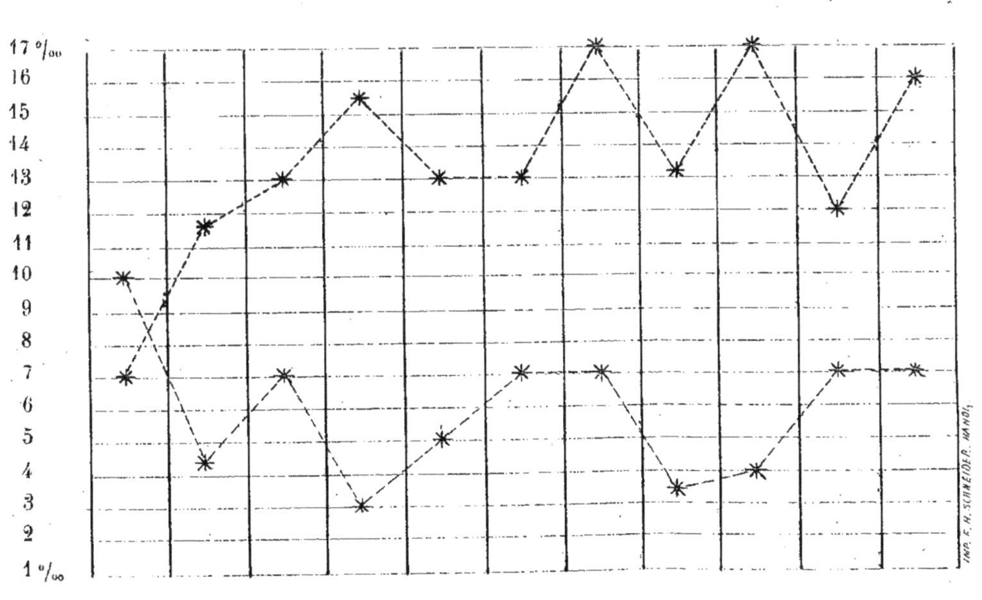

Les proportions relatives ont changé d'une période à l'autre. Le paludisme qui, de 1885 à 1888, n'atteignait pas le taux de 2 morts pour 1 décès dysentérique, dépasse ce chiffre dans le Delta et atteint sur les plateaux 3.3. La mortalité endémique subit une atténuation notable dans le Delta, mais dans le Haut-Tonkin le bénéfice n'est appréciable que pour la dysentérie.

TROISIÈME PÉRIODE

2 Zones: **Delta, Haut-Tonkin.**

Les troupes de l'Annam sont devenues trop peu nombreuses pour qu'il y ait utilité à en poursuivre l'étude séparée. Il ne reste plus que deux grandes régions où il soit nécessaire d'établir une distinction.

		DELTA.		HAUT-TONKIN.	
		Paludisme.	Dysentérie.	Paludisme.	Dysentérie.
1893	Paludisme	9		28	
	Dysentérie		4		13
1894	Paludisme	15		36	
	Dysentérie		4		11
1895	Paludisme	27		37	
	Dysentérie		7		9
1896	Paludisme	20		48	
	Dysentérie		4		11
MOYENNES	Paludisme	**18**		**38**	
	Dysentérie		**5**		**11**

La situation reste stationnaire dans le Delta, en ce qui concerne le paludisme. La mortalité dysentérique est moins élevée.

Dans le Haut-Tonkin, le bénéfice est très sensible pour ces deux facteurs morbides.

Il meurt, de 1893 à 1896 inclus :

Dans le Delta.................. 3.6 palustres pour 1 dysentérique;
Dans le Haut-Tonkin.......... 3.4 — — 1 —

En résumé :

A. — L'Annam se caractérise par la proportion plus élevée des cas de dysentérie, leur gravité plus grande et la moindre fréquence des manifestations palustres.

Le taux de la morbidité et celui de la mortalité y sont notablement moins élevés. On en peut conclure que cette région est la plus saine de l'Indo-Chine française. Cette affirmation est exacte pour la région maritime, celle où furent casernés le plus continûment les groupes militaires dont nous venons de résumer la statistique.

Il faut cependant tenir compte d'un fait de première importance, qui a influé favorablement sur les pertes de cette fraction des troupes d'occupation, et qui est le suivant : En Annam, les groupes ont toujours été beaucoup moins nombreux que dans le Delta où, dès le début de l'occupation, il se produisit de véritables entassements. Par suite ils ont pu trouver dans les grandes citadelles des provinces du sud une installation moins défectueuse que celle qui échut aux garnisons du Delta.

Pour cette même raison, les officiers ont pu mieux veiller sur l'hygiène des hommes et les préserver dans une large mesure des atteintes du climat et de celles de l'épidémie, ainsi que nous le verrons quand nous aborderons la question du choléra.

B. — De 1885 à 1888, on observe dans le Delta une intensité presque égale en ce qui concerne les deux endémies. Ce n'est qu'à partir de la fin de 1887 que le paludisme prend nettement le dessus. Il serait plus juste de dire que c'est surtout à partir de cette époque qu'on signale dans le nombre des affections dysentériques et dans leur léthalité une atténuation notable.

Cette endémie est celle sur laquelle l'hygiène a le plus facilement et le plus immédiatement prise. Elle est d'origine hydrique, comme l'a indiqué bien avant la période actuelle M. le médecin-inspecteur général Colin. Il suffit, pour en préserver les groupes militaires, de veiller avec tout le soin désirable sur les eaux d'alimentation.

C. — Le Haut-Tonkin est le foyer de prédilection de la malaria. Dès les premières années, les troupes d'Afrique y ont payé un tribut de mortalité excessif dont la proportion, relativement aux décès par dysentérie, va grandissant d'année en année.

Mortalité Endémique des différentes Zones

ANNAM. — DELTA. — HAUT-TONKIN

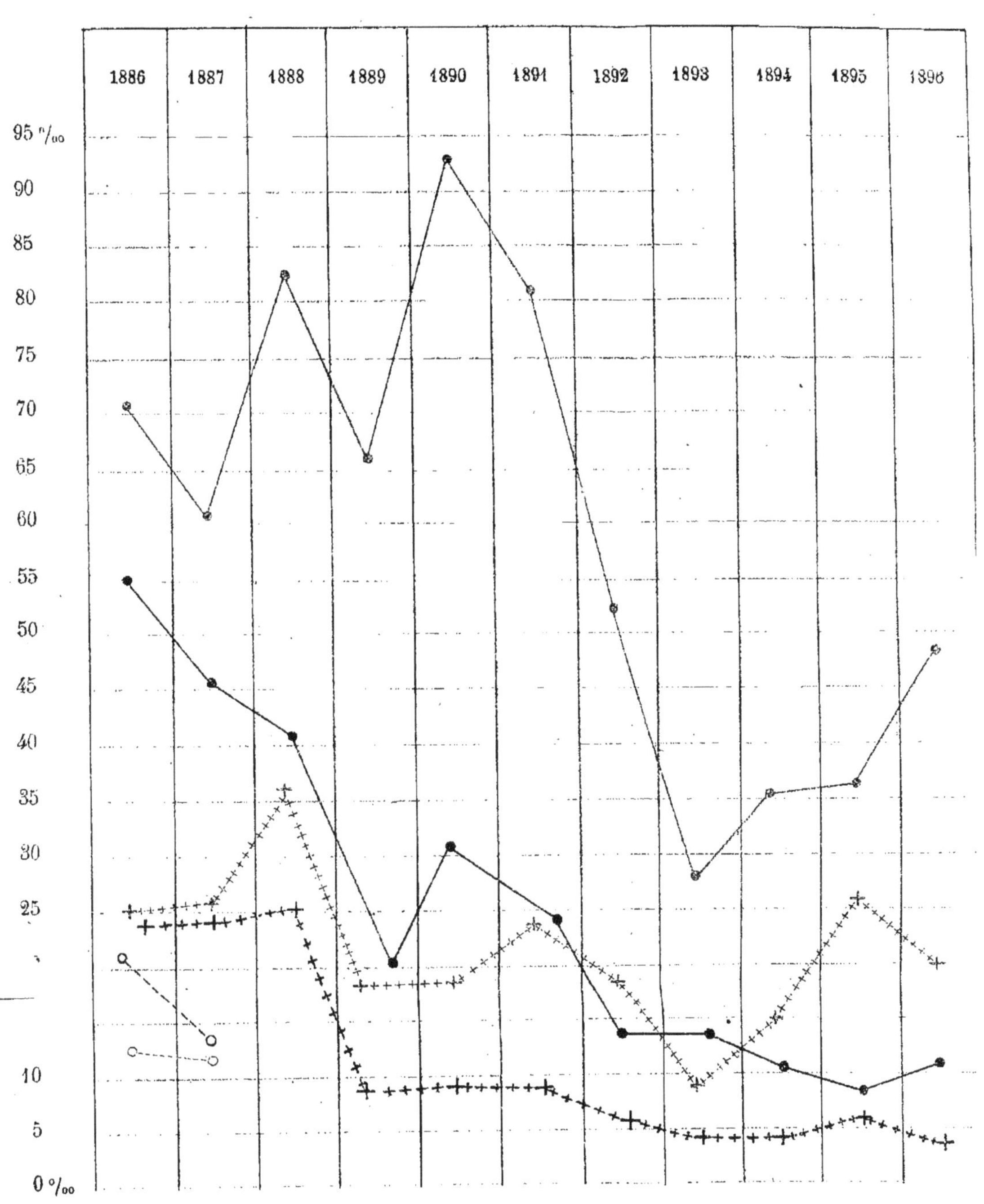

Paludisme ____________ traits bleus.
Dysenterie ____________ traits noirs.

Haut-Tonkin ____________ traits pleins.
Annam o--------o traits pointillés.
Delta ++++++++ traits en croix.

Pendant la première période, on enregistre 2 décès dysentériques pour 3 palustres; dans la seconde la proportion est de 1 pour 2; enfin dans les dernières années elle est de 1 pour 3 et même un peu plus.

On peut dire de cette région comme du Delta que le bénéfice réalisé est plus appréciable pour l'affection dysentérique qu'il ne l'est pour la malaria. En effet, le pourcentage s'est abaissé, du côté de la première de ces deux endémies, de 55 pour 1000 à 11. En ce qui a trait à la seconde, les chiffres sont les suivants : maximum 81 pour 1000; minimum observé en 1893, 28 pour 1000. L'écart est moins considérable ici ; mais il faut ajouter que la proportion s'est relevée à 37 et 48 pour 1000 les deux dernières années, de sorte que l'amélioration constatée peut être qualifiée d'hésitante et d'instable.

Elle se maintient invariable de 1893 à 1896 pour la dysentérie et se chiffre depuis le début par un gain très notable. Dans le Delta, la mortalité par dysentérie tombe de 25 à 5 pour 1000, et dans le haut pays de 47 à 11 pour 1000, soit un déchet cinq fois moindre.

Pour la malaria le bénéfice se traduit par les pourcentages ci-après :

Delta : 31 à 18 pour 1000;
Haut-Tonkin : 72 à 37 pour 1000.

En donnant au Delta l'équivalent *endémique* 1, le Haut-Tonkin doit prendre l'indice 2.4 pour l'ensemble des deux affections, l'indice 2.1 quand il s'agit de la dysentérie et celui de 2.7 pour le paludisme. Autrement dit, il meurt dans le Haut-Tonkin deux fois plus d'hommes par dysentérie que dans le Delta et près de trois fois plus du fait de la malaria.

§ 2. — MORTALITÉ COMPARÉE PAR CORPS.

De 1891 à la date actuelle, les troupes d'occupation sont constituées par deux groupes seulement : les soldats de marine dans le Delta et les régiments étrangers sur les hauts plateaux. On peut donc dire que la mortalité par corps se confond avec la mortalité par régions.

Mais il était loin d'en être ainsi pendant les premières années. La division du Tonkin comprenait des unités très nombreuses et très distinctes comme origine et comme recrutement. Il y a lieu par suite d'établir pour chacun des corps européens un tableau séparé, tout en maintenant le groupement par régions qui seul permet de rapprocher des quantités comparables puisqu'elles sont soumises aux mêmes conditions dépressives.

a). — GARNISONS DU HAUT-PAYS.

Troupes d'Afrique. — Régiments étrangers et infanterie légère d'Afrique.

De 1886 à 1890, ces deux corps concourent simultanément à la garde et à l'occupation des hautes régions. Les bataillons d'Afrique sont cantonnés, le premier dans la province de Cao-Bang, le second dans la province de Thai-Nguyen et les districts voisins de Cho-Ra et de Cho-Moi.

Ces deux dernières unités sont rapatriées en 1890. A partir de la seconde moitié de cette année-là, la garde des frontières chinoises, de Moncay à Lao-Kay, incombe jusqu'en 1895 à la légion et aux tirailleurs tonkinois.

Au cours de l'année 1895, les bataillons de marine remplacent la légion dans les cercles de Moncay et de Lang-Son. Les bataillons étrangers, devenus disponibles, sont reportés plus en avant pour fermer l'accès du pays aux bandes qui opéraient dans la haute Rivière Claire.

MORTALITÉ COMPARÉE DES RÉGIMENTS ÉTRANGERS ET DES BATAILLONS D'AFRIQUE.

1° DÉCÈS.

ANNÉES.	EFFECTIFS.	PALUDISME.		DYSENTÉRIE.		CHOLÉRA.		BLESSURES.		AUTRES maladies.		TOTAL.	
		Légion.	Bataillons d'Afrique.	Légion.	Bataillons d'Afrique.	Légion.	Bataillons d'Afrique.	Légion.	Bataillons d'Afrique.	Légion.	Bataillons d'Afrique	Légion.	Bataillons d'Afrique.
	Hommes.												
1886....	2,200	92		55		56		14		16		233	
	1,000		137		121		66		11		26		361
1887....	2,550	155		89		74		3		32		353	
	1,400		101		106		78		2		20		307
1888....	2,400	200		78		162		7		30		477	
	1,400		108		74		225		5		24		436
1889....	2,350	110		38		»		18		37		203	
	1,100		121		32		3		6		13		175
1890....	2,400	197		55		14		26		31		323	
	600 (1)		83		37		25		8		10		163

(1) Rappelons qu'en 1890 les bataillons d'Afrique n'ont séjourné que dix mois au Tonkin.

2° CAS POUR 1000 HOMMES D'EFFECTIF.

ANNÉES.	EFFECTIFS.	PALUDISME.		DYSENTÉRIE.		CHOLÉRA.		BLESSURES.		AUTRES maladies.		TOTAL.	
		Légion.	Bataillons d'Afrique.	Légion.	Bataillons d'Afrique.	Légion.	Bataillons d'Afrique.	Légion.	Bataillons d'Afrique.	Légion.	Bataillons d'Afrique.	Légion.	Bataillons d'Afrique.
1886.	Légion......	42		25		25.5		6.5		7		106	
	Bataillons d'Afrique.		137		121		66		11		26		361
1887.	Légion......	55.5		32		26.5		1		11.5		126.5	
	Bataillons d'Afrique.		72		76		56		1.5		14		219.5
1888.	Légion......	87		34		70		3		13		207	
	Bataillons d'Afrique.		77		53		160		4		17		311
1889.	Légion......	46		16		»		7.5		15.5		85	
	Bataillons d'Afrique.		110		29		2.7		5.3		12		159
1890.	Légion......	79		22		6		10		13		130	
	Bataillons d'Afrique.		166		74		50		16		20		326
MOYENNES	Légion......	**62**		**26**		**25**		**6**		**12**		**131**	
	Bataillons d'Afrique		**112**		**71**		**67**		**7**		**18**		**275**

Les pertes subies par ces deux unités sont très lourdes. Elles sont doubles et parfois triples de celles qu'éprouvent aux mêmes époques les autres fractions du corps expéditionnaire.

On ne peut cependant pas mettre en doute que les régiments étrangers, surtout à un moment où leur recrutement en vue de l'envoi aux colonies était surveillé de très près, ne représentent l'élément militaire le plus résistant. Mais il faut dire que le service qui leur est échu a toujours été plus pénible que celui qu'on demandait aux autres unités européennes. C'est la troupe à laquelle on a toujours confié la police des régions les plus troublées et les plus malsaines en même temps. Le service des colonnes et celui des convois ont maintenu ces régiments constamment sur pied, sans répit, pendant les mois les plus chauds. On peut affirmer qu'on a usé et abusé de cette troupe d'élite.

En dehors de ces fatigues, on a souvent imposé aux légionnaires l'obligation de concourir aux travaux de déboisement, de terrassements, de constructions que nécessitait l'installation des postes de nouvelle formation où ils étaient appelés à cantonner.

Le ravitaillement de ces cantonnements, toujours placés à l'avant, était difficile; aussi le matériel de campement mis à la disposition de la légion s'est-il trouvé pendant longtemps fort réduit et très incomplet.

En résumé, fatigues plus grandes, confortable moindre, séjour prolongé et discontinu dans des régions insalubres...., telles sont les conditions auxquelles les régiments étrangers ont été soumis au Tonkin et qui expliquent la mortalité considérable que nous avons enregistrée.

Les bataillons d'infanterie légère se sont trouvés placés dans une situation fort analogue. Toutefois les postes qu'ils occupaient étaient moins insalubres et plus facilement accessibles. Néanmoins les soldats du bataillon, comme les légionnaires, ont été tenus continuellement sur le qui-vive par les nécessités d'un service incessant de convois et de colonnes mobiles. On les a, comme eux, souvent astreints à des travaux de terrassements en dehors des mois d'hiver.

Nous croyons pourtant qu'on est autorisé à dire que cette troupe était moins mal partagée et a été moins surmenée que la légion. Elle n'en a pas moins fourni un déchet beaucoup plus considérable portant sur toutes les causes de mort : maladies endémiques, choléra, affections ordinaires.

Ce dernier fait prouve l'infériorité de résistance de ce groupe. Il n'est pas pour étonner dans un corps qui recueille le passif du recrutement français, passif qui se traduit fréquemment par des tares physiques aussi bien que morales.

Quelles qu'elles soient, ces circonstances ne donnent pas une justification complète de la mortalité des bataillons, mortalité telle qu'elle se chiffre pendant plusieurs années par plus de 3 décès contre 1 à la légion.

Cette exagération des pertes nous semble tenir à une autre condition qui peut se définir comme suit :

Aux bataillons d'Afrique, la vie de l'homme compte pour peu de chose. Chacun est disposé à en faire volontiers le sacrifice, même sans utilité. En campagne, le soldat n'a que mépris pour les restrictions qu'on prétend apporter à sa liberté, au titre de l'hygiène. Les cadres ne veillent pas d'assez près sur la santé des hommes qu'ils considèrent comme quantité quelque peu négligeable et ne tiennent pas la main à la stricte exécution des prescriptions sanitaires qui sont de première importance en pays tropicaux.

Nouveaux venus dans ces climats qui leur étaient inconnus mais où ils constataient des maxima thermométriques moins élevés qu'en Algérie, nos Africains ont toujours cru pouvoir en prendre à leur aise avec le soleil du Tonkin et n'être pas tenus de modifier leur régime et leurs habitudes.

C'est, au reste, un défaut très français que de ne pas vouloir se plier aux exigences du milieu nouveau où on se trouve jeté et de se refuser à sortir du moule où l'on a pris forme.

Cette assertion se vérifie pour les individus comme pour les groupes, qu'il s'agisse des règles de conduite personnelle ou de la mise en train des rouages administratifs.

C'est la raison principale qui explique les mécomptes et les déchets de toutes sortes qui découlent de l'utilisation, dans ces milieux, d'organismes qui n'ont pas été entraînés pour l'existence et la lutte aux colonies. L'éducation des cadres et des hommes ne peut résulter que de longues traditions que se transmettent, par une sorte d'enseignement mutuel, les corps spécialement affectés à ce service.

Quoi qu'il en soit, qu'on accepte ou non nos conclusions sur les causes de cette léthalité, cette troupe, avons-nous dit, quitte le Tonkin sur une fâcheuse impression et, du premier au dernier jour, cette terre lui aura été fatale.

En 1885, sa mortalité avait atteint des proportions encore plus élevées. Elle se chiffrait par 462 pour 1,000 hommes de l'effectif, en sept mois, de juillet à décembre. Au cours de la dernière année, elle atteint encore 326 pour 1000.

Son rapatriement a influé favorablement sur le taux des pertes du corps d'occupation. La plus grande partie des garnisons qu'elle occupait est revenue à la légion, une part moindre à l'infanterie de marine, sans que l'obituaire de ces corps en ait été grevé sensiblement.

C'est une preuve de plus que la léthalité des bataillons d'Afrique tenait plus à des causes intrinsèques qu'à l'insalubrité des garnisons ou à la fatigue du service.

b). — TROUPES MÉTROPOLITAINES. — ZOUAVES. — TROUPES DE MARINE.

L'opinion publique a généralisé à toute l'étendue du pays les résultats statistiques constatés pour les troupes d'avant-garde. De cette impression est née la légende de deuil dont cette colonie commence à pouvoir à peine faire appel.

Les régiments étrangers sont souvent au feu et continuellement à la peine. Leurs pertes s'en ressentent; mais l'obituaire des autres fractions du corps d'occupation est beaucoup moins sombre et, même aux années d'épidémie, le pourcentage des décès est trois ou quatre fois moins élevé.

En dehors des troupes d'Afrique, la statistique médicale n'a été établie à part que pour les troupes de marine. Les fractions de corps provenant du recrutement français ont été fusionnées en un seul bloc; au reste, ces groupes déjà réduits de nombre en 1886 diminuent chaque année pour disparaître vers la fin de 1889.

Il eut été intéressant de pouvoir suivre en 1885 la courbe de leur mortalité en raison de l'importance des effectifs; mais, ainsi qu'on l'a vu à la lecture des pages qui précèdent, les renseignements que nous avons pu recueillir ne sont que partiels.

En 1886 et 1887, les garnisons du Delta sont constituées par ces soldats de France, celles du Bas-Delta et de l'Annam par les zouaves et les troupes de marine.

Les zouaves sont rapatriés dès les premiers mois de 1888 et il ne reste plus en dehors des hautes régions que les deux autres groupes.

Les autres fractions de corps dépendant du Ministère de la guerre sont rappelées en 1890 et, seuls, les soldats de marine assurent le service du bas pays.

Nous avons tenu compte de ces données pour l'établissement des tableaux qui suivent.

a). — TROUPES MÉTROPOLITAINES.

Guerre (R. F.) (1). — *Troupes de marine (T. M.)* (2).

Les premières constituent les seules garnisons du Delta en 1886 et 1887. Elles concourent à cette occupation en 1888 et 1889 avec l'infanterie de marine.

1° DÉCÈS.

ANNÉES.	EFFECTIFS.	PALUDISME.		DYSENTÉRIE.		CHOLÉRA.		BLESSURES.		AUTRES maladies.		TOTAL.	
	Hommes.												
1886....	4,000		104		75		32		2		22		235
1887....	2,400		68		42		97		1		16		224
		T. M	R. F.	T. M.	R. F.	T. M.	R. F.	T. M.	R. F.	T. M.	R. F.	T. M.	R. F.
1888....	2,300		125		79		123		2		19		348
	3,800	131		95		169		4		28		427	
1889....	1,300		25		5		1		3		13		47
	5,300	92		49		»		17		14		172	

2° CAS POUR 1,000 HOMMES DE L'EFFECTIF.

ANNÉES.	EFFECTIFS.	PALUDISME.		DYSENTÉRIE.		CHOLÉRA.		BLESSURES.		AUTRES maladies.		TOTAL.	
		P. 1000	P. 1000	P. 1000	P. 1000	P. 1000	P. 1000	P. 1000	P. 1000	P. 1000	P. 1000	P. 1000	P. 1000
1886....			26		19		8		0.5		5.5		59
1887....			28.5		18		40.5		0.5		7		94.5
1888....	R. F...		42		26		41		1		6		116
	T. M...	34		25		45		1		7		112	
1889....	R. F...		19		4		»		3		10		36
	T. M...	17		9		»		3		3		32	
MOYENNES...	R. F..		29		16.5		22		1.5		7		76
	T. M...	25.5		17		22.5		2		5		72	

(1) R. F. Troupes du recrutement français.
(2) T. M. Troupes de marine.

b). — GARNISONS DE L'ANNAM ET DU BAS-DELTA.

Zouaves (Z.) (1) et Troupes de marine (T. M.) (2).

1° DÉCÈS.

ANNÉES.	EFFECTIFS.	PALUDISME. Z.	PALUDISME. T. M.	DYSENTÉRIE. Z.	DYSENTÉRIE. T. M.	CHOLÉRA. Z.	CHOLÉRA. T. M.	BLESSURES. Z.	BLESSURES. T. M.	AUTRES maladies. Z.	AUTRES maladies. T. M.	TOTAL. Z.	TOTAL. T. M.
	Hommes.												
1886....	2,800	69		94		45		8		15		231	
	2,300		30		52		17		7		23		129
1887....	2,400	55		48		52		8		10		173	
	1,750		21		20		7		»		8		56

2° CAS POUR 1000 HOMMES DE L'EFFECTIF.

ANNÉES.	CORPS.	PALUDISME. Z.	PALUDISME. T. M.	DYSENTÉRIE. Z.	DYSENTÉRIE. T. M.	CHOLÉRA. Z.	CHOLÉRA. T. M.	BLESSURES. Z.	BLESSURES. T. M.	AUTRES maladies. Z.	AUTRES maladies. T. M.	TOTAL. Z.	TOTAL. T. M.
		p. 1000	p. 1000	p. 1000	p. 1000	p. 1000	p. 1000	p. 1000	p. 1000	p. 1000	p. 1000	p. 1000	p. 1000
1886....	Z......	25		33		16		3		5		82	
	T. M...		13		22		7		3		10		55
1887....	Z......	23		20		22		3.5		4		72.5	
	T. M...		12		11.5		4		»		4.5		32
MOYENNES..	Z......	24		26.5		19		3.2		4.5		77.2	
	T. M...		12.5		16.7		5.5		1.5		7.2		43.4

De ces comparaisons, on peut déduire cette conclusion que les troupes de marine ont, en toutes circonstances et à égalité de fatigues, présenté une mortalité moindre que les groupes les mieux partagés relevant du département de la guerre. Cette supériorité de résistance ne pouvait venir du recrutement qui à ce moment était le même que celui des troupes de France et, nous dirons plus, lui était inférieur à beaucoup d'égards, étant donné le nombre considérable des engagés comptant moins de vingt ans.

Elle ne peut résulter que de leur éducation coloniale et du souci extrême que les cadres ont toujours montré pour la santé des hommes.

---

(1) Z. Zouaves.

(2) T. M. Troupes de marine

c). — RÉGIMENTS DE TIRAILLEURS ET AUXILIAIRES INDIGÈNES.

Cadres européens (C.) (1) et soldats indigènes (T.) (2).

Cet élément de comparaison est plus durable que ceux que nous venons de passer en revue. Il est intéressant car il permet de rapprocher deux races distinctes placées dans des conditions fort voisines.

CAS POUR 1000 HOMMES DE L'EFFECTIF.

ANNÉES.		PALUDISME.		DYSENTÉRIE.		CHOLÉRA.		BLESSURES.		AUTRES maladies.		TOTAL.	
		(C.)	(T.)	(C.)	(T.)	(C.)	(T.)	(C.)	(T.)	(C.)	(T.)	(C.)	(T.)
		P. 1000	P. 1000	P. 1000	P. 1000	P. 1000	P. 1000	P. 1000	P. 1000	P. 1000	P. 1000	P. 1000	P. 1000
1886...	C......	30		12.5		6.5		10		6		65	
	T......		12.5		6		4		1.5		3		27
1887...	C......	35.5		18		26.5		»		14.5		94.5	
	T......		16		4		10		2		4		36
1888...	C......	23		16		19		5		5		68	
	T......		21		5		9		1		5		41
1889...	C......	8		3.3		»		3.3		3.3		17.9	
	T......		11		4		1		2		5		23
1890...	C......	26		3		»		7		3		39	
	T......		8		3		3		2		5		21
1891...	C......	38		8.5		»		8.5		5		60	
	T......		9		4		»		3		7		23
1892...	C......	16		4		»		29		4		53	
	T......		7		3		»		4		8		22
1893...	C......	17		2.5		»		2.5		7		29	
	T......		10		1		»		2		7		20
1894...	C......	18.5		»		»		4.5		3		26	
	T......		11		2		»		2		8		23
1895...	C......	30		»		1		5.5		5.5		42	
	T......		19		3		»		3		8		33
1896...	C......	26		5		3		4		5		43	
	T......		28		4		4		2		14		52
MOYENNES..	C......	24.4		6.6		5		7		5.5		48.5	
	T......		14		3.5		2.8		2.2		6.7		29.2

(1) C. Cadres européens.

(2) T. Troupes indigènes.

Le rapprochement de ces deux quantités assimilables au point de vue des actions climatiques, différentes toutefois quand on les envisage eu égard aux fatigues qui incombent aux uns et aux autres, confirme les conclusions que nous avons données dans les généralités du début de ce chapitre :

Il meurt par paludisme trois Européens contre deux Indigènes. La mortalité par dysentérie est double pour les Européens. En revanche le pourcentage est moindre pour les maladies ordinaires..... Les pertes par maladies accidentelles et épidémiques s'élèvent pour les cadres à un chiffre triple de celui que l'on enregistre pour leurs hommes.

Ces moyennes, exactes pour l'ensemble des onze années sur lesquelles porte la statistique, étaient plus défavorables au début de l'occupation pour l'élément européen. Au fur et à mesure que la situation se raffermit, le taux des pertes tend à se niveler pour les deux contingents, par suite de l'abaissement de la mortalité des cadres. En 1896, les tirailleurs sont plus éprouvés que leurs officiers et sous-officiers; mais cette proportion est renversée en 1897 et on peut dire que, même à la date actuelle, les cadres paient à la mort, dans les années moyennes, un tribut qui est au minimum d'un tiers plus fort.

En France, les proportions sont renversées. Les déchets dans le rang sont d'un tiers plus élevés que parmi les gradés.

Pour être complet, il nous reste à résumer, en les comparant, la mortalité des deux groupes qui, à partir de la seconde moitié de l'année 1889, constituent à eux seuls la presque totalité des garnisons européennes et qui, à toute époque depuis 1886, en représentent l'élément le plus important et le plus stable.

Nous voulons parler des troupes de marine et des régiments étrangers.

Après avoir donné les chiffres de mortalité de chacun de ces corps isolément, nous les rapprocherons pour en établir la comparaison. Au risque de nous exposer à des redites, nous faisons remonter pour chacun d'eux les statistiques à l'année 1886.

1° INFANTERIE ET ARTILLERIE DE MARINE.

a). — DÉCÈS.

ANNÉES.	EFFECTIFS.	PALUDISME.	DYSENTÉRIE.	CHOLÉRA.	BLESSURES.	AUTRES maladies.	TOTAL.
	Hommes.						
1886........	2,300	30	52	17	7	23	129
1887........	1,700	21	20	7	»	8	56
1888........	3,800	131	95	169	4	28	427
1889........	5,300	92	49	»	17	14	172
1890........	4,700	84	41	48	16	26	215
1891........	4,700	162	36	3	18	34	253
1892........	4,700	83	28	2	32	32	177
1893........	4,700	43	18	»	2	16	79
1894........	4,700	70	20	»	3	23	116
1895........	4,700	124	31	24	12	33	224
1896........	4,700	93	19	36	»	35	183
TOTAUX.........		933	409	306	111	272	2,031

b). — CAS POUR 1000.

ANNÉES.	PALUDISME.	DYSENTÉRIE.	CHOLÉRA.	BLESSURES.	AUTRES maladies.	TOTAL.
	P. 1000.	P. 1000.	P. 1000.	P. 1000.	P. 1000.	P. 1000.
1886................	13	22	7	3	10	55
1887................	12	11.5	4	»	4.5	32
1888................	34	25	45	1	7	112
1889................	17	9	»	3	3	32
1890................	18	9	9.3	4.7	5	46
1891................	34	8	»	4	7	53
1892................	18	6	»	7	7	38
1893................	9	4	»	0.5	3.5	17
1894................	15	4	»	1	4	24
1895................	27	7	5	2.5	7	48.5
1896................	20	4	7	»	7	38
1897................						16

Rappelons au lecteur que les troupes de marine, en 1886 et 1887, ont été cantonnées en Annam; que de 1888 à 1890 elles occupent à la fois l'Annam et le Delta, et qu'à dater de cette dernière époque la fraction détachée en Annam est trop peu importante pour qu'il y ait lieu d'en tenir compte.

Nous constaterons pour ce groupe, ainsi que nous le verrons se réaliser pour la légion, combien les mutations de garnison entraînent une élévation notable du taux des pertes. En 1888, l'infanterie de marine est rappelée de l'Annam pour venir occuper dans le Bas-Delta les postes laissés vacants par le rapatriement des zouaves et du 11e chasseurs; sa mortalité, en dehors du choléra, croît du simple au double. En 1891, elle hérite une partie des cantonnements des bataillons d'Afrique et de la légion. Cette nouvelle répartition des garnisons a été rendue nécessaire par la rentrée en Algérie de l'infanterie légère. Le résultat est analogue; il se traduit par une élévation de la courbe des décès.

Dans le cours de ce mémoire nous avons expliqué comment, en 1895 et 1896, la nécessité de fermer la frontière aux incursions des bandes chinoises a conduit à reporter en avant la légion et les troupes de marine. Les mêmes causes amènent les mêmes résultats : de 24 pour 1000 en 1894, la mortalité remonte à 48.5 pour 1000 en 1895, à 38 pour 1000 en 1896, pour retomber à 16 pour 1000 en 1897.

2° RÉGIMENTS ÉTRANGERS ET PONTONNIERS.

a). — DÉCÈS.

ANNÉES.	EFFECTIFS.	PALUDISME.	DYSENTÉRIE.	CHOLÉRA.	BLESSURES.	AUTRES maladies.	TOTAL.
	Hommes.						
1886.......	2,200	92	55	56	14	16	233
1887.......	2,550	155	89	74	3	32	353
1888.......	2,400	200	78	162	7	30	477
1889.......	2,350	110	38	»	18	37	203
1890.......	2,350	197	55	14	26	31	323
1891.......	2,400	206	60	2	14	32	314
1892.......	2,400	132	32	3	75	44	286
1893.......	2,400	68	32	»	17	34	151
1894.......	2,400	90	28	»	6	42	166
1895.......	2,400	93	23	23	14	30	183
1896.......	2,400	119	27	29	12	41	228
TOTAUX.........		**1,462**	**517**	**363**	**206**	**369**	**2,917**

b). — CAS POUR 1000.

ANNÉES.	PALUDISME.	DYSENTÉRIE.	CHOLÉRA.	BLESSURES.	AUTRES maladies.	TOTAL.
	P. 1000.	P. 1000.	P. 1000.	P. 1000.	P. 1000.	P. 1000.
1886	42	25	25.5	6.5	7	106
1887	55.5	32	26.5	1	11.5	126.5
1888	87	34	70	3	13	207
1889	46	16	»	7.5	15.5	85
1890	79	22	6	10	13	130
1891	82	24	»	6.5	13	125.5
1892	53	13	1	30	17	114
1893	27	13	»	7	13	60
1894	36	11	»	2	17	66
1895	37	9	9	5.6	12	72.6
1896	48	11	12	4	16	91
MOYENNES	**54**	**19**	**13.6**	**7.5**	**13.5**	**107.6**
1897. — Mortalité totale annuelle						**39**

Ce corps est celui dont l'affectation a le moins changé et c'est particulièrement en consultant les tables de sa mortalité qu'on se rendra compte de la situation sanitaire des troupes européennes du corps d'occupation aux différentes époques.

I. — Les progrès réalisés depuis le début sont considérables. La moyenne des pertes qui, pendant la première période, était de 146 pour 1000 s'est abaissée à 73 pour 1000 pendant les quatre années antérieures à 1897 et est tombée à 39 pour 1000 en cette année 1897.

II. — On pourrait ajouter que les progrès sont supérieurs à ceux qui ressortent de la comparaison brute de ces données. Le service accompli actuellement par les bataillons étrangers est plus pénible que celui qui leur était demandé au début de l'occupation, car les régions où ces troupes sont cantonnées sont, dans leur totalité, notoirement plus malsaines.

III. — Chaque élévation de la courbe correspond, pour la légion comme pour l'infanterie de marine, à un pas en avant dans l'occupation effective des hautes régions : 1888, occupation de la haute Rivière Noire et du haut Song-Gam ; 1890, remplacement des bataillons d'Afrique ; 1895 et 1896, refoulement hors de la frontière des bandes chinoises du Kouang-Si et prise de possession des postes au nord de Ha-Giang et dans le canton de Tu-Long.

Sur 1000 décès, dans les troupes de marine, 460 sont imputables au paludisme, 201 à la dysentérie, 150 au choléra, 55 aux blessures de guerre et 134 aux autres causes de mort.

En ce qui concerne la légion, les chiffres comparatifs sont les suivants : paludisme 501 pour 1000, dysentérie 177 pour 1000, choléra 124 pour 1000, blessures de guerre 71 pour 1000 et maladies ordinaires 127 pour 1000.

Les régiments étrangers ont laissé derrière eux, au Tonkin, environ un dixième de leur effectif. La moitié de ces hommes a succombé aux seules influences de la malaria, un huitième au choléra, un seizième aux blessures de guerre. La part du choléra est à peu de chose près égale à celle des maladies ordinaires. Rappelons que les années 1884 et 1885 ne rentrent pas dans cette statistique.

Les troupes de marine ont perdu moins du vingtième de leur effectif, soit moitié moins de monde que les régiments étrangers : 45 pour 1000 au lieu de 107. Autrement dit, il est mort 3 soldats de marine contre 7 légionnaires.

Ce rapprochement ne nous autorise pas à tirer d'autres conclusions que celles que nous avons déjà indiquées pour les différentes zones pathologiques du Tonkin. Il fait ressortir combien est différente la salubrité des postes que gardent ces deux corps, combien l'existence a été et continue à être plus rude pour les soldats de la légion.

CHAPITRE III

MORBIDITÉ HOSPITALIÈRE

§ 1er — TABLEAUX D'ENSEMBLE
(1884-1896)

a). — GROUPES EUROPÉENS.

1° ENTRÉES.

ANNÉES.	PALUDISME.	DYSENTÉRIE.	CHOLÉRA.	BLESSURES.	AUTRES maladies.	TOTAL.
1884	2,469	1,509	»	386	1,996	6,360
1885	7,896	4,613	1,806	1,103	3,216	18,634
1886	8,384	5,480	244	?	5,861	19,969
1887	6.862	4,735	436	49	5,557	17,639
1888	5,428	3,545	668	27	3,144	12,812
1889	4,576	2,166	5	144	2,093	8,984
1890	3,711	1,839	37	72	2,637	8,296
1891	4,949	1,298	15	75	2,395	8,732
1892	4,569	1,145	12	107	2,482	8,315
1893	2,849	900	3	45	2,223	6,020
1894	3,964	1,053	»	30	2,705	7,752
1895	4,131	988	26	28	2,169	7,342
1896	3,283	757	52	21	2,026	6,139
Récapitulation par périodes.						
1884	2,469	1,509	»	386	1,996	6,360
1re Période (1885-1888)	28,570	18,373	3,154	1,179	17,778	69,054
2e Période (1889-1892)	17,805	6,448	69	398	9,607	34,327
3e Période (1893-1896)	14,227	3,698	81	124	9,123	27,253
ENSEMBLE (NON COMPRIS L'ANNÉE 1884)	**60,602**	**28,519**	**3,304**	**1,701**	**36,508**	**130,634**

2° CAS POUR 1,000 HOMMES D'EFFECTIF.

ANNÉES.	PALUDISME.	DYSENTÉRIE.	CHOLÉRA.	BLESSURES.	AUTRES maladies.	TOTAL.
1884	235	143.7	»	36.8	190	605.5
1885	526	308	120	74	214	1,242
1886	635	415	18.5	?	444	1,512.5
1887	586	404	37	4	472	1,503
1888	472	308	58	2	273	1,113
1889	453	214	»	15	206	888
1890	439	216	4.5	8.5	311	979
1891	627	164	2	9	303	1,105
1892	578	145	1.5	13.5	314	1,052
1893	360	114	»	7	281	762
1894	502	133	»	4	342	981
1895	523	125	3	4	274	929
1896	416	96	7	3	255	777
Récapitulation par périodes. — Moyennes pour 1,000 hommes.						
1re Période	558	359	61.5	23	347	1,348.5
2e Période	517.5	187.5	2	11.5	279	997.5
3e Période	450	117	2.5	4	288.5	862
MOYENNES DES 13 ANNÉES (1884 COMPRISE)	**494**	**235**	**26**	**16**	**301**	**1,072**

En 1886 et 1887, la morbidité hospitalière est anormalement élevée; on n'a pu établir exactement le départ entre les admissions des deux contingents, européen et indigène.

L'année 1885, malgré la médiocrité de l'état sanitaire de juin à décembre, bénéficie de l'atténuation notable, de janvier à mai, des différentes causes de morbidité. Ainsi qu'on l'a vu, les malades hospitalisés furent peu nombreux pendant ces premiers mois de l'année, en dehors des blessés de guerre.

b). — GROUPES INDIGÈNES.

1° ENTRÉES.

ANNÉES.	PALUDISME.	DYSENTÉRIE.	CHOLÉRA.	BLESSURES.	AUTRES maladies.	TOTAL.
1888	3,102	981	160	70	3,035	7,348
1889	2,595	839	13	244	4,396	8,087
1890	2,130	450	31	420	4,018	7,049
1891	2,671	352	10	346	3,475	6,854
1892	1,966	339	»	395	4,513	7,213

ANNÉES.	PALUDISME.	DYSENTERIE.	CHOLÉRA.	BLESSURES.	MALADIES diverses.	TOTAL.
1893	2,570	383	5	187	3,611	6,756
1894	2,606	336	10	143	3,104	6,199
1895	2,139	348	8	138	2,576	5,209
1896	2,288	205	155	106	2,542	5,296
Récapitulation par périodes.						
1re Période (1888)	3,102	981	160	70	3,035	7,348
2e Période	9,362	1,980	54	1,405	16,402	29,203
3e Période	9,603	1,272	178	574	11,833	23,460
ENSEMBLE	**22,067**	**4,233**	**392**	**2,049**	**31,270**	**60,011**
MOYENNE ANNUELLE (9 ANS)	**2,452**	**470**	**43**	**228**	**3,474**	**6,667**

2° CAS POUR 1,000 HOMMES D'EFFECTIF.

ANNÉES.	PALUDISME.	DYSENTERIE.	CHOLÉRA.	BLESSURES.	AUTRES maladies.	TOTAL.
1888	202	64	10	4.5	198	478.5
1889	169.5	55	1	16	287	528.5
1890	203	43	3	40	382.5	671.5
1891	262	34.5	1	34	340	671.5
1892	157	27	»	31.5	361	576.5
1893	205.5	30.5	»	15	289	540
1894	208.5	27	1	11.5	248	496
1895	171	28	1	11	206	417
1896	176	16	12	8	195.5	407.5
Récapitulation par périodes.						
1re Période (1888)	202	64	10	4.5	198	478.5
2e Période	193	41	1	29	342	606
3e Période	190	25	3.5	11.3	234.3	464.1
MOYENNES (9 ANNÉES)	**193**	**37**	**3.4**	**18**	**273.6**	**525**

La morbidité des Indigènes se distingue de celle des Européens par la constance dans la relation qui existe entre les divers termes. On ne constate ni grands ressauts ni, par suite, grandes améliorations pendant cette longue période.

Nous verrons que si les chiffres sont comparables d'une année à l'autre, ils sont également très rapprochés d'une saison à l'autre de l'année.

Un dernier trait à noter, le plus important de tous : c'est que la morbidité endémique n'est pas prédominante et que les maladies ordinaires sont, pour les indigènes, le facteur le plus puissant d'invalidation.

La morbidité des Européens présente les caractéristiques opposées : prépondérance des affections endémiques qui représentent à elles seules à toutes les époques les deux tiers environ des journées d'hospitalisation, variations brusques de la courbe d'une période à l'autre amenant une très notable amélioration de l'état sanitaire.

MOYENNES ANNUELLES DE LA MORBIDITÉ DES DEUX CONTINGENTS.

	Européens. — Pour 1000.	Indigènes. — Pour 1000.
Paludisme	494	193
Dysentérie	235	37
Choléra	26	3.4
Blessures	16	18
Autres maladies	301	273.6
TOTAUX	**1,072**	**525**

La comparaison de ces deux termes nous ramènerait à des considérations que nous avons déjà exposées et qui ont trouvé leur place dans le paragraphe où nous avons traité de la mortalité relative des deux contingents.

Nous ne possédons en effet que l'un des éléments d'appréciation qui nous permettraient de nous rendre un compte exact du nombre des invalidations puisque, comme nous l'avons déjà indiqué, le chiffre des entrées à l'infirmerie nous échappe.

Contentons-nous pour le moment de faire remarquer que cette morbidité non hospitalière serait particulièrement intéressante à connaître au Tonkin où, depuis les dernières années, les déchets ont atteint, en dehors de l'hospitalisation, une proportion qui est près de la moitié de la mortalité totale.

Cette condition anormale se trouve surtout réalisée pour les troupes d'avant-garde, comme la légion et les tirailleurs tonkinois.

Nous aurons occasion d'y revenir et d'y insister dans le paragraphe suivant, en traitant du pourcentage des décès relativement aux admissions dans les établissements hospitaliers.

Mais avant d'aborder ce point de notre étude, il nous paraît du plus grand intérêt de donner le tableau de la morbidité des groupes qui ont constitué les garnisons permanentes du Tonkin.

GRAPHIQUES.

MORBIDITÉ HOSPITALIÈRE TOTALE

EUROPÉENS et INDIGÈNES. — Cas °/₀₀

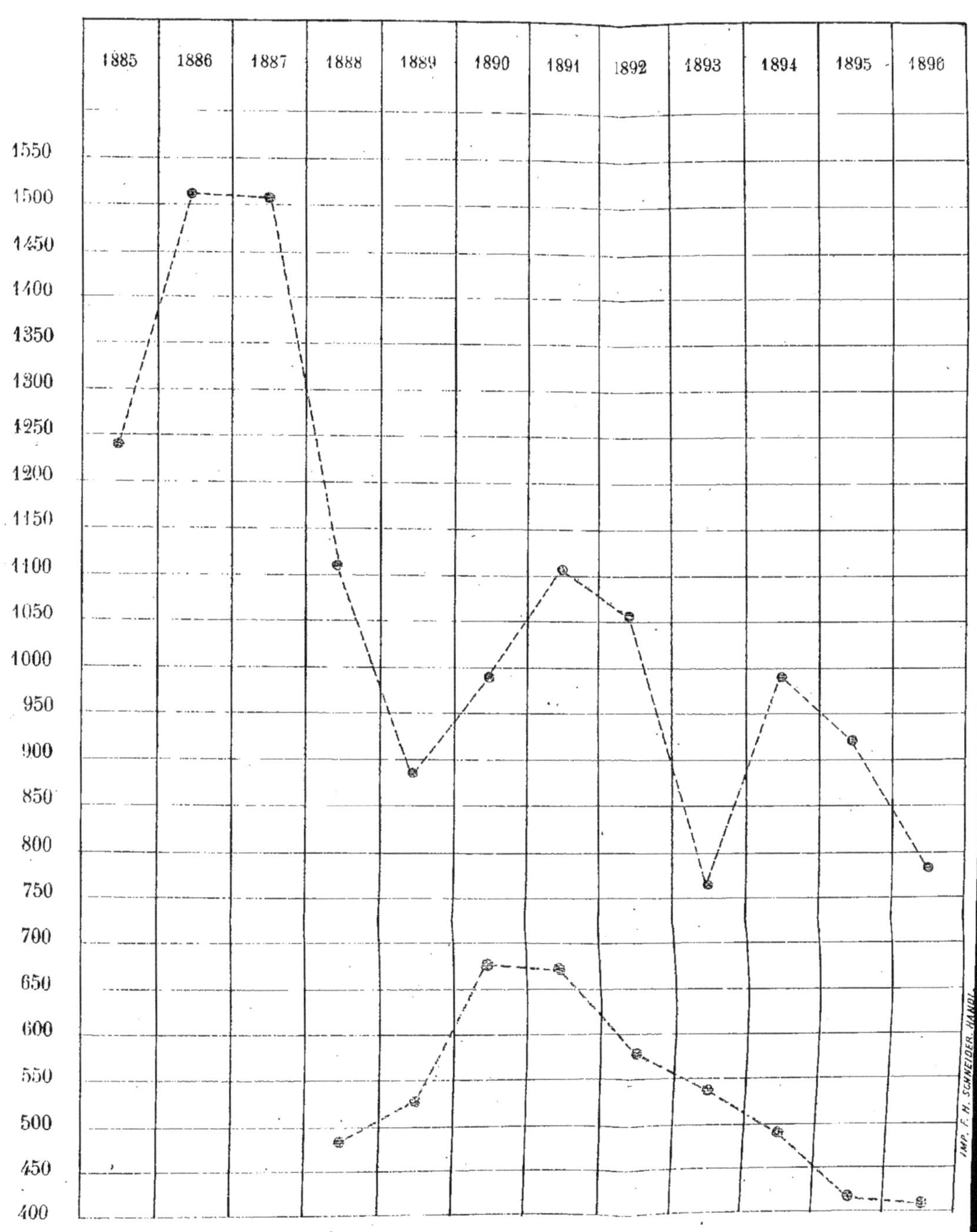

§ 2. — MORBIDITÉ HOSPITALIÈRE DES CORPS EUROPÉENS.

RÉGIMENTS ÉTRANGERS ET TROUPES DE MARINE (1).

CAS POUR 1,000 HOMMES DE L'EFFECTIF.

a). — LÉGION.

ANNÉES.	PALUDISME.	DYSENTERIE.	CHOLÉRA.	BLESSURES.	AUTRES maladies.	TOTAL.
1886	?	?	?	?	?	1,674
1887	684	363	51	1	222	1,321
1888	737	314	3[illegible]	2	247	1,338
1889	599	230	»	17	99	945
1890	658	251	»	16	266	1,191
1891	834	188	»	14	258	1,294
1892	783	204	»	28	331	1,346
1893	481	195	»	14	297	987
1894	726	186	»	7	320	1,239
1895	724	164	»	10	258	1,156
1896	646	104	9	7	198	964
1897	?	?	?	?	?	934
MOYENNES	**687**	**219**	**23**		**249**	**1,177**

Les moyennes, pour la morbidité totale, portent sur les douze annuités, mais n'ont pu être établies, pour chaque catégorie de maladies, que de 1887 à 1896 (dix années).

(1) Les cadres européens des unités indigènes sont reportés aux corps européens dont ils proviennent.

b). — TROUPES DE MARINE.

ANNÉES.	PALUDISME.	DYSENTÉRIE.	CHOLÉRA.	BLESSURES.	AUTRES maladies.	TOTAL.
1886	?	?	?	?	?	1,100
1887	292	462	35	2	342	1,133
1888	327	355	45	1	299	1,027
1889	364	220	»	13	265	862
1890	303	194	»	9	344	850
1891	530	153	»	11	324	1,018
1892	483	118	»	9	306	916
1893	304	76	»	»	274	654
1894	398	109	»	2	352	861
1895	429	106	»	5	282	822
1896	309	92	5	»	284	690
1897	?	?	?	?	?	922
MOYENNES	373	188	14		307	882

COMPARAISON DES DEUX GROUPES (1).

	Légion.	Troupes de marine.
	Pour 1000.	Pour 1000.
Endémies	906	561
Maladies accidentelles	22	14
Maladies ordinaires	249	307

La légion fournit 4 entrées contre 3 données par les troupes de marine. Cette proportion est moins élevée que celle enregistrée à propos de la mortalité. L'accès des formations hospitalières est rendu difficile aux soldats des garnisons extrêmes du fait même de la dispersion des unités et de l'éloignement des postes.

La répartition des entrées par catégories de maladies est un peu différente des résultats que l'on obtient en ce qui concerne le pour-

(1) Elle ne porte que sur les dix années (1887-1896).

centage relatif à l'effectif. Elle est indiquée par les chiffres ci-après pour chacun de ces corps :

	Légion.	Troupes de marine.
Paludisme	577	420
Dysentérie	187	213
Choléra et blessures	20	17
Maladies ordinaires	216	350
ENTRÉES	1,000	1,000

On enregistre pour les troupes de marine un nombre relativement plus élevé d'entrées par dysentérie et maladies ordinaires, mais la part du paludisme est d'un tiers moins forte. Autrement dit : sur 10 légionnaires hospitalisés il en entre 6 pour paludisme et 4 pour toutes autres maladies. Il faut renverser la proportion pour les soldats de marine : il en entre 4 pour affections palustres et 6 pour l'ensemble des autres causes morbides. Mais il faut s'empresser d'ajouter, afin d'éviter toute confusion, que relativement à l'effectif le pourcentage de la légion est plus considérable, sauf pour les maladies non exotiques.

Nous avons donné dans les paragraphes précédents les raisons qui impriment cette caractéristique à la morbidité de ces deux corps; ce sont celles qui occasionnent l'exagération de la mortalité des bataillons étrangers.

Rappelons que pour les 687 entrées pour 1000 que nous enregistrons à la légion au titre du paludisme on constate une proportion de 54 pour 1000 de décès, que le chiffre des morts par dysentéries est de 19 pour 1000 sur un nombre d'admissions aux hôpitaux représenté par 219 pour 1000, de 21.1 pour 1000 pour 22 entrées pour 1000 au titre des maladies accidentelles, et enfin de 13.5 décès pour 1000 quand il s'agit des maladies ordinaires. Soit :

79 morts pour 1,000 hospitalisés palustres.
90 morts pour 1,000 malades dysentériques.
959 morts pour 1,000 cholériques et blessés.
54 morts pour 1,000 malades ordinaires.

Ce dernier chiffre mérite toute notre attention. Sous la rubrique *maladies ordinaires ou diverses* sont classées toutes les affections qui ne rentrent pas dans les cadres de la pathologie exotique et qu'on peut considérer comme analogues à celles de nos pays. De telle sorte que cette case de la morbidité des troupes aux colonies représente à elle seule la morbidité totale de l'armée en France.

Or, dans l'armée métropolitaine les hospitalisations oscillent autour de 230 pour 1000 de l'effectif; d'autre part, la mortalité étant de 6 pour 1000, il en résulte qu'on enregistre 26 décès pour 1,000 admissions aux hôpitaux.

Au Tonkin, la morbidité normale et ordinaire de la Légion, en dehors des maladies imputables au climat, aux circonstances de guerre et d'endémo-épidémies, est fort voisine de celle que nous constatons pour les groupes militaires en Europe : elle est de 249 pour 1000. Mais la mortalité de cette origine est notablement plus chargée. Nous avons vu qu'elle se traduisait par la proportion de 54 pour 1,000 malades de cette catégorie. Il succombe de ce chef le double de soldats.

Cette donnée est de grande importance en pratique et nous aurons occasion d'y revenir quand nous parlerons de l'organisation hospitalière des troupes d'occupation. Dès maintenant nous sommes autorisé, en présence de ces résultats, à protester contre une assertion qui a été plus d'une fois reproduite, à savoir : que les ressources sont au-dessus des besoins normaux et que les admissions dans les formations hospitalières se font avec une facilité excessive ! Nous voyons ce qu'il faut en penser. En France, on admet un chiffre double de malades pour la même proportion de décès.

GRAPHIQUES.

Graphique 12

MORBIDITÉ HOSPITALIÈRE TOTALE

LÉGION ET TROUPES DE MARINE

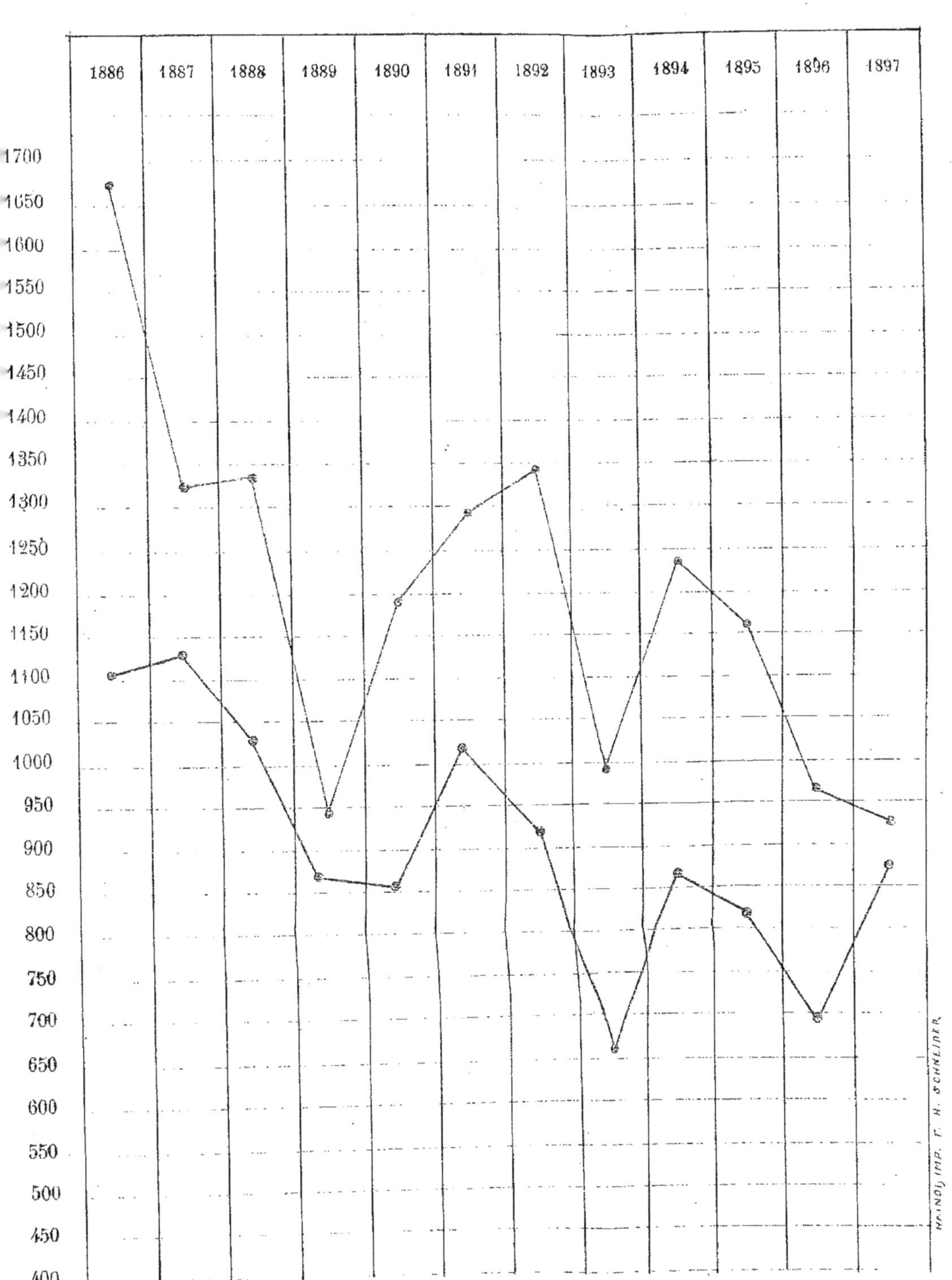

Légion .... ——— traits rouges

§ 3. — MORTALITÉ PAR RAPPORT AUX ADMISSIONS AUX HOPITAUX.

Il nous faut établir une double statistique : celle de la mortalité totale relativement aux hospitalisations et celle de la mortalité hospitalière relativement à cette même morbidité. A l'inverse de ce qui s'observe en France, ces deux termes sont très éloignés l'un de l'autre.

a). — MORTALITÉ TOTALE ET MORBIDITÉ HOSPITALIÈRE.

CONTINGENTS EUROPÉENS.

1° ENTRÉES ET DÉCÈS.

ANNÉES.		PALUDISME.		DYSENTÉRIE.		CHOLÉRA.		BLESSURES.		MALADIES diverses.		TOTAL.	
		Hospitalisés.	Décès.	Hospitalisés.	Décès.	Hospitalisés.	Décès.	Hospitalisés.	Décès.	Hospitalisés.	Décès.	Hospitalisés.	Décès.
1884..	Hospitalisés.. Décès.......	2,469	291	1,509	195	»	»	386	108	1,996	72	6,360	666
1885..	Hospitalisés. Décès.......	7,896	759	4,613	690	1,806	1,852	1,103	360	3,216	176	18,634	3,837
1886..	Hospitalisés.. Décès.......	8,384	456	5,480	407	244	221	?	50	5,801	107	19,969	1,241
1887..	Hospitalisés.. Décès.......	6,862	418	4,735	344	436	342	49	12	5,557	90	17,639	1,206
1888..	Hospitalisés.. Décès.......	5,428	587	3,545	342	668	698	27	23	3,144	106	12,812	1,756
1889..	Hospitalisés.. Décès.......	4,576	355	2,166	127	5	4	144	47	2,093	80	8,984	613
1890..	Hospitalisés.. Décès.......	3,711	352	1,839	119	37	89	72	48	2,637	69	8,206	677
1891..	Hospitalisés.. Décès.......	4,949	395	1,298	102	15	5	75	38	2,395	70	8,732	610
1892..	Hospitalisés.. Décès.......	4,569	226	1,145	63	12	5	107	127	2,482	79	8,315	500
1893..	Hospitalisés.. Décès.......	2,849	123	900	52	3	»	45	21	2,223	55	6,020	251
1894..	Hospitalisés.. Décès.......	3,964	173	1,053	48	»	»	30	12	2,705	67	7,752	300
1895..	Hospitalisés.. Décès.......	4,131	238	988	54	26	48	28	30	2,169	67	7,342	437
1896..	Hospitalisés.. Décès.......	3,283	230	757	50	52	67	21	15	2,026	80	6,139	442

2° PROPORTION DES DÉCÈS PAR RAPPORT AUX ENTRÉES. — CAS POUR 1000.

ANNÉES.	PALUDISME.	DYSENTÉRIE.	CHOLÉRA.	BLESSURES.	MALADIES diverses.	TOUTES maladies.
1884................	117	129	»	279	36	105
1885................	96	149	1,025	326	54	206
1886................	54	74	905	?	18	62
1887................	61	72	784	245	16	68
1888................	108	96	1,044	852	34	137
1889................	77	58	800	326	38	68
1890................	95	64	2,405	666	26	81
1891................	80	78	333	507	29	70
1892................	49	55	417	1,186	31	60
1893................	43	58	»	466	24	41
1894................	43	45	»	400	25	39
1895................	57	55	1,846	1,071	31	59
1896................	70	66	1,288	714	39	72

Dans la colonne *maladies diverses*, qui correspond à ce que l'on pourrait appeler la mortalité ordinaire (en dehors des faits de guerre, des endémies et des épidémies), rentrent les morts par accidents et suicides. Le détail en est donné plus loin. Cette cause de léthalité grève dans une forte proportion le pourcentage inscrit pour cette catégorie d'affections.

CONTINGENTS INDIGÈNES.

1° ENTRÉES ET DÉCÈS.

ANNÉES.	PALUDISME.		DYSENTÉRIE.		CHOLÉRA.		BLESSURES.		MALADIES diverses.		TOTAL.	
	Hospitalisés.	Décès.	Hospitalisés.	Décès.	Hospitalisés.	Décès.	Hospitalisés.	Décès.	Hospitalisés.	Décès.	Hospitalisés.	Décès.
1888... Hospitalisés.. / Décès.......	3,102	329	981	89	160	135	70	15	3,035	74	7,348	642
1889... Hospitalisés.. / Décès.......	2,595	168	839	61	13	11	244	34	4,396	76	8,087	350
1890... Hospitalisés.. / Décès.......	2,130	84	450	33	31	29	420	22	4,018	52	7,049	220
1891... Hospitalisés.. / Décès.......	2,671	93	352	47	10	5	346	26	3,475	68	6,854	239
1892... Hospitalisés.. / Décès.......	1,966	92	339	35	»	»	395	45	4,513	99	7,213	271
1893... Hospitalisés.. / Décès.......	2,570	126	383	19	5	»	187	22	3,611	86	6,750	253

ANNÉE.		PALUDISME.		DYSENTÉRIE.		CHOLÉRA.		BLESSURES.		MALADIES diverses.		TOTAL.	
		Hospitalisés.	Décès.	Hospitalisés.	Décès.	Hospitalisés.	Décès.	Hospitalisés.	Décès.	Hospitalisés.	Décès.	Hospitalisés.	Décès.
1894...	Hospitalisés..	2,606		336		10		143		3,104		6,199	
	Décès.......		137		27		1		26		106		297
1895...	Hospitalisés..	2,139		348		8		138		2,576		5,209	
	Décès.......		234		41		11		32		105		423
1896...	Hospitalisés..	2,288		205		155		106		2,542		5,296	
	Décès.......		360		54		50		27		190		681

2° PROPORTION DE LA TOTALITÉ DES DÉCÈS PAR RAPPORT AUX ENTRÉES. — CAS POUR 1000.

ANNÉES.	PALUDISME.	DYSENTÉRIE.	CHOLÉRA.	BLESSURES.	MALADIES diverses.	TOUTES maladies.
1888................	106	91	844	214	24	87
1889................	65	72	846	139	17	43
1890................	39	73	935	52	13	31
1891................	35	133	500	75	19	35
1892................	47	103	»	114	22	37
1893................	49	49	»	117	24	37
1894................	52	80	100	181	34	48
1895................	109	117	1,375	231	41	81
1896................	157	263	322	254	74	128

RÉCAPITULATION DU POURCENTAGE PAR PÉRIODES.

EUROPÉENS ET INDIGÈNES. — CAS POUR 1000.

PÉRIODES.		PALUDISME.		DYSENTÉRIE.		CHOLÉRA.		BLESSURES.		MALADIES diverses.		TOUTES maladies.	
		Européens.	Indigènes.	Européens.	Indigènes.	Européens.	Indigènes.	Européens.	Indigènes.	Européens.	Indigènes.	Européens.	Indigènes.
1885 à 1888.	Européens.	77		97		987		377		26		116	
1888......	Indigènes..		(1)106		91		844		214		24		87
2e Période.	Européens.	74		64		1,492		653		31		70	
	Indigènes..		47		89		833		90		18		37
3e Période.	Européens.	54		55		1,419		629		29		52	
	Indigènes..		89		111		348		186		41		70
ENSEMBLE.	Européens.	71		84		1,008		460		29		91	
	Indigènes..		73		96		617		121		27		56

(1) En 1888, année particulièrement éprouvée, la proportion des décès par rapport aux entrées est, au titre du paludisme, de 108 pour 1000 dans les groupes européens.

b). — MORBIDITÉ ET MORTALITÉ HOSPITALIÈRES.

Les décès en dehors des formations hospitalières ont été défalqués.

1° ADMISSIONS ET DÉCÈS AUX HÔPITAUX.

ANNÉES.	GROUPES EUROPÉENS.		GROUPES INDIGÈNES.	
	Entrées.	Décès.	Entrées.	Décès.
1886	19,969	1,140	?	
1887	17,639	1,136	?	
1888	12,812	1,267	7,348	453
1889	8,984	372	8,087	209
1890	8,296	446	7,049	106
1891	8,732	432	6,854	167
1892	8,315	252	7,213	180
1893	6,020	183	6,756	167
1894	7,752	177	6,199	102
1895	7,342	271	5,209	198
1896	6,139	277	5,296	356

2° MORTALITÉ PAR RAPPORT AUX ENTRÉES. — CAS POUR 1000.

ANNÉES.	GROUPES EUROPÉENS.		GROUPES INDIGÈNES.	
	Mortalité totale.	Mortalité hospitalière.	Mortalité totale.	Mortalité hospitalière.
1886	62	57	?	?
1887	68	64	?	?
1888	137	98	87	61
1889	68	41	43	25
1890	81	53	31	15
1891	70	49	35	24
1892	60	30	37	24
1893	41	30	37	24
1894	39	23	48	16
1895	59	37	81	38
1896	72	45	128	67

Un fait saute aux yeux à la lecture de ces chiffres : la situation, après s'être notablement améliorée de 1884 à 1894 pour les deux contingents, a subi un temps d'arrêt pour les Européens et s'est très nettement aggravée pour les Annamites.

Il est vrai qu'en 1895 et 1896, sous l'influence des circonstances de guerre et d'épidémie que nous avons signalées, le pourcentage

Graphique 10

MORBIDITÉ HOSPITALIÈRE

PAR MALADIES ENDÉMIQUES

EUROPÉENS et INDIGÈNES. — Cas °/₀₀

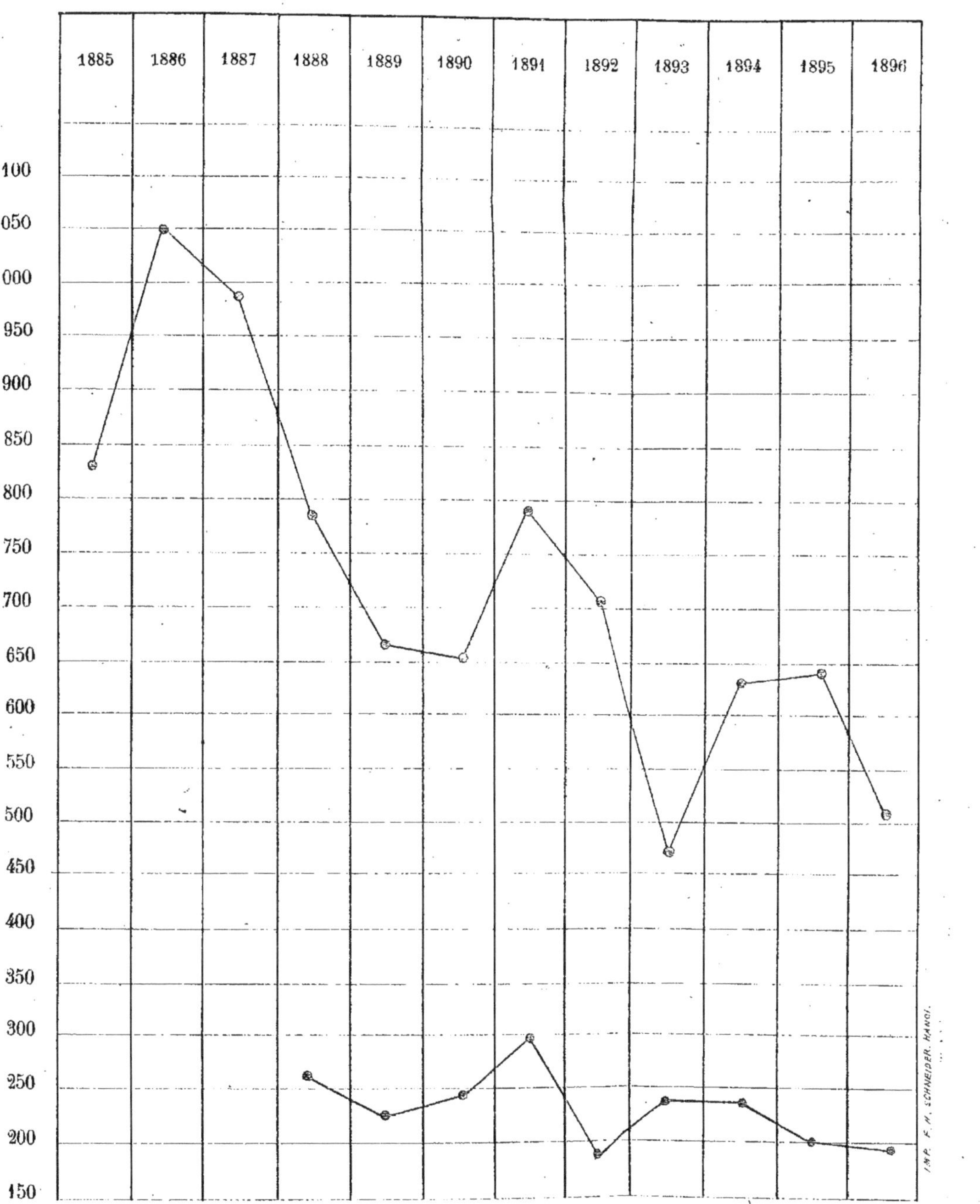

Européens ——— traits rouges
Indigènes ——— traits bleus

relativement à l'effectif est devenu plus élevé. Il n'y a pas moins une dissociation entre les deux termes qui traduisent le passif des groupes militaires.

La morbidité n'est pas plus considérable pour les Européens qu'elle ne l'était les deux années précédentes. Elle est notablement inférieure à celle de 1892, et pourtant la proportion des décès relativement aux admissions est plus forte.

Cette anomalie est encore plus accentuée pour le contingent indigène. En 1896, le pourcentage des décès relativement aux entrées atteint un taux qu'on n'avait pas enregistré précédemment. Leur état sanitaire a fait, à ce point de vue, un saut en arrière. La mortalité est passée progressivement de 30 à 37 pour 1000, chiffre noté de 1889 à 1893 inclus, à 48 pour 1000 en 1894, à 81 pour 1000 en 1895 et à 128 pour 1,000 en 1896. Elle est, en 1897, de plus de 80 pour 1,000 hospitalisés.

CHAPITRE IV

§ 1er. — MORTALITÉ EN DEHORS DES HOPITAUX.

Cette catégorie de décès comprend trois groupes de faits :

A. — D'une part, les morts immédiates par blessures de guerre ou par accidents. Ce sont les cas que nous avons groupés dans les statistiques partielles sous la dénomination de morts violentes.

B. — D'autre part, les morts survenues dans les postes dépourvus de formations hospitalières, soit que la gravité foudroyante des cas ait empêché l'évacuation, soit que l'envoi aux ambulances ait été (fait fréquent) trop longtemps différé.

C. — Ajoutons que dans ces postes dépourvus de formations hospitalières les cholériques doivent être traités sur place et, par suite, ne figurent pas aux statistiques hospitalières.

a). — DÉCÈS.

ANNÉES.	BLESSURES.	ACCIDENTS.	MALADIES.	TOTAL.
Soldats européens.				
1886	33	30	38	101
1887	5	27	38	70
1888	21	29	438	488
1889	40	45	156	241
1890	51	14	166	231
1891	28	16	134	178
1892	121	54	74	249
1893	23	16	29	68
1894	12	19	92	123
1895	27	35	104	166
1896	12	30	123	165

ANNÉES.	BLESSURES.	ACCIDENTS.	MALADIES.	TOTAL.
Soldats indigènes.				
1886	7	»	8	15
1887	31	1	21	53
1888	5	»	184	189
1889	32	14	95	141
1890	19	4	31	54
1891	18	»	54	72
1892	(1) 19	4	67	90
1893	(1) 17	2	67	86
1894	19	11	155	185
1895	15	14	196	225
1896	18	10	297	325

(1) Ces chiffres sont incomplets. Une partie des décès enregistrés sur le champ de bataille n'a pas été signalée à la direction du service de santé.

En 1896, il meurt du choléra, en dehors des formations hospitalières, 26 Européens et 35 Indigènes. La mortalité par autres maladies tombe par suite à 97 Européens et à 262 Annamites.

En 1895, les chiffres au titre du choléra ont été les suivants : 2 Européens et 5 indigènes; d'où la rectification ci-après : Décès en dehors des hôpitaux par maladies : 102 Européens et 191 Annamites.

En 1894, 3 morts par choléra chez les Européens et 2 chez les indigènes.

En 1893, 1892 et 1891, les cas de choléra sont extrêmement rares et il n'y a pas lieu d'en tenir compte dans le pourcentage.

Nous n'avons pu retrouver les renseignements permettant d'établir, antérieurement à 1891, la mortalité contagieuse en dedans et en dehors des établissements hospitaliers. On peut cependant affirmer que dans les grandes épidémies de choléra une large part des décès enregistrés dans ces conditions anormales est imputable à des cas contagieux soignés dans les postes, conformément aux instructions réglementaires.

Graphique 14

GROUPES INDIGÈNES

Mortalité totale. — Mortalité hospitalière. — Mortalité en dehors des hôpitaux (1)

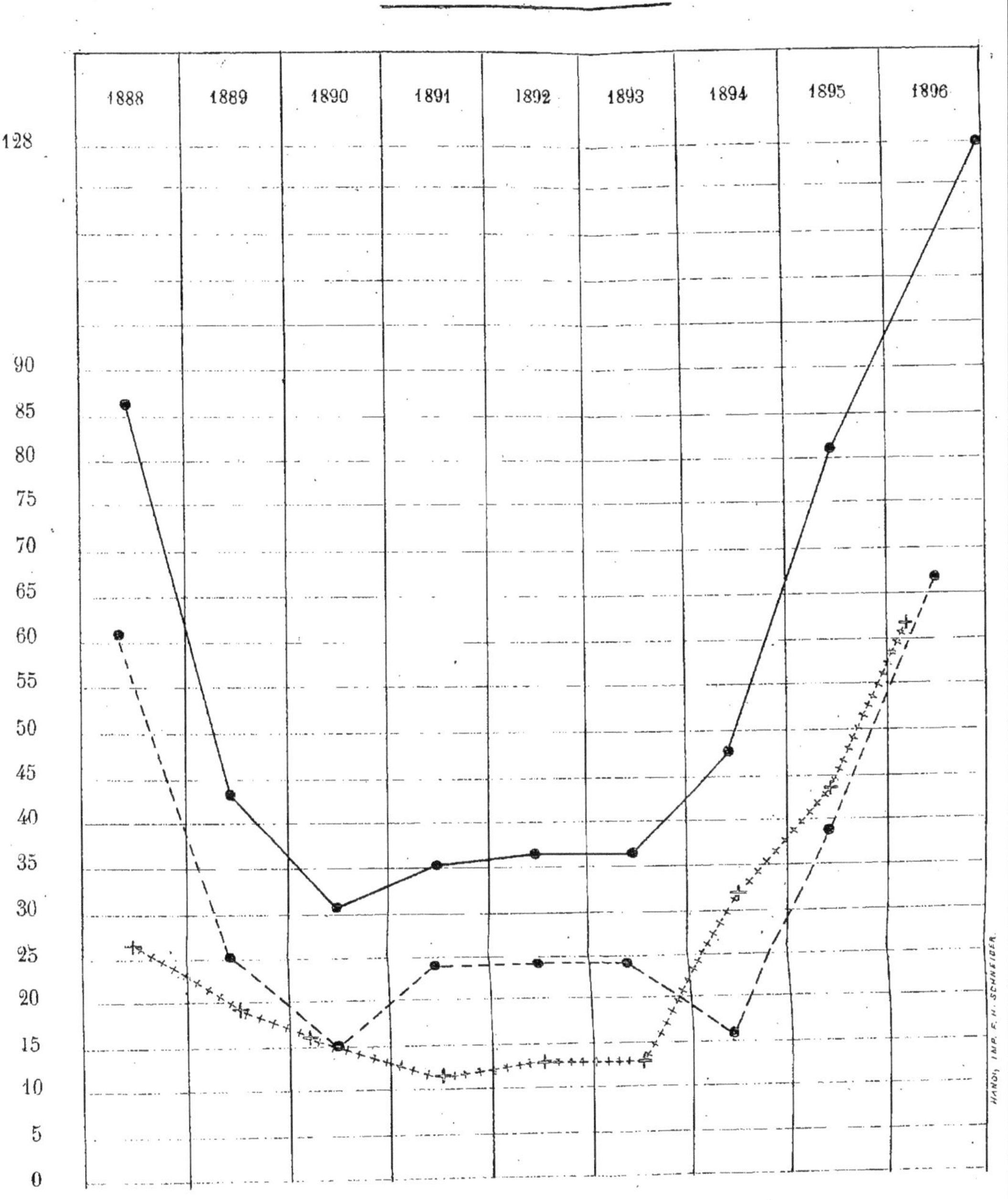

Mortalité totale .... traits noirs pleins.

Mortalité hospitalière .... traits noirs brisés.

Mortalité en dehors des hôpitaux + + + + + + + + traits bleus en croix.

GROUPES EUROPÉENS

Mortalité totale. — Mortalité hospitalière. — Mortalité en dehors des hôpitaux (1)

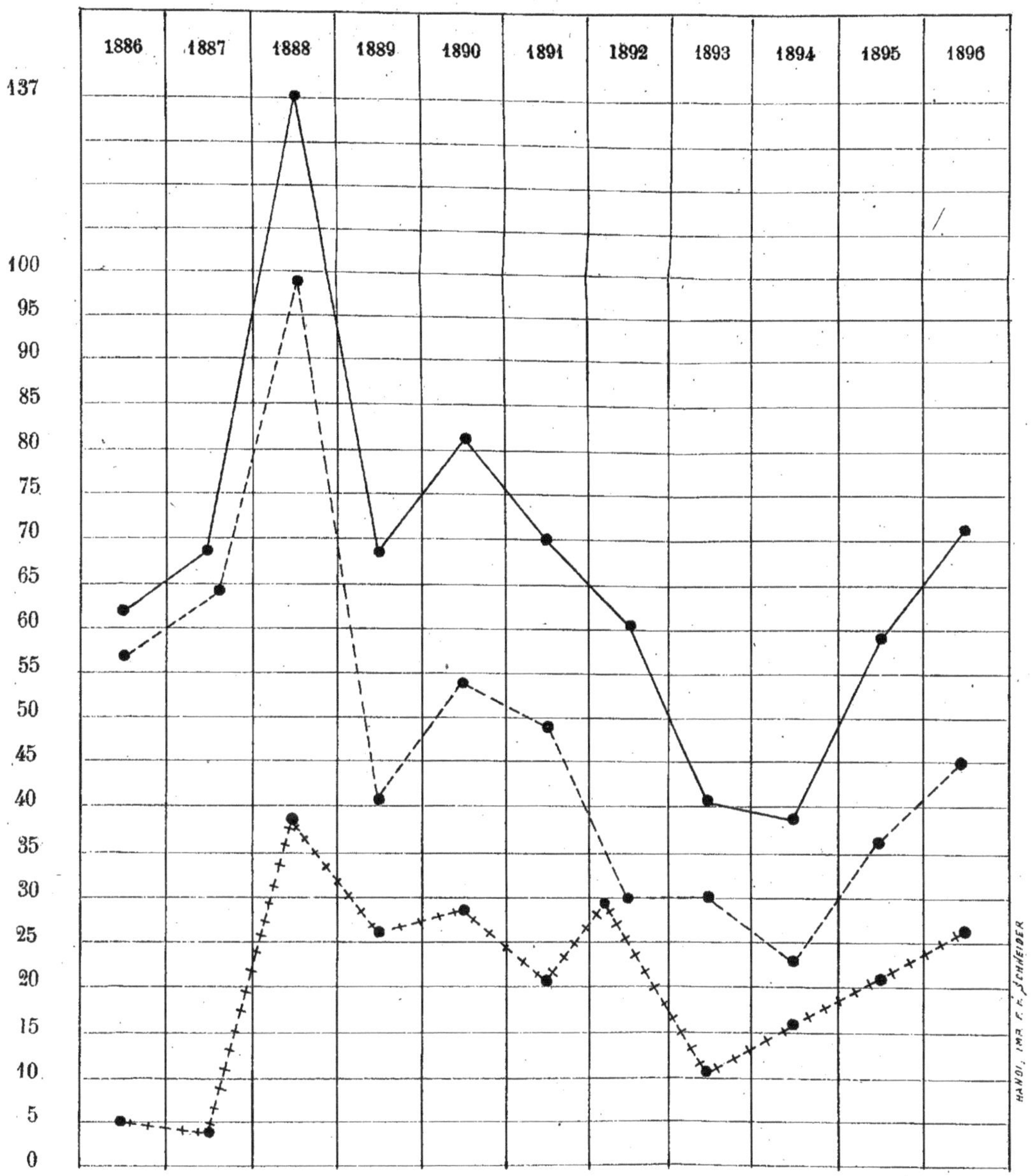

1886
1887
1888
1889
1890
1891
1892
1893
1894
1895
1896
137
100
95
90
85
80
75
70
65
60
55
50
45
40
35
30
25
20
15
10
5
0
HANOI, IMP. F.-H. SCHNEIDER

Mortalité totale .... traits noirs pleins.

Mortalité hospitalière .... traits noirs brisés.

Mortalité en dehors des hôpitaux + + + + + + + + traits noirs en croix.

(1) Le pourcentage est établi par rapport aux entrées (Cas ‰). dans les tableaux précédents, la mortalité étant rapportée à 1000 H. d'effectif.

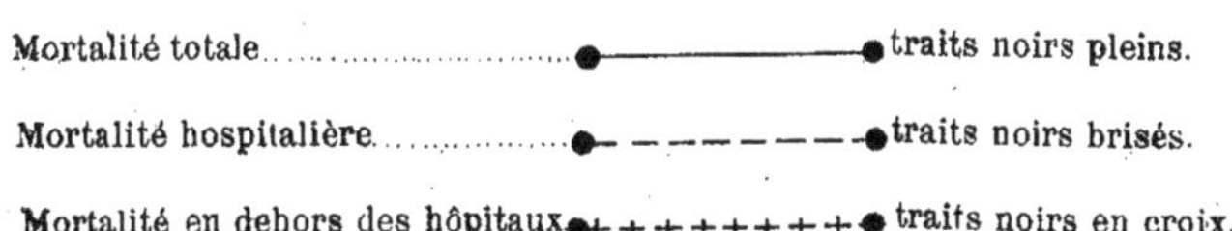

b). — CAS POUR 1000.

La proportion des décès en dehors des hôpitaux par rapport à la totalité des pertes est la suivante :

1° GROUPES EUROPÉENS.

ANNÉES.	TOTAL des décès.	DÉCÈS hors des hôpitaux.	CAS POUR 1000.
1886	1,241	101	81
1887	1,206	70	58
1888	1,756	488	278
1889	613	241	393
1890	677	231	341
1891	610	178	291
1892	500	249	498
1893	251	68	271
1894	300	123	410
1895	437	166	380
1896	442	165	373

Voici quels sont les chiffres en ne tenant compte que des seules maladies qui entraînent l'hospitalisation. La comparaison ne porte que sur les six dernières années :

ANNÉES.	TOTAL des décès.	DÉCÈS hors hôpitaux par maladies.	CAS POUR 1000.
1891	610	134	219
1892	500	74	148
1893	251	29	115
1894	300	89	297
1895	437	102	233
1896	442	97	219

En moyenne, sur 5 malades européens il en meurt 1 qui n'a pu atteindre l'hôpital alors que la maladie à laquelle il succombe est de celles qui comportent l'hospitalisation.

Les indigènes sont encore plus mal partagés.

2° GROUPES INDIGÈNES.

ANNÉES.	TOTAL des décès.	DÉCÈS hors des hôpitaux.	CAS POUR 1000.
1886	398	15	37
1887	656	53	81
1888	642	189	294
1889	350	141	403
1890	220	54	245
1891	239	72	301
1892	271	90	332
1893	253	86	340
1894	297	185	622
1895	423	225	532
1896	681	325	477

Nous pouvons pour ce contingent, comme nous l'avons fait pour le précédent, déduire les morts violentes et celles qui sont occasionnées par le choléra de manière à ne laisser face à face que les deux termes suivants : 1° le total des décès; 2° le nombre des décès survenus en dehors des hôpitaux et non imputables à des accidents ou à la contagion.

ANNÉES.	TOTAL des décès.	DÉCÈS par maladies hors des hôpitaux.	CAS POUR 1000.
1891	239	54	226
1892	271	67	247
1893	253	67	264
1894	297	153	515
1895	423	191	451
1896	681	262	384

La lecture de ce tableau ne manque pas d'être suggestive.

De 1894 à 1896 inclus, sur 2 tirailleurs il en meurt 1 sans qu'il ait pu rejoindre les salles d'un établissement hospitalier. La question a cependant été agitée, comme nous l'avons déjà dit, de réduire le nombre des formations hospitalières. On a écrit que cette organisation était trop développée et avait pris une extension que les nécessités locales ne justifiaient pas. On voit combien ces assertions sont controuvées et quelle est l'exacte vérité.

On serait plus autorisé à dire qu'on n'a pas fait le strict nécessaire pour assurer le traitement des malades dans de bonnes conditions et que depuis 1888, particulièrement depuis 1892, on a défait l'organisation des services médicaux en donnant aux formations de première ligne une importance qu'elles ne doivent pas avoir, en y maintenant les malades et en négligeant de les évacuer à temps sur les établissements de seconde ligne.

§ 2. — ÉVACUATIONS.

Cette question des évacuations comporte, pour les groupes européens, deux échelons : 1° l'évacuation sur les ambulances principales et les postes du Delta; 2° l'évacuation sur la France, c'est-à-dire le rapatriement.

Pour les indigènes, elle présente également deux termes : le premier est le même que pour les Européens; le second est remplacé par l'envoi dans les villages en congé de convalescence.

L'envoi des indigènes en congé dans les familles est prononcé par les corps, sur la proposition des médecins traitants. Nous ne pouvons fournir sur ce détail du service aucun renseignement statistique.

Les règles à suivre pour les évacuations sur les ambulances avaient été tracées par M. le médecin-inspecteur Dujardin-Baumetz. Elles ont été précisées par M. le médecin en chef Friocourt :

« Les malades sérieux ne seront conservés que momentanément. Au troisième ou quatrième jour d'une maladie endémique, d'une lésion traumatique, d'une affection fébrile qui n'aura pas cédé au traitement usuel, le malade doit être dirigé sur la formation sanitaire la plus voisine ».

Quand la maladie est grave et qu'elle appartient aux formes compliquées de l'endémie palustre ou dysentérique, l'homme doit être dirigé, par étapes successives, sur les hôpitaux centraux et au besoin sur les établissements de la région maritime. Il est en effet d'observation journalière qu'un déplacement souvent peu considérable, opéré dans des conditions de transport médiocres, détermine une amélioration très nette de l'état du malade.

On doit par suite maintenir comme règle absolue l'obligation de ne pas traiter sur place, dans les hautes régions et les postes malsains, les atteintes graves des endémies locales. Les hôpitaux centraux ne doivent pas uniquement servir à l'hospitalisation des garnisons locales; il est nécessaire qu'elles puissent recevoir et conserver les provenants du haut pays.

Le tableau suivant, portant sur le groupe de la légion étrangère, permettra de se rendre compte de l'importance de cette donnée.

NOMBRE DES ENTRÉES PAR ÉVACUATIONS.

ANNÉES.	1re SAISON.	2e SAISON.	3e SAISON.	TOTAL annuel.
1891	522	843	436	1,801
1892	219	311	400	930
1893	123	376	394	893
1895	686	759	893	2,338
1896	771	1,327	460	2,558

§ 3. — RAPATRIEMENTS.

Les chiffres qui ont été donnés dans le cours du mémoire ne sont pas d'une exactitude absolue. Les statistiques ne sont que partielles pendant les premières années; elles sont grevées pendant les dernières de l'addition des rapatriements du personnel civil.

Les résultats sont donc quelque peu faussés; cependant comme le groupe des fonctionnaires et des agents est relativement peu considérable on peut les accepter sous le bénéfice de ces restrictions.

Nous avons essayé de poursuivre l'étude de ces données statistiques en distinguant par maladies et par saisons. Cet examen ne conduit à aucune conclusion.

Il eût été plus intéressant de pouvoir les établir par groupes, pour se rendre compte de la relation qui existe pour chaque corps entre cette cause de passif et celles que nous avons déjà étudiées; mais les renseignements que nous avons pu réunir ne nous ont pas permis de poursuivre complètement cette étude. On trouvera dans les différents chapitres les quelques résultats enregistrés; on ne peut en faire état dans cette revue d'ensemble.

Il est une autre donnée qui nous paraît importante à mettre en relief : c'est celle de la longueur du séjour.

Les rapatriements se subdivisent à ce point de vue en deux groupes : 1° ceux qui se produisent à l'expiration de la période coloniale. Ils indiquent que l'homme, au bout de cette période, est fatigué et malade; mais il a rendu les services qu'on était en droit d'en attendre; 2° ceux qui ont lieu par anticipation. Il se produit de ce fait un déchet qui entraîne une réduction des effectifs et dont la proportion serait intéressante à connaître.

Le passif est d'autant plus lourd que ce rapatriement se fait à une date plus rapprochée du débarquement.

Les tableaux que nous avons réussi à dresser ne sont que des ébauches indiquant la route à suivre à ceux qui viendront après nous.

RAPATRIEMENTS DE 1884 A 1896 PAR RAPPORT A LA MORBIDITÉ.

ANNÉES.	HOSPITALISATIONS.	RAPATRIEMENTS.	CAS POUR 1000.
1884	6,360	1,759	276
1885	18,634	3,175	170
1886	19,969	3,383	169
1887	17,639	1,574	89
1888	12,812	1,814	142
1889	8,984	1,924	214
1890	8,296	1,978	238
1891	8,732	2,387	273
1892	8,315	1,571	188
1893	6,020	1,446	240
1894	7,752	1,488	191
1895	7,342	1,706	232
1896	6,139	1,482	241

RAPATRIEMENTS. — CAS POUR 1,000 HOMMES D'EFFECTIF.

	Cas pour 1000.
Année 1884	167
— 1885	212
— 1886	256
— 1887	137
— 1888	157
— 1889	190
— 1890	232
— 1891	302
— 1892	198
— 1893	183
— 1894	188
— 1895	215
— 1896	187

Les chiffres élevés des années 1886, 1890 et 1891 tiennent aux réductions effectuées à ces époques dans les effectifs ou aux modifications apportées dans la constitution des troupes d'occupation.

Le service de santé, en conformité des indications reçues, mettait en route par anticipation tous les malades appartenant au corps dont le rapatriement collectif était décidé en principe et devait s'opérer à une date prochaine.

CHAPITRE V

§ 1er. — INFLUENCE DES SAISONS SUR LA MORTALITÉ ET LA MORBIDITÉ MILITAIRES.

Le climat du Tonkin est loin d'être semblable dans toute l'étendue du pays. Il diffère encore plus, pour la même région, d'une saison à l'autre de l'année. On peut dire que cette contrée présente successivement dans une annuité les attributs des climats tempérés, des climats torrides et des climats sub-tropicaux.

Cette diversité du climat ne laisse pas d'avoir une notable influence sur les invalidations et les pertes dans le contingent indigène, mais cette influence est surtout accusée dans les statistiques des groupes européens et particulièrement de ceux qui servent dans les régions malsaines.

Pour faciliter la comparaison et éviter au lecteur tout calcul complémentaire, le pourcentage par saison a été multiplié par 3 de façon à le rapporter à l'année entière. En vertu de cette donnée fictive, la saison pathologique est considérée comme une annuité de douze mois.

La saison estivale entraîne dans tous les pays coloniaux une aggravation notable de l'état sanitaire.

Cette donnée est surtout importante quand les chaleurs sont, comme il arrive au Tonkin, précédées et suivies d'un abaissement notable de la température.

Pour ces raisons, il n'a pas paru suffisant à l'auteur de ce mémoire de grouper les résultats statistiques par année et il a été conduit, tout en tenant compte de la division annuelle qui s'impose forcément, à envisager dans chaque annuité trois périodes successives et distinctes : celle qui précède l'été, première saison, saison froide, de janvier à fin avril — l'été ou saison chaude, du 1er mai à fin août — l'arrière-saison, qui comprend les quatre derniers mois.

Cette division trouve sa justification dans le simple exposé des faits, tel qu'il est résumé plus loin.

MORTALITÉ PAR SAISONS.

CONTINGENTS EUROPÉENS ET INDIGÈNES.

CAS POUR 1,000 HOMMES DE L'EFFECTIF.

ANNÉES.	1re SAISON.		2e SAISON.		3e SAISON.		ANNÉE.	
	Européens.	Indigènes.	Européens.	Indigènes.	Européens.	Indigènes.	Européens.	Indigènes.
1886..........	50	11	124	28	91	37	94	27
1887..........	57	35	190	46	76	24	105	35
1888..........	90	39	276	63	96	21	152	41
1889..........	27	19	81	24	57	27	56	23
1890..........	36	13	84	21	120	30	80	21
1891..........	52	20	124	19	54	30	77	23
1892..........	51	19	84	23	54	22	63	22
1893	19	15	41	18	34	27	31	20
1894..........	21	18	54	31	36	20	37	23
1895..........	27	31	90	32	48	37	55	33
1896..........	30	34	87	70	48	51	55	52
MOYENNES..	42	23	112	34	65	29	73	29

En prenant comme point de départ la mortalité la plus faible, celle des Annamites à la saison d'hiver, la comparaison des pertes par saisons se traduit comme suit :

	Européens.	Indigènes.
1re Saison : Hiver..........................	1.8	1
2e Saison : Été..........................	5	1.5
3e Saison : Arrière-saison..................	2.8	1.2
Année..................................	3.2	1.2

Les Européens, même à la saison la plus favorable, ont perdu plus de monde que les indigènes à la saison la plus malsaine.

Il est mort par année près de 3 Européens contre 1 Annamite.

Cette proportion est largement dépassée à la saison d'été; elle est de plus du double à l'arrière-saison. Ce n'est que pendant l'hiver qu'elle se rapproche pour les deux groupes.

Toutefois pendant les dernières années la mortalité à la saison froide est devenue presque équivalente pour les deux races. Le même fait s'observe à la saison automnale. L'Européen ne conserve son infériorité qu'en présence des ardeurs de la saison tropicale.

GROUPES EUROPÉENS

MORTALITÉ PAR ANNUITÉS ET PAR SAISONS

celles-ci considérées comme annuités distinctes

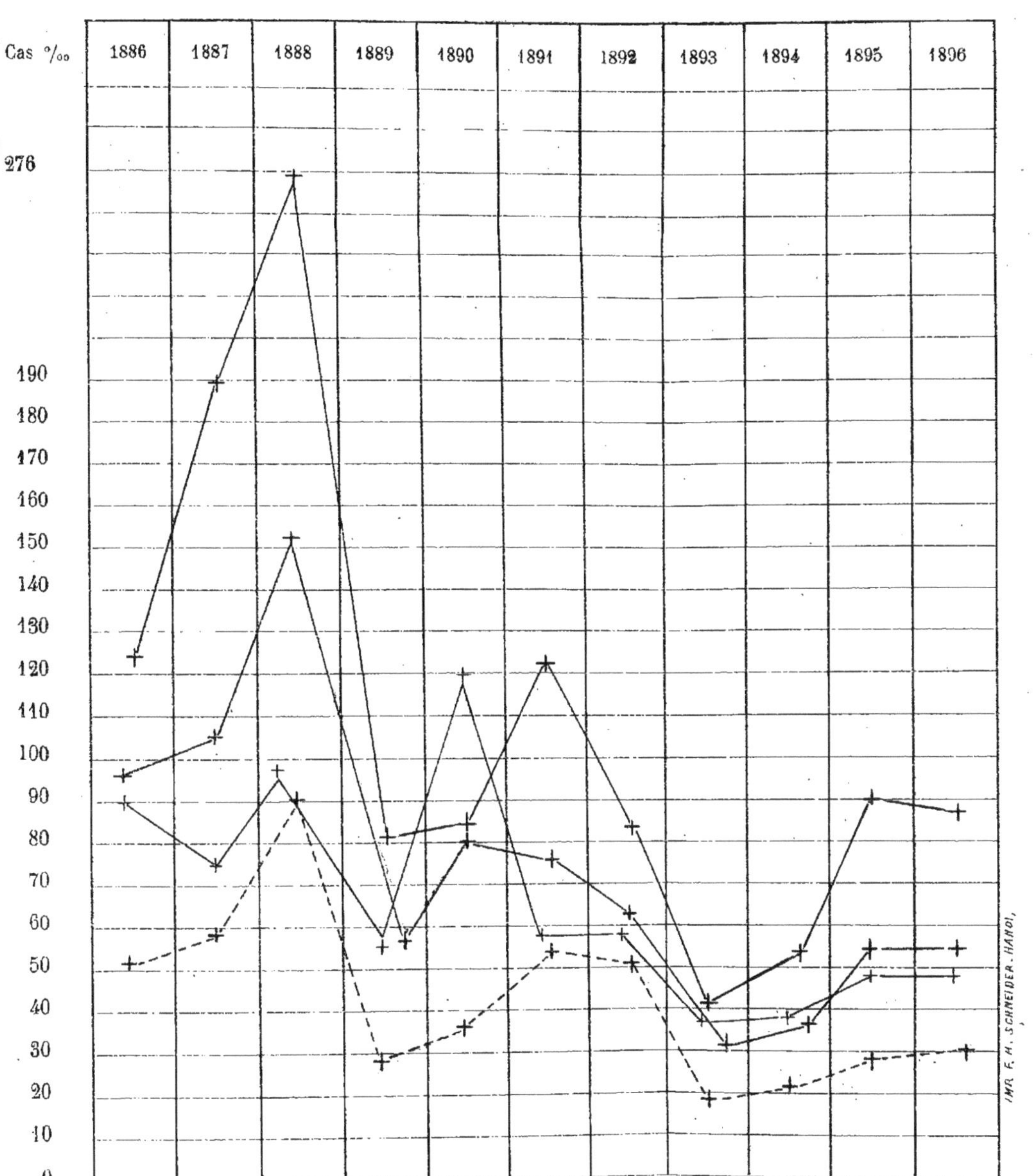

1re Saison : Hiver + - - - - - - - + traits noirs brisés
2e Saison : Été + ———— + traits rouges
3e Saison : Automne + ———— + traits bleus
Année + ———— + traits noirs pleins

Chaque saison est considérée comme une annuité de 12 mois. Cette notation a été adoptée pour faciliter la comparaison avec l'année. Si l'on voulait avoir la notation exacte de la saison considérée dans sa durée réelle (4 mois), il faudrait diviser par 3 le pourcentage.

Graphique 16

GROUPES INDIGÈNES

MORTALITÉ PAR ANNUITÉS ET PAR SAISONS

celles-ci considérées comme annuités distinctes

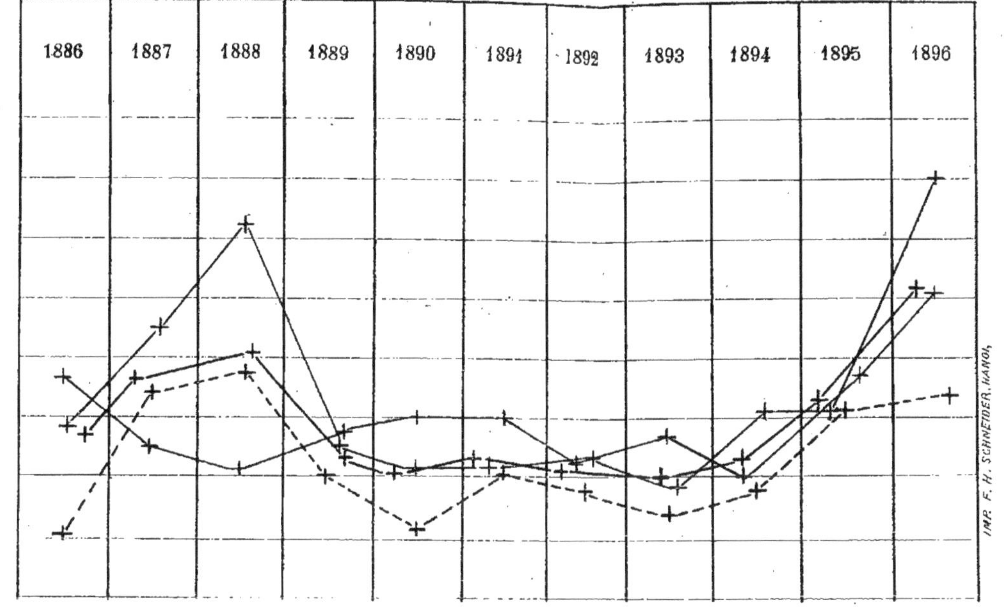

1re Saison : Hiver — traits noirs brisés
2e Saison : Été — traits rouges
3e Saison : Automne — traits bleus
Année — traits noirs pleins

Chaque saison est considérée comme une annuité de 12 mois.

A propos du graphique précédent, nous avons une restriction à faire : c'est que la comparaison, pour être exacte, devrait être établie entre les tirailleurs et la légion, le service des deux groupes étant fort assimilable, tandis qu'une fraction importante du contingent européen (troupes de marine) considérée comme réserve ne subit ni les mêmes fatigues ni les mêmes assauts de la part de l'endémicité.

MORTALITÉ COMPARÉE, PAR SAISONS, DE LA LÉGION ET DES TROUPES DE MARINE.

ANNÉES.	1re SAISON : Hiver.		2e SAISON : Été.		3e SAISON : Automne.		ANNÉE.	
	Légion.	Troupe marine.	Légion.	Troupe marine.	Légion.	Troupe marine.	Légion.	Troupe marine.
1886	71	42	263	102	220	67	185	66
1887	75	42	277	196	122	78	157	102
1888	126	90	441	201	111	39	247	114
1889	42	20	171	48	126	30	108	33
1890	45	28	195	47	150	63	130	46
1891	84	40	217	79	76	41	126	53
1892	78	39	159	45	105	29	114	38
1893	39	10	85	20	57	21	60	17
1894	31	18	95	36	74	20	66	24
1895	49	16	91	94	79	34	73	48
1896	68	13	122	74	83	29	91	38
MOYENNES	**65**	**32**	**193**	**85**	**109**	**41**	**123**	**53**

En prenant, comme nous l'avons fait plus haut, la mortalité la moins élevée, celle des soldats de marine à la bonne saison, et en lui donnant l'indice 1, la comparaison pour les deux corps est représentée comme ci-après :

	Légion.	Troupes de marine.
Saison d'hiver	2	1
Saison d'été	6	2.7
Arrière-saison	3.4	1.2
Annuité	3.8	1.6

Il est mort, proportions gardées, plus du double de soldats de la légion pour l'ensemble des années sur lesquelles portent ces statistiques. Cette proportion, exacte pour la bonne saison, est notablement dépassée à la saison des chaleurs ; elle est encore plus élevée à la dernière saison où elle se chiffre par 3 décès de légionnaires pour 1 décès de soldats de marine.

Relativement aux régiments tonkinois qui assurent le même service que les bataillons étrangers les chiffres de comparaison deviennent :

	Tirailleurs Annamites.	Légionnaires.
	—	—
Hiver	1	2.8
Été	1.5	8.4
Arrière-saison	1.3	4.7
Année	1.3	5.3

Soit plus de 5 soldats étrangers pour 1 tirailleur pendant l'été, plus de 3 à l'arrière-saison, moins de 3 en hiver et plus de 4 dans l'année.

GRAPHIQUES

Mortalité comparée de la Légion et des Troupes de Marine

SAISON D'ÉTÉ ET ANNÉE

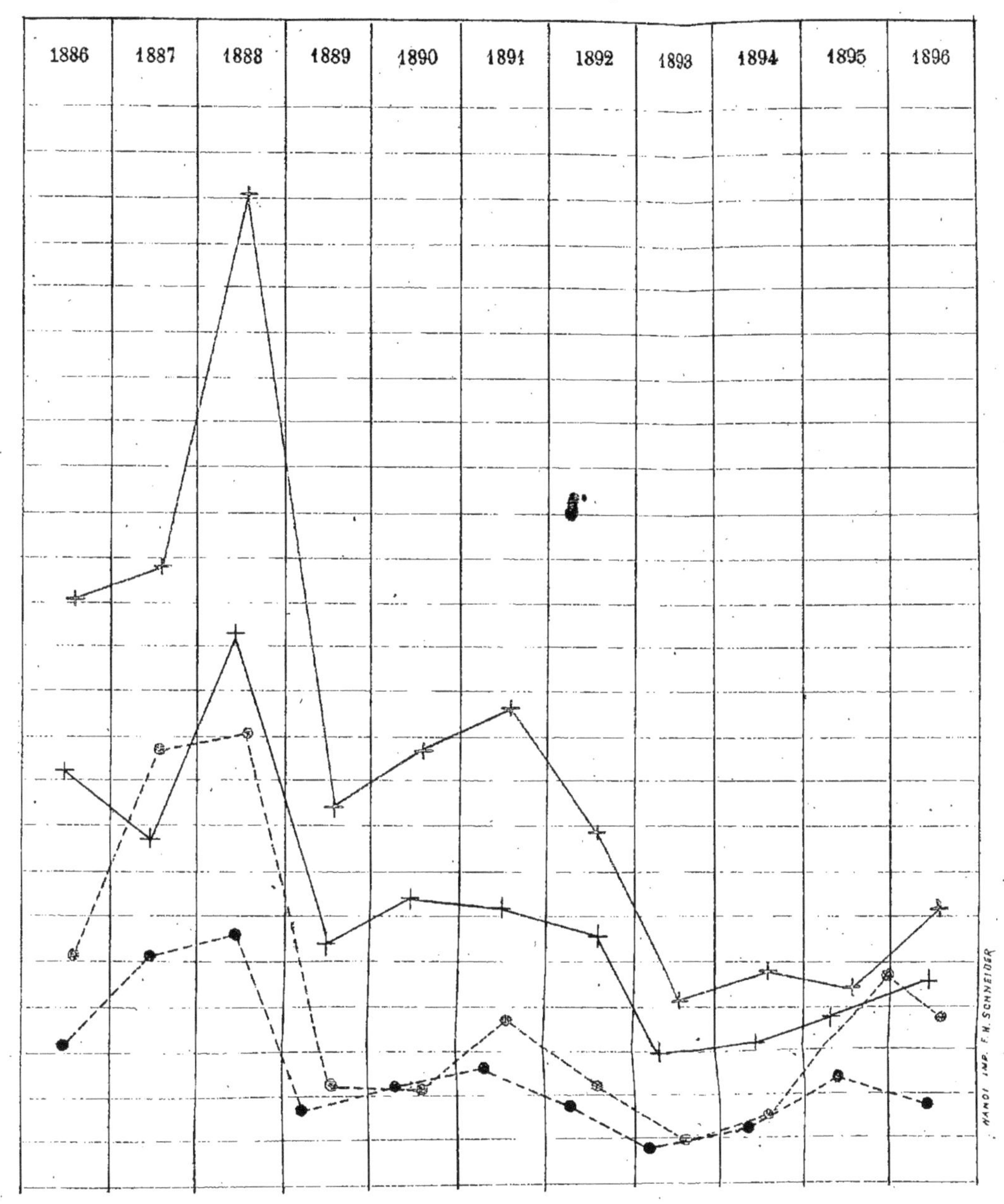

Saison d'été : traits rouges { Légion : traits pleins.
T. de marine : traits brisés.

Année : traits noirs { Légion : traits pleins.
T. de marine : traits brisés.

La notation (pourcentage : Cas ‰) adoptée pour la saison d'été est fictive et correspond à une annuité de 12 mois. Il faudrait diviser les chiffres par 3 pour avoir le pourcentage de la saison, considérée comme un tiers de l'année.

MORBIDITÉ COMPARÉE PAR SAISONS.

Rappelons que pour ces tableaux comme pour les précédents le pourcentage par saison a été multiplié par 3 de façon à le rapporter à l'année entière et que, de la sorte, chaque saison est considérée comme une annuité de douze mois.

CAS POUR 1,000 HOMMES D'EFFECTIF.

ANNÉES.	SAISON D'HIVER.		SAISON D'ÉTÉ.		ARRIÈRE-SAISON.		ANNUITÉ.	
	Européens.	Indigènes.	Européens.	Indigènes.	Européens.	Indigènes.	Européens.	Indigènes.
1887...........	?	?	1,668	516	1,140	423	?	?
1888...........	939	441	1,347	528	957	444	1,113	479
1889...........	747	420	1,014	588	864	552	888	528
1890...........	828	546	1,047	741	1,068	714	979	658
1891...........	1,059	576	1,257	624	996	807	1,105	671
1892...........	786	594	1,365	609	1,005	717	1,052	577
1893...........	615	453	918	573	753	588	762	538
1894...........	771	435	1,227	591	942	454	981	494
1895...........	735	396	1,161	432	888	426	929	417
1896...........	681	?	984	?	663	?	777	407
MOYENNES...	**796**	**482**	**1,199**	**578**	**928**	**569**	**954**	**529**

Ces moyennes peuvent se traduire sous la forme ci-après :

Européens. — En supposant que la morbidité fût, en hiver, de 1000 pour 1,000 hommes, elle serait en été de 1500, de 1160 à la saison automnale et de 1200 pour l'annuité.

Annamites. — Les proportions relatives entre les trois saisons sont les suivantes : pour une morbidité supposée de 1000 en hiver, elle serait de 1200 seulement à la mauvaise période, de 1180 à l'automne et de 1100 comme moyenne annuelle.

La comparaison entre les deux races donne les chiffres ci-après :

Pour 1,000 Annamites entrant à la bonne saison, on hospitalise à la même époque 1,650 soldats européens, près de 2500 à la période des chaleurs et 1900 à l'automne, le pourcentage relatif n'étant pas sensiblement modifié d'une saison à l'autre en ce qui concerne les indigènes.

MORBIDITÉ RELATIVE DES DEUX RACES.

	Annamites.	Européens.
Saison d'hiver	1	1.65
Saison d'été	1.2	2.48
Arrière-saison	1.18	1.9
Annuité	1.1	2

On le voit, la race conquérante fournit le double de malades. Rappelons que l'infériorité des Européens est encore bien plus grande devant la mort.

MORTALITÉ RELATIVE DES DEUX RACES.

	Annamites.	Européens.
Saison d'hiver	1	1.8
Saison d'été	1.5	5
Arrière-saison	1.2	2.8
Année	1.2	3.2

MORBIDITÉ COMPARÉE, PAR SAISONS, DES TROUPES DU HAUT-TONKIN ET DU DELTA.

Dans les pays coloniaux, la valeur sanitaire d'une contrée et d'une saison est donnée par le facteur endémique; c'est surtout à lui qu'il faut se rapporter, car les faits de guerre et d'épidémie sont contingents et accidentels.

1° MORBIDITÉ PALUSTRE. — CAS POUR 1000.

ANNÉES.	SAISON D'HIVER.		SAISON D'ÉTÉ.		ARRIÈRE-SAISON.		ANNÉE.	
	Haut-Tonkin.	Delta.	Haut-Tonkin.	Delta.	Haut-Tonkin.	Delta.	Haut-Tonkin.	Delta.
1887	422	224	927	621	720	465	689	436
1888	578	321	967	609	768	469	779	422
1889	423	270	684	519	696	366	589	380
1890	417	207	897	324	693	399	668	303
1891	708	513	1,068	606	723	471	834	530
1892	354	321	1,104	651	891	480	783	483
1893	375	192	621	357	447	363	481	304
1894	363	264	1,068	528	747	402	726	398
1895	435	246	966	618	774	423	724	429
1896	453	282	972	354	513	291	646	309
MOYENNES	**452**	**284**	**927**	**518**	**697**	**412**	**691**	**399**

2° MORBIDITÉ DYSENTÉRIQUE. — CAS POUR 1000.

ANNÉES.	SAISON D'HIVER.		SAISON D'ÉTÉ.		ARRIÈRE-SAISON.		ANNÉE.	
	Haut-Tonkin.	Delta.	Haut-Tonkin.	Delta.	Haut-Tonkin.	Delta.	Haut-Tonkin.	Delta.
1887	368	248	528	534	297	327	397	369
1888	278	243	504	384	262	161	350	259
1889	180	180	312	246	216	192	234	204
1890	153	195	321	243	285	174	252	194
1891	195	117	222	210	147	132	188	153
1892	132	81	297	150	180	120	204	118
1893	120	69	282	87	183	69	195	76
1894	165	72	213	156	180	99	186	109
1895	102	81	231	144	159	93	164	106
1896	102	57	117	141	90	78	104	92
MOYENNES...	**179**	**134**	**303**	**229**	**199**	**144**	**227**	**168**

La première, la dernière saison et la moyenne annuelle sont presque équivalentes pour chacune de ces deux subdivisions territoriales; mais la période des chaleurs détermine une majoration des entrées, dans le Haut-Tonkin comme dans le Delta, égale à celle qu'on observe pour le paludisme dans le Delta à la même saison.

Cette remarque ne s'applique pas à l'Annam; dans cette région, les proportions sont modifiées : l'arrière-saison devient plus nocive.

3° MORBIDITÉ ENDÉMIQUE DANS SON ENSEMBLE.

ANNÉES.	SAISON D'HIVER.		SAISON D'ÉTÉ.		ARRIÈRE-SAISON.		ANNÉE.	
	Haut-Tonkin.	Delta.	Haut-Tonkin.	Delta.	Haut-Tonkin.	Delta.	Haut-Tonkin.	Delta.
1887	790	472	1,455	1,155	1,017	792	1,086	805
1888	856	564	1,471	993	1,030	630	1,129	681
1889	603	450	996	765	912	558	823	584
1890	570	402	1,218	567	978	573	920	497
1891	903	630	1,290	816	870	603	1,022	683
1892	486	402	1,401	801	1,071	600	987	601
1893	495	261	903	444	630	432	676	380
1894	528	336	1,281	684	927	501	912	507
1895	537	327	1,197	762	933	516	888	535
1896	555	339	1,089	495	603	369	750	401
MOYENNES...	**632**	**418**	**1,230**	**748**	**897**	**557**	**919**	**567**

La morbidité varie considérablement d'une saison à l'autre, aussi bien pour les garnisons du Delta que pour celles du haut pays. Elle est, dans le Haut-Tonkin et à la saison d'été, double de ce qu'elle est à la saison la plus favorable et plus élevée d'un tiers à l'arrière-saison. Cette période intermédiaire donne en quelque sorte la moyenne annuelle.

Le pourcentage par saisons est comparable, à quelques variantes près, en ce qui concerne le Delta : Hiver, 1 — Été, 1.7 — Automne, 1.3. Ce dernier chiffre est également l'indice de l'année.

En réalité, en ne prenant que la moyenne annuelle, on fait abstraction de deux saisons sur trois : l'une, favorable au point d'abaisser d'un tiers la morbidité annuelle et la mortalité des deux groupes de garnisons européennes..., l'autre défavorable au point de les majorer de la même proportion.

Cette donnée n'a pas seulement un intérêt spéculatif. Elle est de première importance pour la prophylaxie sanitaire des troupes européennes ; elle comporte un double enseignement : c'est que la saison des chaleurs aggrave les pertes dans une proportion qu'on n'observe dans aucune de nos autres colonies, que cette aggravation est extrême dans les hautes régions et que, d'autre part, il existe dans ce pays deux périodes notablement moins défavorables et dont l'une rappelle le climat d'Europe.

§ 2. — DURÉE DE L'INVALIDATION.

a). — JOURNÉES DE TRAITEMENT AUX HÔPITAUX.

Les hôpitaux du Tonkin sont des établissements d'assistance générale. Ils reçoivent et traitent toutes les catégories de malades, non seulement les militaires qui constituent le groupe le plus nombreux, mais aussi les fonctionnaires, les colons et les familles.

Nous n'avons tenu compte dans les tableaux précédents que de la statistique des groupes militaires. Avant de l'établir, en ce qui concerne la durée des invalidations à l'hôpital, il nous paraît utile de résumer la situation dans son ensemble à partir de 1888, année où l'on a fait état du nombre des entrées et de la durée du traitement pour les malades non militaires.

Graphique 17

Mortalité comparée des Européens et des Indigènes

SAISON D'ÉTÉ ET ANNÉE

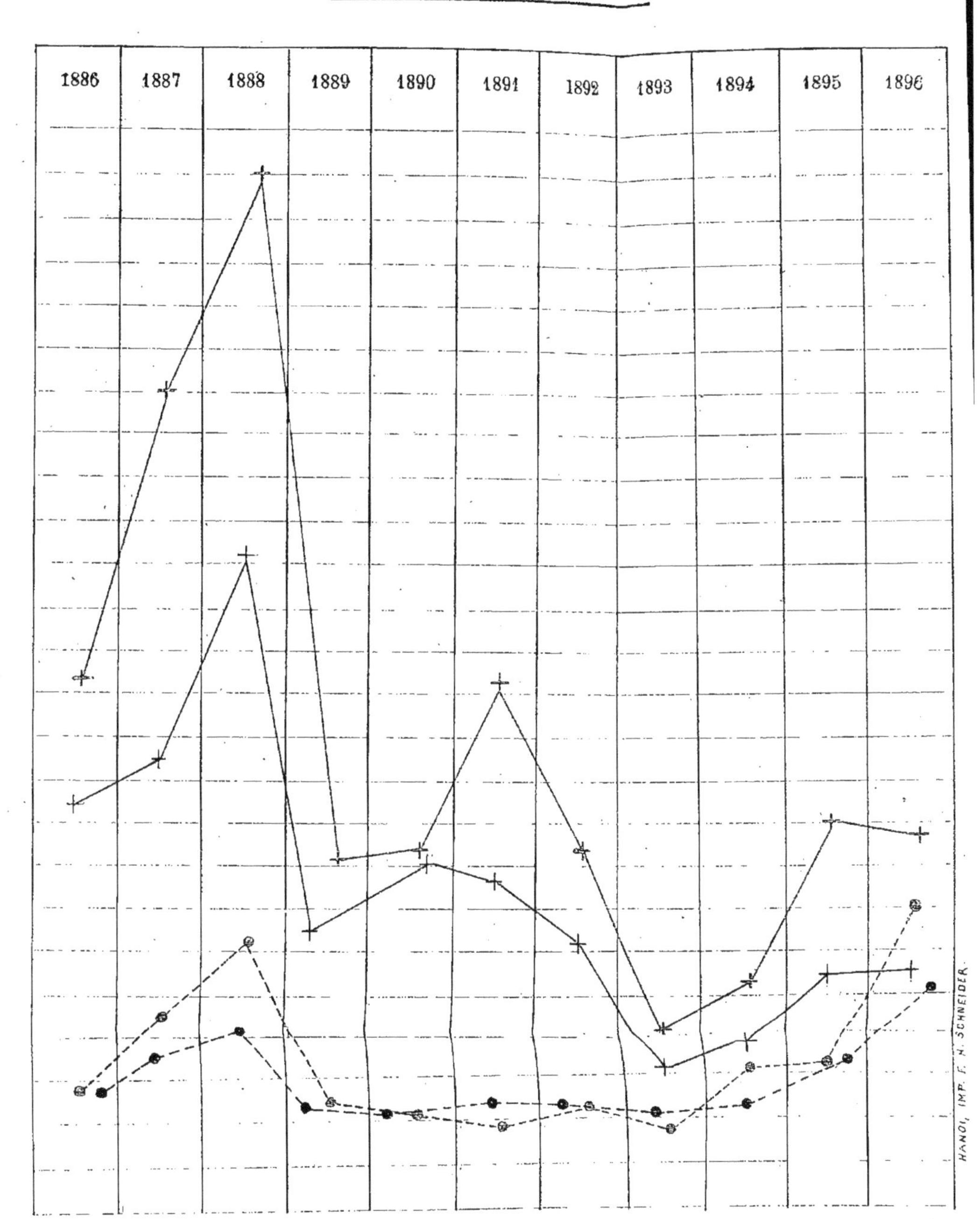

Été : traits noirs pleins.
Année : traits noirs brisés.

Européens : traits rouges pleins.
Indigènes : traits rouges brisés.

Pour faciliter la comparaison avec l'année, la notation de la saison est conventionnelle, l'été étant con-

ANNÉES.	ENTRÉES.	JOURNÉES de traitement.	DURÉE du traitement.
1° Malades européens.			
1888	12,812	322,582	25
1889	12,724	298,507	23
1890	13,973	300,302	21
1891	13,694	318,523	24
1892	11,572	293,997	25
1893	8,980	200,216	22
1894	9,074	250,651	27
1895	8,359	266,282	32
1896	7,311	246,676	33
2° Malades indigènes.			
1888	7,348	123,480	16
1889	8,087	162,768	20
1890	7,049	141,576	20
1891	6,854	146,058	21
1892	7,213	183,963	25
1893	6,756	153,248	22
1894	6,199	164,385	27
1895	5,819	162,521	27
1896	5,296	186,280	35

MORBIDITÉ GÉNÉRALE.

ANNÉES.	ENTRÉES.	JOURNÉES de traitement.	DURÉE MOYENNE du traitement.
Européens et indigènes.			
1888	20,160	446,062	22
1889	20,811	461,275	22
1890	21,022	441,878	21
1891	20,548	464,581	22
1892	18,785	477,960	25
1893	15,736	353,464	22
1894	15,273	415,036	27
1895	14,178	428,803	30
1896	12,607	432,956	34

La majoration relative de la durée du traitement dans les dernières années tient à ce fait que, de 1888 à 1894 exclus, on compte dans le total des hospitalisations les entrées par évacuation, tandis qu'à partir de 1894 le même malade ne fait nombre qu'à sa première admission.

Or, au Tonkin, les entrées par évacuation peuvent en moyenne être évaluées à près du quart du chiffre total, de telle sorte qu'on peut dire que pendant toute cette longue période le service hospitalier n'a ni augmenté ni diminué d'importance.

Les colons, les fonctionnaires, les familles occupent dans les établissements hospitaliers les lits que pourrait laisser vacants l'abaissement de la morbidité militaire.

En ce qui concerne cette dernière catégorie de malades, voici quelles sont les données statistiques. On voudra bien ne pas s'étonner de quelques lacunes, car il a fallu reconstituer certains totaux annuels avec des chiffres partiels.

GROUPES EUROPÉENS (1888-1896).

ANNÉES	ENTRÉES.	JOURNÉES de traitement.	JOURNÉES par malade.	EFFECTIFS.	JOURNÉES par homme.
		Soldats de toutes armes.			
1887	10,949	261,788	24 (9 mois).	»	»
1888	12,812	309,886	24	11,500	27
1889	8,984	294,615	32	10,100	29
1890	8,296	295,910	35	8,500	34
1891	8,732	296,261	33	7,900	37
1892	8,315	262,806	31	7,900	33
1893	6,020	171,535	28	7,900	22
1894	7,752	216,563	28	7,900	27
1895	7,342	230,382	31	7,900	29
1896	6,139	222,809	36	7,900	28

Il y a lieu, dans une pathologie si différente de celle d'Europe, de rapprocher deux autres termes : le total des invalidations et le total des décès, pour tenir compte de la gravité particulière des affections tropicales.

ANNÉES.	JOURNÉES de traitement.	DÉCÈS.	JOURNÉES par décès.
1888	309,886	1,756	176
1889	294,615	613	480
1890	295,910	677	437
1891	296,261	610	485
1892	262,806	500	525
1893	171,535	251	683
1894	216,563	300	728
1895	230,382	437	527
1896	222,809	442	504

Conformément à la règle suivie jusqu'à présent, nous établissons à part la statistique spéciale des principaux corps européens, de manière à permettre au lecteur de faire porter la comparaison non seulement sur l'ensemble des faits, mais aussi sur le détail.

1° TROUPES DE LA GUERRE (1887-1891).

ANNÉES.	ENTRÉES.	JOURNÉES de traitement.	JOURNÉES par malade.	EFFECTIF moyen annuel.	JOURNÉES par homme de l'effectif.
				Hommes.	
1887-1888	11,795	301,261	25	9,000	33
1888-1889	6,343	171,732	27	5,800	29
1889	4,407	131,309	29	4,700	27
1890	3,554	108,208	30	3,500	31

A partir de 1891, les troupes de la guerre ne sont représentées que par des unités servant dans le haut pays.

2° TROUPES DU HAUT-TONKIN.

ANNÉES.	ENTRÉES.	JOURNÉES de traitement.	JOURNÉES par malade.	EFFECTIF moyen annuel.	JOURNÉES par homme de l'effectif.
				Hommes.	
1887-1888	5,945	143,811	24	3,600	39
1888	5,350	134,250	25	3,600	37
1889	3,422	104,605	30	3,600	29
1890	3,554	103,801	29	3,000	34
1891	3,235	97,515	30	2,500	39
1892	3,365	97,529	28	2,500	39
1893	2,469	61,371	25	2,500	24
1894	3,102	91,558	29	2,500	36
1895	2,893	94,098	32	2,500	37
1896	2,412	85,192	35	2,500	34
1897	2,152	64,696	30	2,000	32

3° TROUPES DE MARINE ET CADRE DES RÉGIMENTS INDIGÈNES.

ANNÉES.	ENTRÉES.	JOURNÉES de traitement.	JOURNÉES par malade.	EFFECTIF moyen annuel.	JOURNÉES par homme de l'effectif.
1887-1888..........	2,068	48,926	23	3,000	16
1888-1889..........	4,640	115,280	24	4,700	24
1888...............	4,424	88,589	20	4,700	19
1889...............	4,577	163,306	35	Cadres inclus. 5,400	30
1890...............	4,395	163,413	37	5,400	30
1891...............	5,497	198,752	36	»	36
1892...............	4,950	165,277	33	»	30
1893...............	3,551	110,164	31	»	20
1894...............	4,650	124,005	26	»	23
1895...............	4,449	152,847	34	»	28
1896...............	3,727	137,617	36	»	25

4° TROUPES INDIGÈNES.

ANNÉES.	ENTRÉES.	JOURNÉES de traitement.	JOURNÉES par malade.	EFFECTIF moyen annuel.	JOURNÉES par homme de l'effectif.
1887-1888..........	8,172	151,815	18	17,500	8.6
1888-1889..........	7,139	132,147	18	15,300	8.6
1890	7,049	103,457	14	10,500	9.8
1891...............	6,854	146,058	21	10,200	14.3
1892...............	7,213	183,963	25	12,500	14.7
1893...............	6,756	153,248	22	»	12.2
1894...............	6,199	164,385	26	»	13.1
1895...............	5,209	134,544	25	»	10.7
1896...............	5,296	160,107	30	13,000	12.3

NOMBRE MOYEN DES JOURNÉES DE TRAITEMENT PAR RAPPORT AUX DÉCÈS.

ANNÉES.	TROUPES du Haut-Tonkin.		TROUPES de marine.		TOTAL (Européens).		TOTAL (Indigènes).	
	(a).	(b).	(a).	(b).	(a).	(b).	(a).	(b).
1888............	913	147	427	207	1,756	176	?	?
1889............	378	276	172	949	613	480	?	?
1890............	486	213	215	760	677	437	220	470
1891............	314	310	253	785	610	485	239	611
1892............	286	341	177	933	500	525	271	678
1893............	151	406	79	1,394	251	683	253	605
1894............	166	551	116	1,069	300	728	297	553
1895............	183	514	224	682	437	527	423	318
1896............	228	373	183	752	442	504	681	235

(a). — Décès. — (b). — Journées par décès.

Nous avons tenu à rapprocher ces deux termes qu'il n'est pas habituel d'envisager dans les travaux de cette nature: la durée des invalidations exprimée par le chiffre total des journées et la gravité des maladies qui se déduit du nombre des morts.

Cette comparaison suffira à justifier l'organisation hospitalière du Tonkin d'un reproche fait à la légère, mal fondé et en contradiction absolue avec les données de la statistique : celui d'être trop richement dotée et trop développée, alors que la vérité se trouve dans des appréciations contraires.

En France, d'après les statistiques de l'armée, on compte en moyenne plus de 1,000 journées de traitement par décès survenu dans les corps de troupe. La durée de l'invalidation par décès est de 1,249 journées en 1896. Les termes de comparaison sont les suivants pour l'Algérie, qui se rapproche comme organisation de notre colonie d'Extrême-Orient :

STATISTIQUE DE 1896.

	JOURNÉES d'hôpital.	DÉCÈS.	JOURNÉES par décès.
Division d'Alger..................	207,798	148	1,404
Division d'Oran..................	222,672	198	1,125
Division de Constantine........ ...	135,086	141	958

La proportion des invalidations enregistrées au Tonkin par rapport aux pertes indique une situation que l'on peut considérer comme anormale sauf pour les troupes de marine pendant les dernières années.

b). — INVALIDATIONS PAR CATÉGORIES DE MALADIES.

MORBIDITÉ HOSPITALIÈRE TOTALE : MILITAIRES ET CIVILS (1).

1890 - 1896

1° CONTINGENTS EUROPÉENS.

	1890.	1891.	1892.	1893.	1895.	1896.
			a). — *Choléra.*			
Journées de traitement.	612	175	35	39	492	702
Hospitalisations.......	115	12	5	3	54	74
Journées par malade..	5	14	7	13	9	9
Morbidité pour 1,000 hommes d'effectif...	13	1	0.4	0.2	4	5.7

	1890.	1891.	1892.	1893.	1895.	1896.
			b), — *Maladies endémiques.*			
Journées de traitement.	204,893	229,586	202,680	126,637	199,787	154,419
Hospitalisations.......	10,031	10,025	8,253	6,340	5,934	4,749
Journées par malade..	**20**	**23**	**24**	**19**	**33**	**32**
Morbidité pour 1,000 hommes d'effectif...	**1,114**	**1,253**	**1.032**	**792**	**748**	**594**
			c). — *Maladies sporadiques.*			
Journées de traitement.	18,738	30,334	28,328	18,310	16,172	31,863
Hospitalisations.......	1,353	1,487	1,035	779	887	693
Journées par malade..	**14**	**20**	**27**	**23.5**	**18**	**46**
Morbidité pour 1,000 hommes d'effectif...	**169**	**185**	**129**	**97**	**111**	**87**
			d). — *Maladies chirurgicales.*			
Journées de traitement.	30,196	28,681	23,690	20,742	20,324	22,258
Hospitalisations.......	1,233	1,200	949	784	839	775
Journées par malade..	**24.5**	**23.9**	**24.9**	**26.4**	**24.2**	**28.7**
Morbidité pour 1,000 hommes d'effectif...	**137**	**150**	**118**	**98**	**105**	**97**
			e). — *Maladies vénériennes.*			
Journées de traitement.	29,226	20,831	28,331	25,798	24,197	31,779
Hospitalisations.......	925	647	947	813	658	888
Journées par malade..	**31.5**	**32**	**30**	**31.7**	**36.7**	**35.8**
Morbidité pour 1,000 hommes d'effectif...	**103**	**81**	**118**	**102**	**82**	**111**
			f). — *Maladies cutanées.*			
Journées de traitement.	2,272	1,936	2,929	2,762	2,564	2,906
Hospitalisations.......	138	111	115	122	87	95
Journées par malade..	**16.5**	**17.4**	**25.4**	**22.6**	**29.4**	**30.5**
Morbidité pour 1,000 hommes d'effectif...	**17**	**14**	**14**	**15**	**11**	**12**
			g). — *Blessures et accidents.*			
Journées de traitement.	14,445	6,980	8,004	5,298	2,748	2,749
Hospitalisations.......	178	212	268	139	80	37
Journées par malade..	**81**	**33**	**30**	**38**	**34**	**74**
Morbidité pour 1,000 hommes d'effectif...	**19**	**33**	**26**	**17**	**10**	**46**

(1) Dans ces tableaux il est tenu compte de la morbidité hospitalière des malades de toutes catégories, qu'ils appartiennent à l'armée, aux administrations civiles, à la colonisation.

MORBIDITÉ HOSPITALIÈRE TOTALE : 6 ANNÉES.

	CHOLÉRA.	ENDÉMIES.	MALADIES sporadiques.	MALADIES chirurgicales.	MALADIES vénériennes.	MALADIES cutanées.	BLESSURES.	TOTAL.
Journées	2,055	1,118,002	143,745	145,891	60,162	15,369	40,224	1,625,448
Entrées	263	45,332	6,234	5,780	4,878	668	914	64,069
(a)	7.8	24.6	23	25	32.8	23	44	25.3
(b)	5	944	132	120	102	13	19	1,335
(c)	4	707	99	90	76	10	14	1,000

(a) Journées par malade. — (b) Morbidité pour 1,000 hommes d'effectif. — (c) Morbidité relative par catégories de maladies pour 1000 entrées.

2° CONTINGENTS INDIGÈNES.

	1890.	1891.	1892.	1893.	1895.	1896.
			a). — *Choléra.*			
Journées de traitement.	73	67	»	114	69	1,064
Hospitalisations	35	10	»	7	8	155
Journées par malade..	2	6.5	»	16	8.5	7
Morbidité pour 1,000 hommes d'effectif...	27	0.8	»	9	5	12
			b). — *Maladies endémiques.*			
Journées de traitement.	49,211	50,973	52,150	85,771	82,721	84,929
Hospitalisations	2,684	2,992	2,207	2,973	2,483	2,067
Journées par malade..	18	17	23	29	33	41
Morbidité pour 1,000 hommes d'effectif...	206	230	169	228	191	159
			c). — *Maladies sporadiques.*			
Journées de traitement.	20,329	25,217	34,191	27,067	23,185	32,125
Hospitalisations	1,314	1,191	1,656	1,375	928	1,389
Journées par malade..	15	21	20.5	19	25	23
Morbidité pour 1,000 hommes d'effectif...	101	92	119	106	71	108

	1890.	1891.	1892.	1893.	1895.	1896.
			d). — *Maladies chirurgicales.*			
Journées de traitement.	46,132	44,185	53,912	40,213	34,482	47,430
Hospitalisations.......	1,996	1,300	1,820	1,360	1,190	1,218
Journées par malade..	23	34	29	29	29	38
Morbidité pour 1,000 hommes d'effectif...	53	100	140	104	91	95
			e). — *Maladies vénériennes.*			
Journées de traitement.	7,965	6,254	13,881	9,167	6,012	7,801
Hospitalisations.......	322	219	363	314	179	198
Journées par malade..	24	28	38	29	33	39
Morbidité pour 1,000 hommes d'effectif...	24	17	28	24	14	15

Cette statistique se caractérise par deux données contradictoires : d'une part l'abaissement du chiffre des entrées indiquant une morbidité moindre; d'autre part la majoration de la durée des invalidations qui ne peut tenir qu'à une gravité plus grande des cas hospitalisés. Nous avons eu occasion d'y insister en parlant de la mortalité par rapport au nombre des hospitalisations.

	1890.	1891.	1892.	1893.	1895.	1896.
			f). — *Maladies cutanées.*			
Journées de traitement.	3,421	6,294	13,105	11,722	6,396	4,334
Hospitalisations.......	275	378	679	515	224	151
Journées par malade..	12	17	19	22	28	29
Morbidité pour 1,000 hommes d'effectif...	21	29	52	39	17	12
			g). — *Blessures et accidents.*			
Journées de traitement.	14,445	13,068	16,724	9,186	9,656	1,597
Hospitalisations.......	384	364	455	187	177	118
Journées par malade..	37.5	36	36.5	49	54	72
Morbidité pour 1,000 hommes d'effectif...	29	28	35	14	13	9

On constate pour presque toutes les maladies le désaccord déjà signalé à tant de reprises entre la morbidité relative à l'effectif et la longueur de l'invalidation pour chaque malade.

L'explication reste toujours la même : les admissions n'ont lieu que quand les cas sont graves.

MORBIDITÉ HOSPITALIÈRE TOTALE : 6 ANNÉES.

	CHOLÉRA	ENDÉMIES.	MALADIES sporadiques.	MALADIES chirurgicales.	MALADIES vénériennes.	MALADIES cutanées.	BLESSURES.	TOTAL.
(a)	1,387	405,755	162,114	266,354	51,080	45,272	71,676	1,003,638
(b)	215	15,406	7,853	8,884	1,595	2,222	1,685	37,860
(c)	6	26.3	20.6	30	32	20	42	26
(d)	2.7	197	101	121	20	28	21.6	491

(a) Journées de traitement. — (b) Hospitalisations. — (c) Journées par malade. — (d) Morbidité pour 1,000 hommes de l'effectif.

c). — MALADIES ENDÉMIQUES.

Répartition par entité morbide : Entrées, décès, invalidations.

1° ANÉMIE ET CACHEXIE PALUSTRES.

ANNÉES.	HOSPITALISATIONS.		DÉCÈS.		JOURNÉES de traitement.	
	Européens.	Indigènes.	Européens.	Indigènes.	Européens.	Indigènes.
1890	1,878	351	69	24	32,757	6,945
1891	1,530	413	46	20	28,830	8,621
1892	1,552	327	31	22	35,549	8,316
1893	1,178	450	25	31	23,106	12,775
1896	1,012	663	41	63	37,765	22,529
TOTAUX	**7,150**	**2,204**	**212**	**160**	**158,007**	**59,186**
MOYENNES	**1,430**	**441**	**42**	**32**	**31,601**	**11,837**

Européens .... 22 journées par malade.
Indigènes .... 27 —

2° FIÈVRES PALUSTRES FRANCHES.

ANNÉES.	HOSPITALISATIONS.		DÉCÈS.		JOURNÉES de traitement.	
	Européens.	Indigènes.	Européens.	Indigènes.	Européens.	Indigènes.
1890	3,843	1,370	54	21	74,814	26,929
1891	6,812	2,243	184	74	139,964	36,971
1892	4,088	1,421	67	35	107,816	34,040
1893	3,224	1,795	49	38	63,712	31,682
1896	2,505	1,460	89	101	88,227	50,817
TOTAUX	**20,472**	**8,289**	**443**	**269**	**474,533**	**180,439**
MOYENNES	**4,094**	**1,658**	**89**	**54**	**94,906**	**36.088**

Européens........................ 23 journées par malade.
Indigènes........................ 22 —

3° FIÈVRES PALUSTRES GRAVES.

Elles n'ont été nettement isolées que dans les statistiques de 1890 et 1892.

ANNÉES.	HOSPITALISATIONS.		DÉCÈS.		JOURNÉES de traitement.	
	Européens.	Indigènes.	Européens.	Indigènes.	Européens.	Indigènes.
1890	687	243	55	27	18,345	6,480
1892	229	52	45	8	4,537	2,555

Européens....... 24 journées par malade. 1 Décès sur 9 entrées.
Indigènes....... 30 — 1 — 8 —

4° FIÈVRES HÉMOGLOBINURIQUES.

La distinction n'a été faite que pendant les mêmes annuités.

ANNÉES.	HOSPITALISATIONS.		DÉCÈS.		JOURNÉES de traitement.	
	Européens.	Indigènes.	Européens.	Indigènes.	Européens.	Indigènes.
1890	53	10	1	0	916	254
1892	113	51	14	9	2,028	966

Européens..... 17 journées par malade. 1 Décès sur 11 entrées.
Indigènes..... 20 — 1 — 7 —

5° ACCÈS PERNICIEUX.

Statistiques ne portant que sur 3 années.

ANNÉES.	HOSPITALISATIONS.		DÉCÈS.		JOURNÉES de traitement.	
	Européens.	Indigènes.	Européens.	Indigènes.	Européens.	Indigènes.
1890	140	45	92	34	1,019	348
1892	47	24	34	13	416	357
1893	47	48	20	34	743	643

Européens..... 9 journées par malade. 1 Décès sur 1.6 entrées.
Indigènes..... 11 — 1 — 1.4 —

6° INSOLATIONS ET COUPS DE CHALEUR.

ANNÉES.	HOSPITALISATIONS.		DÉCÈS.		JOURNÉES de traitement.	
	Européens.	Indigènes.	Européens.	Indigènes.	Européens.	Indigènes.
1890	60	3	13	»	668	40
1891	120	5	7	»	2,973	92
1892	52	6	2	2	735	83
1893	61	7	5	2	872	116
1896	23	8	2	1	332	45
TOTAUX	**316**	**29**	**29**	**5**	**5,580**	**376**
MOYENNES	**63**	**6**	**6**	**1**	**1,116**	**75**

Européens..... 17 journées par malade. 1 Décès sur 11 entrants.
Indigènes...... 13 — 1 — 6 —

7° DIARRHÉES.

ANNÉES.	HOSPITALISATIONS.		DÉCÈS.		JOURNÉES de traitement.	
	Européens.	Indigènes.	Européens.	Indigènes.	Européens.	Indigènes.
1890	951	161	18	7	26,308	2,203
1891	578	139	10	8	14,764	1,947
1892	652	128	10	3	13,841	2,810
1893	521	170	4	5	11,702	2,761
1896	326	142	7	3	8,608	3,136
TOTAUX	**3,028**	**740**	**49**	**26**	**75,223**	**12,857**
MOYENNES	**606**	**148**	**10**	**5**	**15,044**	**2,571**

Européens..... 24 journées par malade. 1 Décès sur 62 entrées.
Indigènes...... 17 — 1 — 28 —

8° DYSENTÉRIES.

ANNÉES.	HOSPITALISATIONS.		DÉCÈS.		JOURNÉES de traitement.	
	Européens.	Indigènes.	Européens.	Indigènes.	Européens.	Indigènes.
1890	1,830	283	103	28	42,916	5,306
1891	1,263	197	69	29	38,955	3,353
1892	1,050	167	41	35	33,994	3,459
1893	265	231	36	37	19,259	5,092
1896	421	173	32	32	19,423	4,899
TOTAUX	**4,829**	**1,051**	**281**	**161**	**154,547**	**22,109**
MOYENNES	**966**	**210**	**56**	**32**	**30,909**	**4,422**

Européens..... 32 journées par malade. 1 Décès sur 17 entrées.
Indigènes...... 21 — 1 — 6 —

9° HÉPATITES.

ANNÉES.	HOSPITALISATIONS. Européens.	HOSPITALISATIONS. Indigènes.	DÉCÈS Européens.	DÉCÈS Indigènes.	JOURNÉES de traitement. Européens.	JOURNÉES de traitement. Indigènes.
1891..................	202	25	25	19	3,978	576
1892..................	211	42	42	9	4,313	1,081
1893..................	151	39	39	16	3,771	980

Européens.... 21 journées par malade. 1 Décès sur 5 entrées.
Indigènes..... 24 — 1 — 2.5 —

La morbidité par rapport aux effectifs est facile à établir. Il suffit d'avoir présent à la mémoire ce détail donné précédemment : que la moyenne des présents peut être évaluée à 8,000 Européens et 13,000 Indigènes. Il reste entendu que nous ne faisons état que des ayants droit à l'hospitalisation sans distinction de corps ou de service.

CONCLUSIONS

Elles sont de deux ordres.

Les unes ont trait à l'hygiène, en Indo-Chine, des groupes européens : militaires et colons.

Les autres sont plus générales; elles visent l'organisation des troupes dans l'ensemble de nos possessions coloniales.

HYGIÈNE GÉNÉRALE DES EUROPÉENS AU TONKIN.

Le soldat national, jeté en pays tonkinois, se trouve placé en dehors de son milieu normal et est, par suite, dans des conditions très réelles d'infériorité. Il peut être considéré comme une plante de luxe importée dans un climat défavorable et qui doit être l'objet de soins constants et minutieux : sa conservation est à ce prix.

Cette conclusion trouve son éclatante confirmation dans les tableaux et graphiques qui précèdent.

Cette doctrine, incontestée par nos administrateurs militaires, ne les inspire pas toujours dans la pratique.

Qu'une expédition ait lieu sur un point quelconque de la zone frontière, on agit comme si cette action devait se passer dans nos pays d'Europe.

On demande au soldat le même effort que s'il se battait sur le Rhin ou le Var; on néglige de lui assurer cet ensemble de conditions favorables que nous définissons d'un seul mot : *un meilleur confortable.*

Cet oubli de la première des conditions d'organisation d'une expédition militaire sous les tropiques fait particulièrement sentir son effet quand les effectifs sont nombreux, complexes et sont appelés à fonctionner avec tous les éléments qui, dans une guerre européenne, sont nécessaires pour la réussite.

Il faut savoir, et se bien pénétrer de cette idée, que cet organisme est tenu de trouver dans le pays où il opère ou dans le voisinage immédiat les rouages complémentaires qu'on a le tort d'importer d'Europe, car ils ne sont pas aptes à fonctionner sous ces latitudes.

Le soldat français est fait pour porter le fusil, s'en servir au lieu et à l'heure voulus, mais il ne doit pas tenir d'autre emploi.

Les services auxiliaires, tous les transports y compris celui des bagages des hommes, doivent incomber à des unités indigènes.

C'est dire que l'importance d'une troupe européenne est limitée par celle de la main-d'œuvre indigène dont on peut disposer. En d'autres termes et en raisonnant strictement au point de vue médical, la théorie des petits paquets est celle qui expose le moins aux mécomptes et aux déchets.

Rien n'est plus probant à cet égard que la comparaison qui s'établit forcément dans l'esprit du lecteur quand il passe en revue les deux phases successives de la guerre avec la Chine :

En 1883, 1884 et aux premiers mois de l'année 1885 le groupe européen, relativement peu nombreux, avait à faire face aux difficultés les plus inopinées et aux charges les plus lourdes. Il perdit sur le champ de bataille un nombre très élevé de soldats, tant en morts qu'en blessés. Malgré ces circonstances, le chiffre des invalidations par maladies n'est pas plus fort que celui que nous observerons dix ans plus tard dans les mêmes régions, en pleine paix.

D'avril à juin 1885, on débarque sur cette terre du Tonkin 12 à 15,000 hommes de troupes fraîches. A cette date, l'effort militaire est nul ou presque nul; la mortalité par maladies atteint cependant et dépasse celle des régions les plus malsaines, aux époques les plus désastreuses, même en défalquant les pertes par choléra. Celles-ci peuvent toutefois être imputées à l'entassement des hommes dans les cantonnements.

Les garnisons qu'occupait le corps expéditionnaire étaient réparties dans l'Annam, le Delta et les provinces limitrophes, c'est-à-dire dans cette moitié du territoire indo-chinois que nous considérons comme salubre.

A quoi attribuer ces déchets excessifs ?

L'hygiène des individus et des groupes était aussi bien surveillée qu'elle a pu l'être plus tard, l'organisation des corps et services était plus complète, les ressources importées de France étaient plus abondantes que les années précédentes. A la parcimonie des débuts de l'expédition avait succédé la plus grande libéralité : hommes, matériel, crédits, tout était illimité.

La pénurie n'a porté et ne pouvait porter que sur cette part de ressources que, dans toute expédition coloniale, on est forcément conduit à emprunter au pays envahi et dont on ne se passe qu'au détriment de l'œuvre entreprise et des ouvriers qui sont appelés à y coopérer.

Tant que le corps expéditionnaire resta limité à un chiffre de 8 à 10,000 combattants, les moyens de transport en auxiliaires indigènes, en porteurs, qu'exigeaient la mise en mouvement et l'utilisation de ce contingent, purent être facilement fournis par le pays tonkinois. Mais quand ces effectifs furent doublés et triplés, la place manqua dans les garnisons où on dut les entasser; on fut obligé de les employer à toutes les corvées, de les astreindre à toutes les besognes auxquelles les indigènes, dont le nombre n'avait pu être proportionnellement augmenté, n'étaient plus à même de suffire.

Nous devons ajouter que cette utilisation du contingent venu d'Europe pour assurer la totalité des services était considérée par les chefs comme une règle stricte à laquelle ils ne pouvaient se soustraire. La coopération de l'Annamite cesse d'être recherchée; elle fut même écartée dans un certain nombre de corps.

On ne revint que progressivement à l'emploi constant et généralisé de la main-d'œuvre indigène et ce n'est qu'au bout d'un assez grand nombre d'années qu'on renonça à ces errements pour rentrer dans l'organisation dont le général Brière avait tracé les grandes lignes.

C'est en tenant compte de ces faits que nous avons divisé l'étude statistique de ces douze années en trois périodes distinctes : 1° *La période militaire* pendant laquelle le personnel, le matériel, les mœurs administratives, tout, sauf rares exceptions, est emprunté à l'armée ; 2° *la période mixte,* militaire et coloniale. Il y a juxtaposition d'éléments provenant à la fois et dans des proportions fort voisines des deux départements : Guerre et Marine ; 3° *la période coloniale.* Il ne reste au Tonkin que des groupes préparés par leur recrutement et leur éducation à la vie et à la lutte sous les tropiques.

Cette division de notre travail trouve en outre sa justification dans un autre fait de première importance. L'assiette et la composition des garnisons subissent à la fin de chacune de ces périodes de très notables modifications qui ont pour effet de déterminer des changements radicaux dans l'importance relative des forces militaires assurant l'occupation des trois grandes subdivisions territoriales et que l'analyse des données statistiques nous a conduit à considérer, au double point de vue de leur salubrité et de leurs caractéristiques pathologiques, comme autant de sols et de climats particuliers : l'Annam, le Delta, le Haut-Tonkin.

Les garnisons chinoises qui, avant notre occupation, détenaient les places et les postes des hautes régions, les évacuaient à la période des chaleurs. Il nous est difficile de suivre cet exemple, mais il y a cependant lieu de faire remarquer qu'on a souvent mis à l'étude la question de la réintégration partielle de ces groupes européens dans le Delta pendant la saison estivale. Cette mesure, qui était impraticable il y a quelques années, peut être reprise actuellement, la pacification de ces contrées étant devenue définitive.

Ajoutons que, même dans le Delta, cette saison d'été est nocive en dehors des sanatoria. C'est dire qu'il y a le plus grand intérêt à ce que les groupes européens soient, à cette saison, réduits à l'effectif le plus strictement indispensable.

Cette période est surtout désastreuse pour ceux qui débarquent à ce moment; la preuve en a été fournie à plusieurs reprises au cours de ce mémoire. Il en ressort ce précepte important que *les troupes de relève et même les remplacements individuels doivent être suspendus d'avril à septembre.*

La prolongation du séjour entraîne une morbidité anormale et une mortalité extrême dans une autre catégorie de groupes militaires. Nous voulons parler de ceux qui ne peuvent aborder avec une santé suffisante, on pourrait dire entière, cette redoutable saison. D'où le second prétexte : *il faut rapatrier dès le mois de mai les impaludés et les cachectiques dont la guérison n'est pas assurée avant les chaleurs.*

Cette règle se complète par la prescription suivante : *le temps de séjour dans la colonie doit être limité à trente mois pour les troupes d'avant-garde.* Le débarquement ayant eu lieu dans les derniers mois de l'année ou en janvier au plus tard, tout le personnel qui est appelé à servir continûment dans le haut pays ne doit pas y séjourner un troisième été et devrait être tenu de prendre, avant cette époque, le chemin de la France. Autrement dit : la période de séjour de la légion doit être limitée à deux étés et à trois hivers. En conséquence, il faut que le débarquement dans la colonie ait lieu au moins trois ou quatre mois avant les chaleurs pour que les hommes aient le temps de se faire à ce nouveau milieu et de se préparer aux assauts de la malaria.

Sous ces réserves, le temps réglementaire de séjour des troupes de marine qui tiennent garnison dans le bas pays peut être porté à trois ans, l'arrivée dans la colonie étant calculée de telle sorte que les hommes ne soient pas exposés à y commencer un quatrième été.

Les ravitaillements doivent être achevés avant les premiers jours d'avril. Tous les travaux, quels qu'ils soient, toutes les expéditions de police doivent, pendant les mois d'été, être confiés aux troupes indigènes exclusivement. Ces corps ont acquis aujourd'hui la solidité nécessaire pour n'avoir plus besoin d'être encadrés par des unités européennes.

Il faut se rappeler que si la morbidité des légionnaires passe du simple au double pendant les chaleurs, que si leur mortalité est triplée pendant cette saison, c'est à peine si, malgré les mêmes fatigues, celle des tirailleurs est majorée d'un tiers.

Il reste à poser une dernière conclusion dont la justification est difficile à établir au moyen de la statistique, les diverses garnisons ayant été trop brassées pour qu'on puisse fournir les chiffres de morbidité en ce qui concerne les différentes parties d'un même territoire; mais elle résulte d'une observation attentive et prolongée de la pathologie du pays que nous avons étudié. Cette conclusion est la suivante : *les cantons qui confinent à la frontière chinoise sont, dans l'ensemble, beaucoup moins malsains que ceux placés en aval.*

Partout où on peut atteindre le versant chinois il faut y reporter le cantonnement de nos troupes de manière à les sortir du versant tonkinois. Dans les zones où ce résultat ne peut être obtenu, il est nécessaire de les en rapprocher.

Le Tonkin se divise, au point de vue de la salubrité relative, en trois circonscriptions : le Delta, le versant chinois du Haut-Tonkin, le versant annamite.

Cette dernière région est de beaucoup la plus malsaine. Le paludisme y affecte des formes toujours graves; toutes les conditions nocives s'y trouvent réunies. Ces contrées représentent, au point de vue militaire, la seconde ligne; elle doit être exclusivement occupée par des garnisons indigènes, la résistance aux endémies étant, chez les Annamites, double de celle des soldats européens.

Les cantons qui avoisinent la frontière, alors même qu'ils appartiennent au versant annamite, sont moins à redouter que ceux qui les séparent du Delta. Le plateau de Coc-Léou à Lao-Kay, celui de Tu-Long, les hauteurs situées en amont de Ha-Giang, celles de Bao-Lac sont relativement saines.

Les postes où il convient de ne pas laisser séjourner les unités européennes sont ceux qui sont situés : sur le Fleuve Rouge, en aval de Lao-Kay et en amont de Yen-Bay; sur la Rivière Claire, en aval de Ha-Giang et en amont de Tuyen-Quan; sur le Song-Cau, en amont de Thaï-Nguyen; sur la ligne du chemin de fer de Ban-Thi à Bac-Lé, les cantonnements du Dong-Trieu et toutes les localités du cercle de Mon-Cay placées en dehors de la zone maritime.

La colonisation européenne ne peut s'implanter et réussir au Tonkin qu'avec l'aide et la collaboration de l'Annamite. L'Européen ne peut remplir que le rôle de chef d'atelier ou de directeur de l'exploitation.

Cette colonisation, relativement facile dans le Delta et l'Annam maritime, est dangereuse et restera improductive dans les contrées qui appartiennent à ce que nous avons défini sous la dénomination de *versant annamite du Haut-Tonkin;* mais elle pourra se poursuivre sans grands déchets dans la zone frontière et particulièrement dans la région chinoise.

Productive au point de vue économique dans les régions indiquées, dès que l'exploitation est en train, cette œuvre se traduira par un passif assez durable pour les individus et la race.

Les ouvriers de la première heure ne pourront résister aux causes de destruction venant du sol et du climat qu'à la condition de venir se retremper assez fréquemment au pays d'origine. La race ne sera adaptée à ce nouveau milieu qu'au bout de deux à trois générations.

En nous plaçant au point de vue professionnel, nous ajouterons qu'il convient de tenir la main à l'exécution des préceptes ci-après :

Les malades graves, Européens et Indigènes, cesseront d'être conservés et soignés dans les postes extrêmes, même quand ils sont pourvus de médecins. L'évacuation sur les régions saines est la condition la plus importante du traitement.

En cas d'atteintes sévères ou répétées, ils devront être évacués sur les hôpitaux du centre et au besoin sur les sanatoria.

L'organisation sanitaire sera complétée dans les hautes régions. On évitera de substituer des infirmeries aux établissements hospitaliers.

Il serait anormal d'établir ce qu'on pourrait appeler la statistique d'ensemble, comme on le fait pour l'armée en France.

Cette donnée serait une pure vue de l'esprit, en contradiction avec les faits pathologiques. Les deux termes de la sommation sont trop éloignés l'un de l'autre pour qu'il y ait autre chose qu'un intérêt uniquement administratif à les rapprocher et à les confondre.

Les contingents européens et les contingents locaux représentent des quantités dissemblables qui réagissent très différemment au point de vue pathologique, alors même qu'elles sont placées dans des conditions identiques.

La statistique médicale des troupes, en Indo-Chine, doit être établie isolément pour les groupes importés d'Europe et pour ceux que procure le recrutement indigène.

Ces observations ne visent que le corps d'occupation du Tonkin. Il est permis de les généraliser et de les étendre à l'ensemble de l'organisation et de l'utilisation des troupes aux colonies.

ORGANISATION MILITAIRE AUX COLONIES. — PRÉCEPTES GÉNÉRAUX D'HYGIÈNE.

La part à attribuer à l'élément indigène dans les effectifs combattants sera prédominante et supérieure de moitié à celle destinée aux soldats recrutés en Europe.

Les services auxiliaires, en dehors des cadres, seront assurés par des corps militaires ou militarisés recrutés sur place ou dans le voisinage.

Il faut se garder de la doctrine qui a prévalu en Algérie et qui semble avoir recherché l'assimilation des soldats européens et indigènes et poursuivi leur fusion.

Les unités indigènes seront complètement et constamment distinctes; elles resteront sans mélange dans le rang avec le soldat national qui est d'essence supérieure. Alimentation, soldes, salaires, vêtements, casernement, salles d'hôpital ou d'infirmerie, tout sera particulier pour chacun de ces contingents.

Il est de première importance au point de vue de la santé des hommes que ces troupes coloniales (état-major, cadres et soldats) aient reçu une éducation spéciale. Elle ne peut résulter pour les chefs que de l'expérience acquise personnellement; elle ne sera réellement efficace pour les soldats que si elle provient du rang par une sorte d'enseignement mutuel.

Autrement dit: les officiers doivent servir aux colonies dans les différents grades. Il doit exister dans les casernes un noyau de vieux soldats qui puissent faire la leçon aux recrues.

De cette considération découle la nécessité primordiale de la spécialisation des contingents européens destinés au service militaire dans les colonies.

La fusion avec les corps métropolitains est à éviter, plus particulièrement dans les degrés élevés de la hiérarchie.

Les difficiles et délicates fonctions de commandant supérieur, d'organisateur militaire, ne peuvent être livrées à l'improvisation. Une longue pratique et une grande expérience des nécessités particulières qui résultent, pour chaque pays colonial, des rigueurs du climat, de la nocivité du sol, du caractère et des mœurs de la race, permettent seules de tirer un parti utile des ressources locales, sans violenter et sans s'aliéner les populations. Seules elles apprennent à limiter l'effort que l'on est en droit de demander aux contingents venus d'Europe et qu'il ne faut pas exagérer si on veut éviter cette mortalité excessive qui a répandu sur les colonies de Madagascar et du Tonkin les légendes de deuil dont elles commencent à peine à se relever sans que le sacrifice de ces milliers d'existences fût imposé par les circonstances de guerre ou d'épidémie.

Cette autonomie devra être exigée en principe non seulement pour le commandement mais aussi pour les services de l'intendance et des transports ainsi que pour le service de santé.

La spécialisation dont nous parlons est plus strictement exigible dans un milieu français qu'elle ne le serait pour une autre nationalité.

Notre tempérament est ainsi fait que non seulement nous entendons ne rien changer, quelle que soit la latitude, à nos habitudes personnelles et à nos règles administratives, mais que nous nous efforçons de les imposer aux populations indigènes.

Cette tendance est poussée jusqu'à l'intransigeance dans l'armée où tout est réglementé dans les plus minimes détails, sans qu'il y ait place pour la moindre initiative.

Ce n'est qu'à la longue que l'on dépouille les préjugés d'Europe et qu'il peut s'établir à cet égard des traditions qui s'imposent aux esprits les plus rebelles.

Les corps disciplinaires sont un très mauvais appoint pour les troupes européennes aux colonies. On ne peut songer à les utiliser que sous la double condition qu'on les maintiendra dans les postes éloignés et isolés, mais qu'en dehors des inconvénients qui résultent de cet éloignement ils seront traités, à tous égards, comme les autres unités européennes. Ces corps ne doivent pas être l'objet de rigueurs exceptionnelles.

UTILISATION DES TROUPES AUX COLONIES. — RÈGLES D'HYGIÈNE QUI DOIVENT Y PRÉSIDER.

Il faut, dans les expéditions coloniales, se défier de l'exagération des effectifs européens. Il est de toute nécessité de maintenir sur la ligne de combat le personnel suffisant ; mais nous avons vu qu'il y a des inconvénients majeurs à ce que ces chiffres soient dépassés. La sagesse consiste à assurer dans des conditions faciles la relève des malades et des invalides et leur remplacement continu par des troupes fraîches arrivant d'Europe au moment précis où leur utilisation s'impose.

On se gardera, dans la répartition des garnisons, des entassements de troupes. Il sera prudent d'éviter les groupements trop nombreux. Il faut, d'autre part, préserver les unités européennes de fractionnements excessifs.

C'est sur les contingents indigènes que doit porter l'effort le plus lourd ; c'est à ces groupes qu'il faut imposer les fatigues de la mauvaise saison et les inconvénients de l'éparpillement.

Leur bien-être importe beaucoup moins que celui du soldat national ; il doit surtout être recherché et obtenu d'autre façon. Au risque de nous répéter, nous dirons qu'il faut en ces questions s'abstraire de nos mœurs et de nos doctrines et se placer au même point de vue que l'indigène lui-même.

Ces races comprennent autrement que nous le confortable et les avantages auxquels elles peuvent tenir sont bien différents. On respectera leurs habitudes en tout ce qui n'est pas un obstacle à leur instruction militaire; on leur conservera leur alimentation et leur vêtement, sauf à les réglementer, leur habitation sauf à en surveiller la propreté. On les laissera vivre en famille dans les postes les plus éloignés.

Au lieu de s'étonner et de rire de ces mœurs locales, au lieu de travailler à les détruire, ainsi que nous l'avons vu faire par des chefs venus récemment de France, il faut savoir qu'on n'obtient que sous ces conditions la collaboration entière et constamment dévouée de cette fraction du personnel. De la sorte on ne mécontente pas l'indigène et, en outre, on réalise sur ce contingent des économies notables dont on peut faire bénéficier l'Européen.

Il faut qu'il en soit ainsi dans l'intérêt de ce soldat de France, plante de luxe importée dans un milieu défavorable et qui demande soins et ménagements.

Son alimentation doit être variée et copieuse, le casernement large et ventilé, le vêtement ample et léger. Les fatigues inutiles doivent lui être évitées. Les corps européens constituent une réserve et une élite sur laquelle les chefs doivent veiller jalousement. Toute économie inconsidérée faite aux dépens de leur bien-être crée un passif en multipliant les déchets.

L'accord semble fait, entre tous ceux qui ont charge de cette organisation, sur le but à poursuivre et les moyens à employer pour l'atteindre. Les solutions préconisées varient quelque peu suivant les pays, mais elles dérivent de principes admis sans conteste, s'ils ne sont pas toujours observés.

Il serait grand dommage de tout remettre en question et de s'exposer à de longs recommencements en désorganisant les rouages actuels qui n'ont besoin que d'être complétés et perfectionnés.

Car il ne faut pas se payer de mots; un apport de chefs nouveaux, un changement radical dans la direction et l'administration rompraient les traditions et détermineraient une véritable réaction contre les errements adoptés. Ces modifications entraîneraient de nouvelles écoles : l'histoire médicale du Tonkin en est une preuve incontestable et douloureuse.

Il nous reste à tirer une dernière conclusion qui, pour être d'intérêt plus étroit, n'en a pas moins son importance. Elle a trait au fonctionnement actuel des services médicaux.

Il est notoire qu'ils sont insuffisamment organisés en personnel et en matériel; ils devront être plus complètement outillés.

Le chef du service de santé, dans chaque possession, et le conseil technique qui lui est adjoint seront consultés et écoutés dans les questions ayant trait à l'hygiène et à la santé des troupes : emplacement des postes, répartition des garnisons, constructions militaires, établissement des casernements, alimentation, couchage, vêtements.

Il est urgent de faire cesser le dualisme qui existe actuellement entre les deux services de l'avant et de l'arrière; il y aurait économie de personnel et de matériel à tout grouper sous la direction du plus ancien des médecins présents. Les médecins régimentaires ne devraient pas rester livrés à eux-mêmes sans conseil et sans appui.

La réglementation adoptée par le Gouvernement de la Restauration et qui place le chef du service de santé sous l'action directe du chef de la colonie dont il est le conseiller technique en ces matières nous semble devoir être conservée.

Cette situation donne au directeur de ce service une autorité et une indépendance qu'il perdrait en passant sous les ordres du commandement. On sait en effet que les solutions préconisées par le médecin sont parfois en opposition avec le point de vue strictement militaire; nous avons eu occasion d'y insister souvent.

En France le pouvoir central, représenté par le Ministre, tranche après avoir pris l'avis des différentes directions compétentes. Il faut également que dans les colonies, où ces intérêts sont plus importants que dans la métropole, elles aient directement accès auprès du chef responsable qui pourrait être moins complètement renseigné si les faits ne lui étaient communiqués que de seconde main.

On a fait le reproche à cette organisation de nuire à la subordination hiérarchique de ce service et de ce personnel ; une réglementation à intervenir pourrait y pourvoir.

NOTE

Pour faciliter la lecture de certains tableaux, les produits de la multiplication par 3 des chiffres décimaux ont été généralement arrondis ; mais les différences en plus ou en moins de un ou deux dixièmes se compensant, les totaux et les moyennes sont d'une exactitude à peu près absolue.

ERRATA

Page 79, dernière ligne : **Au lieu de :** *par* les autres unités,
Lire : *pour* les autres unités.

Page 93. Morbidité, cas pour 1000 par corps dans le contingent européen. A la colonne *Total* (3e ligne) :

Au lieu de : 856×3=1068,
Lire : 356×3=1068.

TABLE DES MATIÈRES

LIVRE II

LIVRE III

LIVRE IV

LIVRE V

LIVRE VI

LIVRE VII

LIVRE VIII

LIVRE IX

LIVRE X

LIVRE XI

LIVRE XII

LIVRE XIII.

STATISTIQUES D'ENSEMBLE — GRAPHIQUES — CONCLUSIONS

TABLE DES GRAPHIQUES

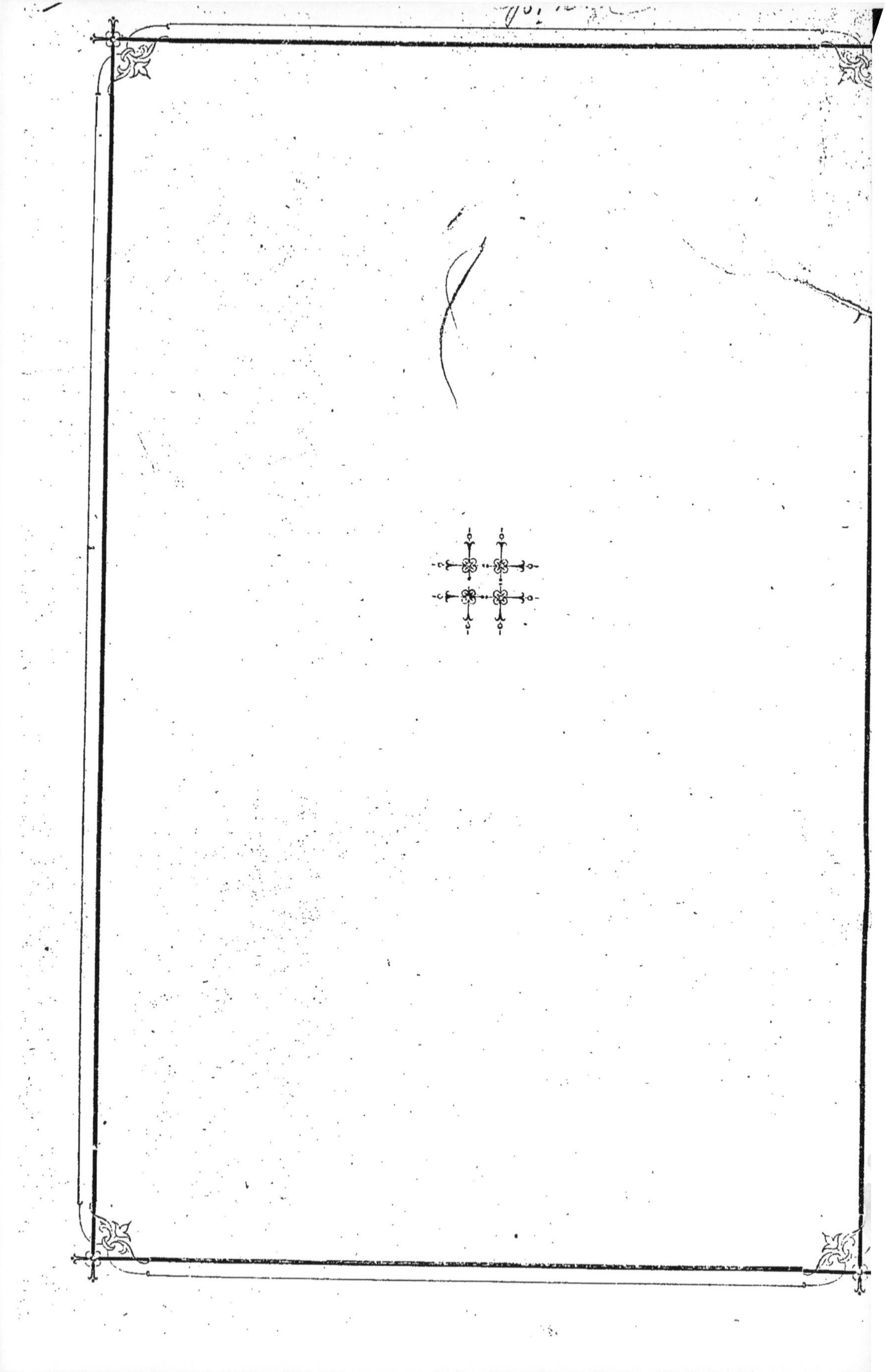

www.ingramcontent.com/pod-product-compliance
Ingram Content Group UK Ltd.
Pitfield, Milton Keynes, MK11 3LW, UK
UKHW012003240726
13965UKWH00001B/121